insel taschenbuch 4859

Andri Snær Magnason

# Wasser und Zeit

Alle Welt spricht von Corona – wir sollten dabei den Klimaschutz nicht vergessen. In Island schmelzen die Gletscher, der Meeresspiegel steigt. Das Leben auf der Erde wird sich in den nächsten hundert Jahren grundlegend ändern, prophezeit Andri Snær Magnason und blickt zurück auf das naturverbundene Leben seiner Vorfahren. Er denkt an seine Enkel und Urenkel und fragt sich, was wir tun können, damit ihre Welt lebenswert bleibt. Sein wissenschaftlich fundiertes, geschichten- und anekdotenreiches Buch ist ein mitreißender und dringender Appell an uns alle.

Andri Snær Magnason, geboren 1973 in Reykjavík, ist Literaturwissenschaftler und schreibt Sachbücher, Romane, Theaterstücke, Kinderbücher und Gedichte. In Island hat er sich als Umweltschützer einen Namen gemacht, organisierte 2008 mit Björk das Protestkonzert Náttura, verfasste den »Brief an die Zukunft« auf der Gedenktafel für Okjökull, den ersten Gletscher, den Island aufgrund der Erderwärmung 2014 verlor. In seinem Buch *Traumland* (dt. 2011) kritisiert er die in Island ansässige Aluminiumindustrie.

Tina Flecken, geboren 1968 in Köln, studierte Skandinavistik, Anglistik und Germanistik in Köln und Reykjavík. Sie hat viele Jahre als Verlagslektorin gearbeitet und zahlreiche Bücher aus dem Isländischen übersetzt, u. a. von Sjón, Kristín Marja Baldursdóttir, Andri Snær Magnason und Yrsa Sigurðardóttir.

ANDRI SNÆR MAGNASON

# WASSER UND ZEIT

## EINE GESCHICHTE UNSERER ZUKUNFT

Aus dem Isländischen von Tina Flecken

Insel Verlag

Titel der Originalausgabe: *Um tímann og vatnið*
First published by Mál og menning, Reykjavík 2019

Der Verlag dankt dem *Icelandic Literature Center*
für die Förderung der Übersetzung

ICELANDIC LITERATURE CENTER

Erste Auflage 2021
insel taschenbuch 4859

Vertrieb durch den Suhrkamp Taschenbuch Verlag
Umschlag: Rothfos & Gabler, Hamburg
Umschlagfoto: Andrew Peacock/Deepol
by plainpicture, Hamburg
Druck: CPI books GmbH, Leck
Printed in Germany
ISBN 978-3-458-68159-5

*Dieses Buch widme ich meinen Kindern,*
*Enkeln und Urenkeln.*

*Du schützt nur das, was du liebst,*
*du liebst nur das, was du kennst.*
*Du kennst nur das, was man dich lehrt.*

Guðmundur Páll Ólafsson

## INHALT

## MÖGEST DU IN INTERESSANTEN ZEITEN LEBEN

*»Achte das, was du beachtest.«*
Þorvaldur Þorsteinsson

Wenn ich ausländische Gäste habe, fahre ich manchmal mit ihnen über die Borgartún in Reykjavík und erzähle, diese Straße sei der Boulevard der zerbrochenen Träume. Ich zeige ihnen das Höfði-Haus, das große weiße Holzhaus, in dem sich Ronald Reagan und Michail Gorbatschow 1986 trafen, ein Ereignis, das für viele das Ende des Kommunismus und den Fall des Eisernen Vorhangs markiert. Das nächstgelegene Gebäude ist ein schwarzer Klotz aus Marmor und Glas, in dem sich früher der Hauptsitz der Kaupþing-Bank befand. Als die Bank 2008 zusammenbrach, war das die viertgrößte Insolvenz in der Geschichte des Kapitalismus – nicht pro Kopf der isländischen Bevölkerung, sondern in Dollar: 20 000 Millionen. Zwanzig Billionen Dollar.[1]

Ich empfinde keine Schadenfreude über das Unglück anderer, aber es ist schon erstaunlich, gerade einmal in der Lebensmitte angekommen zu sein und bereits den Zusammenbruch zweier gigantischer Weltanschauungen erlebt zu haben. Beide Systeme wurden von Leuten gestützt, die den Gipfel des Establishments erreicht hatten und wegen ihrer Stellung an der Spitze der Pyramide entsprechend angesehen waren. Tief in ihren Systemen verankert, wahrten sie den Schein bis zum letzten Tag. Am 19. Januar 1989 sagte Erich Honecker: »Die Mauer wird in fünfzig und auch in hundert Jahren noch bestehen bleiben.« Die Berliner Mauer fiel im November desselben Jahres. Der Präsident von Kaupþing beteuerte in einem Interview im TV-Nachrichtenmagazin *Kastljós* am 6. Oktober 2008, nachdem seine Bank von der Isländischen Zentralbank einen Notkredit erhalten hatte: »Wir stehen sehr gut da, und die Zentralbank wird ihr Geld mit Sicherheit zurückbekommen (...) Das kann ich, ohne rot zu werden, sagen.« Drei Tage später war die Kaupþing-Bank pleite.

Wenn ein System zusammenbricht, befreit sich die Sprache aus ihren Fesseln. Wörter, die eigentlich die Realität beschreiben sollten, schweben frei in der Luft und sind nicht mehr zutreffend. Lehrbücher werden über Nacht obsolet, und Rangordnungen verschieben sich. Auf einmal fällt es den Menschen schwer, Wörter und Begriffe zu finden, die ihrer Realität entsprechen.

Zwischen dem Höfði-Haus und dem Hauptsitz der Bank befindet sich eine Rasenfläche mit einem kümmerlichen Wäldchen, sechs Fichten und ein paar verdorrte Wollweide-Sträucher. Ich legte mich auf die Wiese zwischen den Gebäuden, blickte in den Himmel und überlegte, welches System wohl als Nächstes zusammenbrechen würde und welche große Vision darauf folgen könnte.

Wissenschaftler haben uns aufgezeigt, dass die Grundlage unseres Lebens, die Erde selbst, kollabiert. Die wesentlichen Ideologien des 20. Jahrhunderts betrachteten die Erde und die Natur als billigen, unbegrenzten Rohstoff. Man dachte, die Erdatmosphäre könne endlos Emissionen aufnehmen, das Meer könne endlos Müll aufnehmen, die Böden könnten durch mehr Dünger endlos Erträge liefern, die Tiere könnten endlos weiterziehen, während der Mensch sich immer mehr Lebensraum nimmt.

Wenn sich die Prognosen der Wissenschaftler über die Zukunft der Ozeane, der Atmosphäre und der Wettersysteme, über die Zukunft der Gletscher und Küstenregionen als richtig erweisen, müssen wir uns fragen, welche Wörter Themen einer solchen Größenordnung erfassen können. Welche Welterklärung kann das bewältigen? Was soll ich lesen? Milton Friedman, Konfuzius, Karl Marx, die Offenbarung des Johannes, den Koran oder die Veden? Wie lassen sich unsere Begehrlichkeiten zügeln, unser Konsum und unsere Profitgier, die das Biosystem der Erde allen Messungen zufolge bezwingen werden?

Man kann sagen, dieses Buch handelt von »Wasser und Zeit«. In den nächsten hundert Jahren wird sich der Zustand des Wassers auf der Erde grundlegend verändern. Die meisten Gletscher außerhalb der Pole werden beträchtlich schmelzen, der Meeresspiegel wird steigen, die Erdtemperatur wird sich erhöhen, begleitet von Dürren und Überflutungen, und der pH-Wert des Ozeans wird sich stärker verändern als in den letzten 50 Millionen Jahren. All dies wird sich während der Lebenszeit eines Kindes abspielen, das heute auf die Welt kommt und wie meine Großmutter 95 Jahre alt wird.

Die größten Kräfte der Erde haben die geologische Zeitskala verlassen und verändern sich nun auf einer menschlichen Skala. Veränderungen, die bislang hunderttausend Jahre brauchten, geschehen jetzt in hundert Jahren. Ein solches Tempo ist sagenhaft; es betrifft das gesamte Leben auf der Erde und die Grundfesten all dessen, was wir denken, entscheiden, produzieren und glauben. Es betrifft alle, die wir kennen, und alle, die wir lieben. Die Veränderungen, denen wir gegenüberstehen, sind komplexer als die meisten Dinge, mit denen wir uns normalerweise beschäftigen. Sie übersteigen all unsere bisherigen Erfahrungen, sie übersteigen die Sprache und die Metaphern, die wir benutzen, um unsere Realität zu verstehen.

Es ist, als würden wir versuchen, den Lärm eines Vulkanausbruchs aufzuzeichnen. Bei den meisten Geräten bricht das Geräusch in einer bestimmten Frequenz, und man hört nur noch ein Rauschen. Für viele Leute ist das Wort »Klimawandel« ein solches Rauschen. Da ist es einfacher, zu kleineren Themen eine Meinung zu haben. Wir verstehen, wenn etwas Wertvolles zerstört wird, wenn ein Tier erschossen wird oder ein Bauprojekt sich als zu teuer entpuppt. Aber bei einer so unendlich großen und heiligen Sache, die dazu noch die Grundlage unseres Lebens ist, reagieren wir nicht angemessen. Als könnte unser Gehirn ein solches Ausmaß nicht erfassen.

Das Rauschen narrt uns. Wir sehen Überschriften und glauben, die Wörter zu verstehen: »Gletscherschmelze«, »Rekordhitze«, »Versauerung der Meere«, »Treibhauseffekt«. Wenn die Wissenschaftler recht haben, bezeichnen diese Wörter etwas sehr Ernstes, etwas, das in der Menschheitsgeschichte noch nicht passiert ist. Wenn wir sie gänzlich verstehen würden, hätten sie unmittelbaren Einfluss auf unser Verhalten und unsere Entscheidungen. Doch 99 Prozent der Bedeutung dieser Wörter scheinen in dem Rauschen unterzugehen.

Vielleicht ist Rauschen nicht die richtige Metapher, denn das Phänomen ähnelt eher einem schwarzen Loch. Kein Wissenschaftler hat je ein schwarzes Loch, das die millionenfache Sonnenmasse haben und Licht komplett verschlucken kann, gesehen. Schwarze Löcher kann man nur ausmachen, indem man an ihnen vorbeischaut, auf nahe gelegene Nebelflecken und Sterne. Bei Themen, die das gesamte Wasser auf der Erde, die gesamte Erdoberfläche und die gesamte Atmosphäre betreffen, erreicht man eine Dimension, die jegliche Bedeutung aufsaugt. Über ein solches Thema kann man nur schreiben, wenn man dahinter, daneben und darunter schaut, in die Vergangenheit und die Zukunft blickt, sich ihm persönlich, aber auch wissenschaftlich annähert und die Sprache der Mythologie benutzt. Ich muss über die Dinge schreiben, indem ich nicht über sie schreibe. Ich muss rückwärtsgehen, um vorwärtszukommen.

Wir leben in einer Zeit, in der sich das Denken und die Sprache von ideologischen Fesseln befreien. Wir leben in der Zeit des chinesischen Fluchs, dessen Herkunft nicht eindeutig belegt ist, der aber gleichwohl zutrifft: »Mögest du in interessanten Zeiten leben.«

## EINE KLEINE KOSTBARKEIT

Im Sommer 1997, nach meinem Abschluss an der Universität Islands, arbeitete ich im Kellergeschoss des Árni-Magnússon-Instituts für Isländische Studien. Das Institut befand sich hinter einer verschlossenen Tür in der geisteswissenschaftlichen Fakultät, und aus unerfindlichen Gründen war ich in all den Jahren, in denen ich in dem Gebäude studiert hatte, noch nie durch diese Tür gegangen. Es war eine geheimnisvolle Schwelle, eine Art Elfenfelsen: Ich hatte Geschichten von Leuten gehört, die in dieser Welt verschwunden und nie wieder aufgetaucht waren. Dort wurden die mittelalterlichen isländischen Handschriften aufbewahrt, und die Wissenschaftler brauchten Ruhe und Zeit, um diese Schätze zu erforschen. Die Türklingel war so schrill, dass sie mir wie ein Feueralarm vorkam. Ich traute mich nicht, auf den Knopf zu drücken, bis ich eines Tages das brennende Verlangen hatte, zu sehen, was sich dort drinnen befand. Ich klingelte und wurde hereingebeten.

Es war ruhig und dämmrig und roch nach alten Büchern, eine überwältigende Stille für einen jungen Mann, und ich fühlte mich ein bisschen fehl am Platz. Ich war umgeben von Handschriftenforschern, die teilweise so alt waren wie meine Großeltern. Meine Bedeutungslosigkeit wurde mir schlagartig bewusst, als in der Kaffeeküche darüber spekuliert wurde, ob Þorvaldur im Sommer 86 im Skagafjörður gewesen sei. Ich wusste nicht, ob sie von 1186, 1586 oder 1986 sprachen. Meine Angst, als unbelesen zu gelten, verstärkte sich noch durch meine Glossophobie – ich hatte das Gefühl, mich gleichzeitig (oder sagte man *zugleich*?) dumm und ungrammatisch auszudrücken.

Ich hatte im Sommer sonst immer draußen gearbeitet, Pflastersteine gelegt oder gegärtnert, und pflegte Büromenschen für ihre Unfreiheit zu bemitleiden. Jetzt beobachtete ich manchmal durchs Fenster meine leicht bekleideten Altersgenossen, die auf dem Campus Gras mähten, und meine Gedanken schweiften ab, in die große weite Welt hinaus. John Thorbjarnarson, mein Onkel mütterlicherseits, war Biologe und hatte mich eingeladen, ihn zu begleiten, um in den venezolanischen Mangrovenwäldern Anakondas zu erforschen und anschließend mit einer anderen Gruppe im Mamirauá Reservat im brasilianischen Amazonas-Regenwald Krokodileier zu zählen. Er leitete dort ein Forschungsteam zum Schutz des Schwarzen Kaimans, *Melanosuchus niger*, das größte Raubtier Südamerikas.[2] Da der Wasserstand in dem Flutwald jährlich um bis zu zehn Meter schwankt, sollten wir in schwimmenden Häusern wohnen. John beschrieb mir das so: »Man kann sich nicht beschweren, wenn man morgens von den Geräuschen der Delphine aufwacht, die direkt vor der eigenen Haustür jagen.«

Zur selben Zeit stellte sich jedoch heraus, dass meine Freundin Margrét und ich unser erstes Kind erwarteten, weshalb es ziemlich unverantwortlich von mir gewesen wäre, mich in ein solches Abenteuer zu stürzen. Man könnte also sagen, in meinem Leben wurden die Weichen gestellt. Der Zug fuhr ohne mich nach Venezuela und zum Amazonas, während ich mich in einer Art Warteschleife befand, unsicher, ob mir die ernsthafte Forschung und das einsame Schreiben lägen.

Eines Tages wurde ich gebeten, eine Handschriftenausstellung in einem kleinen Ausstellungsraum im oberen Stockwerk zu beaufsichtigen. Gísli Sigurðsson, der Handschriftenforscher, der für die Ausstellung zuständig war, forderte mich auf, ihm zu einer massiven Stahltür im Keller zu folgen. Dort holte er drei Schlüssel heraus, und ich war ganz ergriffen, als er die Tür zum Handschriftenarchiv aufschloss, dem ehrwürdigen Herz der isländischen Kulturgeschichte. Ich war umgeben von uralten Schätzen: Pergamenthandschriften, von denen die ältesten um 1100 geschrieben waren und Ereignisse aus grauer Vorzeit schilderten, Originalhandschriften der Isländersagas, Rittersagas, Königssagas und steinalte Gesetzesbücher. Gísli ging zu einem Regal und öffnete eine Schachtel. Er nahm eine kleine Handschrift heraus und reichte sie mir vorsichtig.

»Was ist das für ein Buch?«, flüsterte ich.

Ich weiß nicht, warum ich flüsterte. Ich fand es einfach passend, in diesem Raum zu flüstern.

»Das ist der Codex Regius. *Konungsbók*, das Königsbuch mit der Lieder-Edda.«

Meine Knie wurden weich, ich war hin und weg. Der Codex Regius ist die größte Kostbarkeit in ganz Island, vielleicht sogar in ganz Nordeuropa, die zweitwichtigste Quelle der nordischen Mythologie, die älteste Handschrift der Gedichte *Völuspá*, *Hávamál* und *Þrymskviða*. Eine große Inspiration für Wagner, Borges und Tolkien. Ich kam mir vor, als hätte ich den leibhaftigen Elvis Presley im Arm.

Die Handschrift selbst war unscheinbar. Angesichts ihres Inhalts und ihrer Bedeutung hätte sie vergoldet und prunkvoll sein müssen, aber in Wirklichkeit war sie klein und dunkel, fast wie ein Zauberbüchlein. Sie war uralt, aber nicht verschrumpelt, ein wunderschönes braunes Pergament mit einer schlichten, deutlichen Schrift, fast ohne Illustrationen, bis auf ein paar wenige Versalien – der älteste Beweis dafür, dass man ein Buch nie nach seinem Einband beurteilen soll.

Der Handschriftenforscher öffnete das Buch behutsam und zeigte mir ein deutliches S in der Mitte einer Seite. »Lies mal!«, forderte er mich auf. Ich nahm die Schrift in Augenschein und konnte tatsächlich weiterlesen: »Die Sonne verdunkelt sich, das Land versinkt im Meer, vom Himmel stürzen die hellen Sterne; es wüten Feuer und Rauch, große Hitze steigt selbst bis zum Himmel empor.«[3]

Ein Schauer lief mir über den Rücken: Das war Ragnarök, der Weltuntergang, wie er in der Originalhandschrift der *Völuspá* beschrieben wird. Die Sätze standen hintereinander, nicht in

Gedichtzeilen unterteilt wie in allen gedruckten Ausgaben. Ich stand in direktem Kontakt mit jemandem, der diese Worte vor über 700 Jahren niedergeschrieben hatte. Ich reagierte hypersensibel auf meine Umgebung, hatte Angst zu husten oder zu stolpern und bekam ein schlechtes Gewissen, weil ich in unmittelbarer Nähe des Buches atmete. Vielleicht war das übertrieben; immerhin hatte die Handschrift sieben Jahrhunderte in feuchten Torfhäusern herumgelegen, war in Truhen auf dem Pferderücken über schwellende Flüsse transportiert und 1662 als Geschenk für König Frederik III. mit dem Segelschiff nach Dänemark gebracht worden. Mich überkam ein überwältigendes Empfinden für die Zeit. Ich sprach fast dieselbe Sprache wie die Person, die das Manuskript geschrieben hatte. Würde es weitere siebenhundert Jahre überstehen? Bis zum Jahr 2700? Würden unsere Sprache und unsere Zivilisation dann noch existieren?

Der Homo sapiens hat nicht viele seiner alten Weltanschauungen derart gut erhalten: Vorstellungen von jenen Mächten und Göttern, die die Geschicke lenken, vom Anfang und vom Ende der Welt. Wir haben griechische, römische, ägyptische und buddhistische Weltbilder. Wir haben die Weltbilder der Hindus, der Christen und Fragmente des Weltbilds der Azteken. Die nordische Mythologie ist eines dieser Weltbilder, und deshalb ist das *Konungsbók* sogar wichtiger als die Mona Lisa. Das meiste, was wir über die nordischen Götter, über Walhall und Ragnarök wissen, stammt aus diesem Buch. Das Manuskript ist eine unerschöpfliche Quelle und Inspiration für die Künste: Moderne Tanzstücke beziehen sich darauf, Death-Metal-Bands und selbst Hollywood-Blockbuster wie *Thor* von Marvel Comics, in dem Thor und sein Freund Hulk es mit dem heimtückischen Loki, dem Riesen Surt und dem schrecklichen Fenriswolf aufnehmen.

Ich legte das Manuskript in einen kleinen Warenaufzug, schickte es in den oberen Stock und hastete die enge Wendeltreppe hinauf, um es in Empfang zu nehmen. Dann hob ich es vorsichtig auf ein Wägelchen und schob es, wie ein empfindliches

Frühchen, durch den langen Flur zu seinem Platz in einer Glasvitrine, die ich sorgfältig abschloss. Die ganze Woche hatte ich immer wieder denselben Albtraum: Ich war in der Innenstadt und hatte das Buch verloren. Einmal begegnete ich im Flur einer Frau mit einem Putzwagen und malte mir ein kulturelles Desaster aus: Das Manuskript fällt in einen Putzeimer und kommt blitzsauber wie ein unbeschriebenes Blatt wieder heraus.

Marketing gehörte nicht zur stärksten Seite der Mittelalterexperten im Árni-Magnússon-Institut, weshalb ich tagelang mutterseelenallein über die Kostbarkeiten wachte, während die Touristen zum Gullfoss und Geysir fuhren. Natürlich war es ein Privileg, allein mit unserer Mona Lisa Zeit verbringen zu dürfen, und nicht nur mit ihr – neben dem Codex Regius wurden die wichtigsten Schätze der Sammlung ausgestellt: *Grágás* mit der alten Gesetzgebung des isländischen Freistaats, *Möðruvallabók* mit den wichtigsten Isländersagas und *Flateyjarbók* mit seinen zweihundert Kalbshaut-Blättern und prächtigen Illustrationen. Manchmal stand ich vor den Glasvitrinen und versuchte, die Texte auf den aufgeschlagenen Seiten zu entziffern, doch *Konungsbók* war am besten lesbar, die Schrift war deutlich, und ich konnte mich durch die uralten Wörter buchstabieren: »Jung war ich einst, allein ging ich, da verlief ich mich auf den Wegen; reich schätzt ich mich, als ich einen andern traf, der Mensch ist des Menschen Freude.«[4]

In derselben Woche rasten Margrét und ich mitten in der Nacht zur Entbindungsstation, und wenig später durfte ich meinen neugeborenen Sohn auf den Arm nehmen. Ich hatte noch nie etwas so Nagelneues und Fragiles in den Händen gehalten. Ich hatte noch nie etwas so Altes und Fragiles in den Händen gehalten. Und dann träumte ich wieder: Ich war in der Innenstadt, wo ich plötzlich merkte, dass ich nur eine Unterhose trug und meinen Sohn und die Handschrift verloren hatte.

In dem an das Handschriftenarchiv angrenzenden Raum befanden sich weitere Schätze: stapelweise Tonbänder mit Aufnahmen, die Ethnologen zwischen 1903 und 1973 im ganzen Land gesammelt hatten. Dort konnte man sich die ältesten Aufnahmen anhören, die je in Island gemacht wurden, aufgenommen 1903 mit einem Wachszylinder oder Edison-Phonographen. Alte Frauen, Bauern und Seemänner rezitierten Gedichte, sangen und erzählten Geschichten. Ich hatte noch nie etwas so Faszinierendes gehört und setzte mir in den Kopf, dass diese alten Stimmen unbedingt der Allgemeinheit präsentiert werden müssten. Meine Hauptaufgabe für den Rest des Sommers bestand darin, gemeinsam mit der Ethnologin Rósa Þorsteinsdóttir eine Auswahl aus der Sammlung zusammenzustellen, um sie auf einer CD zu veröffentlichen.

Wenn ich die schwarzen Spulen in das Tonbandgerät einfädelte und die Kopfhörer aufsetzte, stieg ich in eine Zeitmaschine. Ich stand im Wohnzimmer einer alten Frau, die 1888 geboren worden war. In der Küche tickte die Wanduhr, und die Frau rezitierte einen Vers, den sie von ihrer 1830 geborenen Großmutter gelernt hatte, die ihn von ihrer im späten 18. Jahrhundert geborenen Großmutter gelernt hatte, die ihn von ihrer 1740 geborenen Großmutter gelernt hatte. Die Aufnahme war von 1969 und umspannte einen Zyklus von fast 250 Jahren. Sie stammte aus einer Welt, in der die Jüngsten von den Ältesten lernen. Der Stil des alten Verses war mit nichts Heutigem zu vergleichen, der Tonfall und die Intonation waren mir völlig fremd. Ich suchte ein paar Beispiele heraus, spielte sie meinen Freunden vor und forderte sie auf, zu raten, woher dieser Sprechgesang käme. Sie tippten auf amerikanische Ureinwohner, samische Rentierhirten, tibetische Mönche oder arabische Gebetsgesänge. Nachdem sie alle exotischen Kulturkreise aufgezählt hatten, die sie kannten, sagte ich: »Das ist eine Aufnahme von 1970 aus den Westfjorden, aus Strandir. Der Mann, den ihr da hört, wurde 1900 geboren.«

Wenn mein Sohn unruhig war, spielte ich ihm die Aufnahmen vor, und sobald das Skandieren einsetzte, entspannte er sich. Ich hätte zu gern wissenschaftlich untersucht, ob dieser alte Sprechgesang einen nachweislich beruhigenden Einfluss auf Säuglinge hat.

Die Vorstellung, die Zeit einzufangen, fesselte mich, und mir wurde bewusst, dass ich selbst von so vielem umgeben war, das bald verschwinden würde, so wie die Frauen auf den schwarzen Spulen. Ich hatte drei Großväter und zwei Großmütter, die alle noch lebten, und in jenem Sommer begann ich, eher willkürlich, ihre Geschichten zu sammeln. Opa Jón wurde 1919 geboren, Oma Dísa 1925, Oma Hulda 1924, Opa Árni 1922 und Opa Björn 1921. Sie gehörten einer Generation an, die eine einschneidende Epoche miterlebte, kurz nach dem Ersten Weltkrieg geboren und Zeitzeugen der Weltwirtschaftskrise. Sie erlebten den Zweiten Weltkrieg und viele große Veränderungen des 20. Jahrhunderts. Einige von ihnen kamen vor der Zeit von elektrischem Licht und Maschinen auf die Welt, hineingeboren in eine Welt voller Armut, Hunger und Entbehrungen. Inspiriert von der Tonbandsammlung, beschloss ich, Gespräche mit meiner Familie aufzunehmen. Ich benutzte einen VHS-Videorekorder, ein Diktiergerät und später mein Handy. Im Grunde wusste ich nicht, wonach ich suchte – ich wollte einfach nur alles Mögliche sammeln und das Urteil darüber der Zukunft überlassen. Mein eigenes Tonbandarchiv zusammenstellen. Das Andri-Magnason-Institut.

## EIN GESPRÄCH ÜBER DIE ZUKUNFT

Ich bin bei Oma Hulda und Opa Árni in Hlaðbær, wir sitzen in der Küche, der Fluss Elliðaá schlängelt sich am Haus vorbei, Jogger laufen über den Uferpfad. An den Hängen der Bláfjöll liegen noch ein paar Schneewehen, aber der Garten steht in voller Blüte. Ich klappe meinen Laptop auf, klicke ein Video an und zeige meinen Großeltern einen Film, den seit Jahren niemand mehr gesehen hat. Ich hatte eine alte 16-mm-Filmspule in ihrer Abstellkammer gefunden und digitalisiert. Mein Großvater hat den Film 1956 gedreht, schwarz-weiß und ohne Ton, aber die Bildqualität ist perfekt. Festlich herausgeputzte Kinder sitzen in der Sonntagsstube in Selás 3, dem großen weißen Haus, das mein Urgroßvater am Ufer der Elliðaá gebaut hat. Die Kinder trinken Cola aus kleinen Glasflaschen, und meine Großmutter kommt lächelnd herein, sie hält eine prächtige, mit brennenden Kerzen geschmückte Sahnetorte in den Händen. Am Tischende sitzen die zehnjährigen Zwillingsschwestern eng beieinander, sie lachen und pusten kräftig auf die Kerzen. Meine Urgroßmutter trägt ihre Nationaltracht und schaut zu. Im nächsten Filmausschnitt tanzen die Kinder im Garten im Kreis, sie spielen »Ringlein, Ringlein, du musst wandern«. Meine Mutter und meine Oma schauen sich den Film gebannt an und können alle Personen beim Namen nennen. Ein Kindergeburtstag aus dem Jahr 1956, eingefangen auf einem 16-mm-Film, das war wirklich einmalig – aus dieser Zeit gibt es noch nicht einmal Filme von der isländischen Regierung.

Jetzt sitzen wir sechzig Jahre später wieder in der Küche. Meine Mutter ist Anfang siebzig, meine Großmutter 94 und meine jüngste Tochter zehn. Oma hat sich kaum verändert, seit ich sie kenne, sie hat bis vor Kurzem noch Golf gespielt und kann sich an fast alles erinnern. Vor ein paar Jahren wollte ein Bekannter seine Bewunderung für sie ausdrücken und bezeichnete sie mir gegenüber als *rüstig*. Ich war fast beleidigt – *rüstig*? So wie eine Greisin? Meine Oma sieht die Welt genauso. »Schöner Schal«, bemerkte ich einmal über einen blauen Schal, den sie um die Schultern trug. »Ja, den hat eine alte Frau für mich gehäkelt.« – »Eine alte Frau?«, entgegnete ich. Da antwortete sie lachend: »Ja, sie ist bestimmt zehn Jahre jünger als ich!«

Das Telefon klingelt, und Oma steht auf. Wir bleiben sitzen und essen unsere Pfannkuchen, im Hintergrund dudelt leise das Radio. Ich forderte meine Tochter Hulda Filippía auf, eine kleine Rechenaufgabe zu lösen:

»Wie alt ist deine Uroma, wenn sie 1924 geboren wurde?«

»94!«, antwortet sie prompt.

»Schnell gerechnet«, lobe ich.

»Aber ich wusste ja, wie alt sie ist«, erwidert sie grinsend.

»Jetzt musst du aber wirklich rechnen. In welchem Jahr wirst du 94 sein?«

»Also 2008 plus 94?«

»Ja, genau.«

Sie nimmt einen Zettel und einen Stift und schaut ungläubig auf das Blatt. Dann zeigt sie mir das Ergebnis, als müsste es ein Missverständnis sein.

»2102?«

»Stimmt! Dann wirst du hoffentlich genauso fit sein wie die Uroma heute. Vielleicht wohnst du sogar in diesem Haus. Und vielleicht kommt im Jahr 2102 deine zehnjährige Urenkelin zu Besuch und sitzt mit dir in dieser Küche, so wie du jetzt hier sitzt.«

»Hm, vielleicht«, sagt Hulda und nippt an ihrem Milchglas.

»Lass uns mal weiterrechnen. Wann wird deine Urenkelin 94 Jahre alt sein?«

Hulda schreibt die Rechenaufgabe mit meiner Hilfe auf das Blatt.

»Wird sie 2092 geboren?«

»Ja, richtig gerechnet.«

»2092 plus 94 ergibt ... 2186!«

Sie lacht bei dem Gedanken.

»Ja, stell dir mal vor! Du wirst vielleicht ein Mädchen kennen, das im Jahr 2186 noch lebt.«

Hulda kräuselt die Lippen und blickt mich schelmisch an.

»Darf ich jetzt gehen?«, fragt sie.

»Gleich«, antworte ich, »ich habe nur noch eine Rechenaufgabe für dich. Wie lang ist es von 1924 bis 2186?«

Hulda rechnet wieder.

»262 Jahre?«

»Stell dir mal vor! 262 Jahre! Das ist die Zeitspanne, mit der du in Verbindung stehst. Du kennst Menschen aus dieser gesamten Zeitspanne. Deine Zeit ist die Zeit von jemandem, den du kennst, den du liebst und der dich prägt. Und deine Zeit ist auch die Zeit von jemandem, den du kennen und lieben wirst, die Zeit, die du gestalten wirst. Du kannst 262 Jahre mit deinen bloßen Händen berühren. Deine Uroma bringt dir etwas bei, und du bringst deiner Urenkelin etwas bei. Du kannst direkten Einfluss auf die Zukunft nehmen, bis zum Jahr 2186.«

»2186!«

## DIAS

2. Dezember 2015

Im Fernsehzimmer hat mein Großvater das Rollo heruntergelassen und den Diaprojektor auf einen alten Bügeltisch gestellt. Er geht zur Abstellkammer und holt ein paar Diamagazine, die dort beschriftet und aufgereiht stehen: Lónsöræfi 1965, Vatnajökull 1955, Kverkfjöll 1960. Auf den Dias sind Schneeraupen, Skihütten und Skiläufer.

Dann erscheint ein Bild von Männern beim Schneeschippen auf der Leinwand, eine mindestens sechs Meter hohe Schneewehe, aus der Bug und Propeller eines großen Flugzeugs herausragen. Opa kann sich an fast alles erinnern, auch wenn es lange her ist, besonders, wenn er ein Foto davon hat.

»Das war 1951 auf Bárðarbunga. Da graben wir gerade die *Dakota*-Maschine aus, ein Schneeflugzeug vom US-Militär. Das sollte die Besatzung der *Geysir* retten, das isländische Flugzeug, das auf dem Gletscher notgelandet war. Aber weil die Dakota nicht wieder starten konnte, wurde sie zurückgelassen und im Winter unter einer dicken Schneeschicht begraben. Ein paar Flieger nahmen Kontakt zum Militär auf, kauften die Maschine für sieben Cent das Pfund und planten eine Expedition, um sie zu holen. Damals waren wir auch gerade mit der Gründung der Flugrettungswacht beschäftigt«, erzählt Opa. »Wir fanden die Maschine, sie sah aus wie ein kleiner Hügel auf der Eisfläche, und gruben sie aus. Eine ganz schöne Schufterei, sie lag nämlich in einer sieben Meter hohen Schneewehe. Wir zogen sie runter auf die vorbereitete Startbahn, und sie sprang direkt beim ersten Versuch an. Sie wurde dann nach Reykjavík geflogen. Das war ein richtiges Abenteuer«, sagt Opa versonnen.

Das Wrack der *Geysir* lag nicht weit entfernt von der Stelle, und sie konnten einen Teil der Fracht retten, die in dem Flugzeug zurückgelassen worden war.

Da mischt sich Oma in unser Gespräch ein.

»Guðbjörgs Taufkleid wurde aus einem Stoff genäht, der einen ganzen Winter oben auf dem Gletscher im Wrack der *Geysir* gelegen hatte.«

Opa zeigt mir Fotos von dem Wrack, auf denen ich das Bugrad und den Namen des Flugzeugs erkennen kann. Die *Geysir* kam vom Kurs ab und musste mitten auf dem Vatnajökull notlanden. Zunächst ging man davon aus, die Besatzung sei tot, und stellte die Suche ein. Eine Gedenkfeier wurde vorbereitet, und es herrschte nationale Trauer. Doch plötzlich empfing ein Küstenwachschiff vor Langanes zufällig den Notruf: »...CIER«. Erst wusste keiner, was das bedeuten sollte, aber dann kam man darauf, dass es sich um die letzte Silbe des Worts GLACIER handelte – Gletscher. Nach ausgiebiger Suche fand man das Wrack. Ein Rettungsflugzeug der US-Armee flog zu der Stelle und landete auf dem Gletscher, kam aber nicht wieder hoch, weil die Schienen am Eis festfroren. Zum Glück traf dann eine Rettungsmannschaft aus Akureyri ein, mit deren Hilfe alle zu Fuß oder auf Skiern vom Gletscher herunterkamen. Bestimmt wird irgendwann einmal ein Film über dieses Unglück gedreht.

Opa hat mehrere Alben mit alten Rolleiflex-Fotos, und in einer Kiste liegen 8- und 16-mm-Filme von seiner Bolex-Kamera. Tausende Dias und Filme, die fast sein gesamtes Leben dokumentieren, wobei er selbst fast nie im Bild ist, weil er meistens hinter der Kamera stand. Da ist Mama, oder meine Mamas, wie ich sie spaßeshalber nenne: Kristín und Guðrún, die elfjährigen Zwillinge in Latzhosen mit den aufgenähten Initialen KB und GB zur Unterscheidung.

Unschätzbare zeithistorische Quellen, einige Bilder sind sogar richtige Kunstwerke. Opa hatte definitiv ein gutes Auge für Motive. Als er achtzig wurde, kaufte er sich einen Scanner und einen

Computer, was die meisten unsinnig fanden oder sogar meinten, er sei auf einen skrupellosen Verkäufer hereingefallen. Doch in den nächsten Jahren saß er tagelang in seiner kleinen Kammer und scannte alte Fotos ein. Am Anfang druckte er sie noch aus, aber als er neunzig wurde, stellte er sie direkt auf Facebook. Dort liegt der Stoff für Romane, Fotobände und Dokumentarfilme. So viele Geschichten, die man erzählen könnte.

Mein Sohn hat neuerdings auch einen Fotofimmel. Mein Großvater hat ihm seine alte Rolleiflex von 1960 geschenkt, und er konnte schon Filme dafür ausfindig machen. Typisch – jetzt, wo er endlich ein Handy mit richtig guter Kamera hat, entdeckt er eine sündhaft teure Methode zum Fotografieren. Er ist gerade draußen in der Garage und sucht den alten Vergrößerer, damit er sich zu Hause eine Dunkelkammer einrichten kann. Er kommt mit einem verstaubten Bilderrahmen zurück, *Arinbjörn Hersir* steht unter dem Foto von einem alten Trawler. Opa mustert es seufzend.

»Ach ja, das Foto. Damit fing alles an«, sagt er. »Mein Vater war auf diesem Schiff.«

Auf der Rückseite des Fotos entdecken wir einen vergilbten Zeitungsausschnitt aus *Vísir* vom 10. März 1933:

> Kurz nachdem die *Arinbjörn Hersir* gestern Morgen zum Fischen ausgefahren war, ging ein Matrose über Bord und ertrank. Zunächst bemerkte man sein Verschwinden nicht. Als man schließlich feststellte, dass Kjartan Vigfússon fehlte, kehrte das Schiff um. Der Kapitän meldete den Vorfall bei der Polizei und fuhr anschließend wieder zum Fischen aus. Kjartan Vigfússon war verheiratet, 37 Jahre alt und Vater von vier Kindern.[5]

Kjartan war der Vater meines Großvaters Árni. Die lapidare Formulierung »… und fuhr anschließend wieder zum Fischen aus« zeigt, dass man keinen Anlass sah, sich länger damit zu beschäftigen, dass ein Mann über Bord gegangen war. In den ersten drei Monaten des Jahres 1933 starben 34 isländische Seemänner und drei ausländische Trawler sanken mit insgesamt vierzig Mann.

Mein Opa war 1933 elf Jahre alt. Sein Vater Kjartan arbeitete als Heizer auf Fischtrawlern, ein gefährlicher, harter Job. Warum und wie er über Bord gegangen war, weiß niemand. Ich frage Opa, ob er sich daran erinnert. Er schließt die Augen, und dieser Tag vor über achtzig Jahren ist immer noch präsent:

»Ich wollte eine Abkürzung über den zugefrorenen Stadtteich nehmen. Ich war schon zur Hälfte drüber, als ich merkte, dass das Eis immer dünner wurde und das Wasser unter mir schwappte. Also spurtete ich los, und bei jedem Schritt knackte das Eis. Ich schaffte es ans Ufer, blieb aber erst stehen, als ich zu Hause in der Óðinsgata angekommen war.«

Und dann kam der Schock. Zu Hause empfing ihn der Pfarrer mit der Nachricht, sein Vater sei am Morgen ertrunken.

»Ich kannte meinen Vater kaum«, erzählt Opa. »Er war meistens auf See, und wenn er Landgang hatte, war er immer betrunken. Eigentlich kann ich mich gar nicht an ihn erinnern.«

Damals kamen die ersten großen sozialen Visionen auf, vermutlich rettete das der Familie das Leben. Über den Witwenfonds der Seemänner bekamen sie eine neue Wohnung im Arbeiterviertel in der Ásvallagata. Diese Wohnungen waren modern, von dem damals erst 23-jährigen Architekten Gunnlaugur Halldórsson im Stil des Funktionalismus entworfen. Er war gerade erst mit den neuesten europäischen Trends im Handgepäck nach Island zurückgekehrt und gilt heute als der erste isländische Architekt der Moderne. Die Wohnungen hatten fließend Wasser, Toiletten, Duschen und Elektroherde und befanden sich in einem neuen Viertel, für dessen Bau sich der Politiker und Gewerkschaftsvorsitzende Héðinn Valdimarsson eingesetzt hatte. Der Ehrgeiz war groß, so wirkte im Hinblick auf Lichtverhältnisse und Luftqualität auch der junge Arzt Guðmundur Hannesson an der Umsetzung des Bauprojekts mit. Mein Großvater profitierte davon, dass man 1933 allmählich begriff, dass »der Arme« ebenso viel wert war wie »der Begüterte«. Opa erzählte oft von den Arbeiterwohnungen in der Ásvallagata und wie dankbar er war, eine solche Wohnung bekommen zu haben. Er hatte sich oft gefragt, was aus ihm geworden wäre, wenn man die Familie auseinandergerissen hätte, oder wie ihr Leben in einem feuchten, ungesunden Kellerloch ausgesehen hätte.

Trotz der Wohnung musste Opa mit elf Jahren von der Schule abgehen und als Botenjunge und Schlachtergehilfe arbeiten, weil seine Mutter gerade seine jüngste Schwester auf die Welt gebracht hatte und kränkelte. Einige seiner Schulkameraden aus der Grundschule wurden später Ingenieure oder Universitätsprofessoren.

»Ich war der beste Schüler in meiner Klasse«, erzählt er. »Aber ich glaube, diejenigen, die es bis auf die Universität geschafft haben, sind auch nicht unbedingt glücklicher geworden.«

Das lässt sich unmöglich sagen. Ich finde, er hat das Beste aus seinem Leben gemacht, aber man merkt ihm ein gewisses Bedauern wegen der fehlenden Schulbildung an.

In dem Arbeiterviertel gab es auch eine Volksbücherei mit lauter Büchern, die er abends nach einem langen Arbeitstag las. Er hatte großen Ehrgeiz und wurde mit dem Verein *Valur* isländischer Meister in der zweiten Handball-Liga und 1942 isländischer Meister im 1500- und 5000-Meter-Lauf. Sogar noch im Jahr 2016 zeigte er sich enttäuscht darüber, dass ihn eine Nasennebenhöhlenentzündung 1943 um den Meistertitel gebracht hatte.

Als junger Mann sparte er für einen Fotoapparat und wurde bald ein engagierter Hobbyfotograf. Im Keller gab es einen Raum, in dem er eine Dunkelkammer einrichtete, und oft musste er vom Sportplatz Melavöllur nach Hause rennen und schnell einen Film entwickeln, damit man feststellen konnte, wer beim Sprint gewonnen hatte. Heute nennt man das Videobeweis.

Der Diaprojektor brummt, dann klickt es und das helle Viereck auf der Leinwand wird bunt. Opa stellt das Bild scharf, und es erscheinen Dahlien, lange Reihen von Dahlien, die meine Großeltern züchteten. Manchmal stehen Bilder auf dem Kopf, manchmal verklemmen sie sich im Projektor, manchmal werden zwei übereinander an die Wand projiziert. Opa justiert das Gerät, und dann flimmern die Blumen über die Leinwand, rosafarbene und gelbe und feuerrote Dahlien, und dann wieder Berge, Autos, Sandwüsten und endlose Schneefelder auf dem Vatnajökull und Fotos aus Lech in Österreich von der alljährlichen Skifahrt mit Freunden.

Die Reihenfolge der Dias ist ein bisschen durcheinandergeraten, aber er erinnert sich an alles, was mit den Fotos zu tun hat. Er leiert Ortsnamen und Jahreszahlen herunter, obwohl sein Kurzzeitgedächtnis fast völlig zum Erliegen gekommen ist.

»Das kam urplötzlich«, erklärt er. »Wie ein Knall, als hätte mir jemand mit einem Bolzenschussgerät in den Kopf geschossen, und auf einmal wusste ich gar nichts mehr.« Er lacht, als er das sagt, und ist immer noch ganz derselbe. Wie viele Schläge das Gehirn wohl verkraftet, bis der Mensch nicht mehr er selbst ist?

Wobei er sich in den letzten Jahren schon verändert hat. Früher war er so kämpferisch, dass wir dachten, er könnte im Alter schwierig werden, aber er entwickelte sich in die entgegengesetzte Richtung, wurde sanft wie ein Lamm, ist dankbar und fast sentimental, wenn er Oma in den höchsten Tönen lobt.

Als wir im November seinen 93. Geburtstag feierten, sagte er: »Was ist denn los? Haben wir Ostern?« Am nächsten Tag konnte er sich nicht mehr an die Feier erinnern. Als ich ihm erklärte, er habe gestern Geburtstag gehabt, entgegnete er lachend: »Wie schön – wie alt bin ich denn?« Ich sagte ihm, er sei 112. »Nein«, erwiderte er ungläubig, »das kann nicht sein.« Dann nannte ich ihm sein richtiges Alter, und er fand die Zahl immer noch viel zu hoch.

Als ich ihn einmal ins Krankenhaus brachte, schaute er im Aufzug in den Spiegel und fragte erstaunt: »Wer ist das?« – »Das bist du, Opa«, antwortete ich. »Nein, ich bin doch rothaarig!« – »Nicht mehr, Opa.« – »Ach so«, sagte er verwirrt.

»Früher haben sie mich manchmal Rotschopf genannt. Aber das hat keiner öfter als einmal zu mir gesagt!«, erzählt er lachend und streckt mir die geballte Faust entgegen.

Obwohl er nicht mehr weiß, was Tag für Tag passiert, kann er sich daran erinnern, dass ich für die Präsidentschaftswahl kandidiert habe. »Aber du bist doch noch so jung«, sagt er, »was meinst du, wie es ist, wenn man mit fünfzig schon Staatspräsident war? Was willst du denn danach machen?« Wie das Gedächtnis wohl funktioniert? Er weiß nicht, wie alt er ist, er weiß nicht, dass er keine roten Haare mehr hat, aber irgendwie schafft er es, sich an mein Alter zu erinnern und zwei Wahlperioden dazuzurechnen.

Die Dias laufen weiter über das Rollo, jetzt in einer geordneteren Reihenfolge: Hochlandtouren, das große weiße Haus Selás 3, das mein Urgroßvater Filippus gebaut hat, als die Familie meiner Oma nach dem Krieg ins Árbær-Viertel zog, lange bevor dort ein ganzer Vorort entstanden ist. Dann kommt ein Bild von den Geschwistern meiner Oma.

»Ich war sehr enttäuscht, als mein Bruder Þórhallur geboren wurde«, sagt Oma. »Da hab ich die Augen zugemacht und gebetet: Lieber Gott, bitte nimm ihm den Pimmel ab!« Sie schlägt sich lachend auf die Schenkel. »Aber als meine Schwester Þóra auf die Welt kam, war alles wieder gut.«

»Ihr wart fünf Geschwister, oder?«

»Fünf, die überlebt haben. Meine Mutter hat zwei Kinder verloren«, erzählt Oma. »Zwei meiner Geschwister lebten nur kurz. Valur, der war älter als ich, und Guðrún. Beide waren bei der Geburt winzig klein und lebten nur einen Tag. Es wurde alles darangesetzt, einen Pfarrer zu holen, weil sie ungetauft nicht in den Himmel gekommen wären. Dann starben sie einfach, und wir erfuhren nie, was ihnen gefehlt hatte. Später kam Þórhallur auf die Welt, der war auch ganz kümmerlich, aber wir riefen einen

Arzt, und er überlebte. Ich überlege oft, was wohl aus Guðrún und Valur geworden wäre, wenn man einen Arzt geholt hätte und keinen Pfarrer.«

Ich denke an all die Nachfahren meiner Oma und ihrer Geschwister. Stelle mir Valur als Urgroßvater vor, in einem großen Haus in Árbær mit sechzig Nachkommen. Stelle mir einen historischen Roman über sein fiktives Leben vor, eine vier Generationen umfassende Geschichte, die beginnt, als es im Árbær-Viertel nichts gab außer einem Torfhof und ein paar Schuppen. Die Geschichte kreist um Selás 3, das große weiße Haus mit dem roten Dach, das mein Urgroßvater gebaut hat. Ich vermute, dass er den Präsidentensitz Bessastaðir oder den Sitz der isländischen Regierung vermessen hat, bevor er sein Haus entwarf, denn es ähnelt diesen öffentlichen Gebäuden in Größe und Stil. Die Familie zog kurz nach 1944, als Island Republik wurde, dort ein, da lag Árbær noch weit vor den Toren der Stadt. Im Lauf der Zeit schossen im ganzen Viertel Häuser aus dem Boden, die alle im rechten Winkel zu Urgroßvaters altem Haus stehen. Der Roman könnte eine Art *Teufelsinsel* oder *Hundert Jahre Einsamkeit* in Árbær sein.

»Ich trug nie Schuhe«, sagt Oma. »Aber meine Mutter bestand darauf, dass ich wenigstens sonntags welche anzog. Ich lief immer am Fluss entlang und sprach mit den Elfen und den Tieren. Einmal freundete ich mich mit einem Goldregenpfeifer an. Den bemerkte ich eines Frühlings, als er auf seinem Nest saß. Geduldig schlich ich mich jeden Tag ein Stück näher an ihn heran, bis ich ihn streicheln konnte … Unten am Fluss schöpften wir Wasser und spülten die Wäsche aus. Im Wäschezuber war ein doppelter Boden, da flutschten manchmal Lachse rein«, erzählt sie mit einem verschmitzten Lächeln. »Wir wurden immer zum Bauernhof geschickt, um bei der alten Kristjana Milch zu kaufen. Damals war der alte Torfhof in Árbær noch bewohnt und oben in Breiðholt standen keine Häuser.«

Oma hat mir erzählt, sie habe einmal einen Elfenmann gesehen, der sei ganz unten auf der Wiese am Breiðholt-Hang aus einem Felsen gekommen.

»Er hat Kleider zum Trocknen vor dem Felsen ausgebreitet. Ich rief nach den anderen, und die ganze Familie, die aus dem Haus gerannt kam, hat ihn gesehen, aber dann löste er sich einfach vor unseren Augen in Luft auf. Wir liefen zu dem Felsen, und das Gras davor war plattgedrückt, aber es war niemand mehr da.«

Opa blättert in einem Album mit Fotos von Oma in jungen Jahren, auf einem ist sie dreizehn und schiebt ein Fahrrad.

»Das war im Sommer 1939, da bin ich nach Stykkishólmur geradelt, um meine Großmutter zu besuchen. Es war der heißeste Sommer, den ich je erlebt habe.«

»Bist du von Árbær die ganze Strecke bis nach Stykkishólmur mit dem Rad gefahren?«, fragt mein Sohn ungläubig.

»Nein, von Borgarnes, bis dahin sind wir mit der Fähre gefahren. Wir haben in Scheunen geschlafen und auf der Heide aus Wasserlachen getrunken.«

Trotzdem waren es noch ungefähr 150 Kilometer Schotterstraße. Meine Großmutter ist die Heldin der Familie, und als wir klein waren, prahlten wir mit ihr: »Meine Oma ist stärker als dein Papa!« 1945 hat sie als erste Frau in Island den Segelschein erworben.

»Das ist ein Schulgleiter«, erklärt sie, »später bin ich ein *Grunau Baby* geflogen.«

Sie zeigt mir ihren Flugausweis und ein Foto, auf dem sie auf einer Stangenkonstruktion mit Flügeln sitzt. Das Gerät ähnelt den Flugapparaten, die die Gebrüder Wright in den ersten Jahren der Fliegerei bauten.

»Mit einem Segelflugzeug zu fliegen ist unvergleichlich. Es hat keinen Motor, man wird hochgezogen und gleitet dann lautlos wie ein Vogel.«

»Hattest du nie Angst?«, möchte ich wissen.

»Ach, weißt du, das ist seltsam, aber ich hatte nie Angst«, antwortet sie. »Schade, dass man damals noch nicht Fallschirmspringen konnte. Das hätte ich gerne mal ausprobiert.«

Die Brüder meiner Großmutter wuchsen mit dem Traum vom Fliegen auf. Sie rannten rüber zum Skólavörðuholt-Hügel, als 1930 ein Zeppelin über Reykjavík schwebte, und beobachteten fasziniert, wie der italienische Luftfahrtpionier Italo Balbo und sein Geschwader 1933 bei ihrer Atlantiküberquerung mit 24 Flugzeugen auf dem Sund landeten. Charles Lindbergh, der wagemutigste Pilot der Welt, flog im selben Sommer nach Island, und all diese Helden wurden fürstlich empfangen, mit Blasorchester und Mittagessen beim Ministerpräsidenten.

Omas Bruder Helgi fuhr kurz vor Kriegsbeginn nach Deutschland, um Fliegen zu lernen, wurde aber als farbenblind ausgemustert und kehrte nach Island zurück. Diese für ihn herbe Enttäuschung rettete ihm vielleicht das Leben oder befreite zumindest sein Gewissen, denn er wäre zweifellos bei der deutschen Luftwaffe gelandet. Daraufhin ging mein Urgroßvater mit seinen Söhnen zum Augenarzt, und als sich herausstellte, dass sie alle farbenblind waren, platzten ihre Träume vom Fliegen.

Als im März 1947 der Vulkan Hekla aus seinem hundertjährigen Schlaf erwachte, rief Oma einen alten Freund an, der ein kleines zweisitziges Flugzeug besaß, und fragte, ob es nicht toll wäre, sich den Vulkanausbruch anzuschauen. Er landete auf dem zugefrorenen See Rauðavatn in der Nähe ihres Hauses, sie rannte hin, und dann hoben sie ab und flogen um den brennenden Vulkan, während der Ascheregen auf die Tragflächen trommelte. Es war so laut, dass der Lärm des Motors übertönt wurde und man sich unmöglich unterhalten konnte.

»Das war fantastisch«, schwärmt Oma, »glühende Lavabrocken flogen durch die Luft, manche so groß wie der Tisch hier.« Sie breitet lachend die Arme aus. »Wir sind auf der Wiese von Ásólfsstaðir nicht weit von der Hekla gelandet und wollten auf dem Hof einen Kaffee trinken, aber es war niemand zu Hause, alle waren geflüchtet!«

Im März 1947 waren meine Mutter und ihre Zwillingsschwester sechs Monate alt.

»Wie konntest du einfach so in einer einmotorigen Maschine um einen brennenden Vulkan herumfliegen, mit sechs Monate alten Zwillingen zu Hause? Was hat deine Mutter dazu gesagt?«

»Mein Vater hat mich immer ermutigt«, entgegnet Oma. »Er hatte Spaß an meinen Marotten. Ich kannte ja den Piloten, und bei uns in der Familie waren alle begeistert vom Fliegen. Wenn man ständig darüber nachdenkt, was passieren könnte, dann macht man nie was.«

»Und wo war Opa Björn?«

Sie schüttelt den Kopf.

»Der war als Landarzt ständig unterwegs. Er ließ sich nur selten zu Hause blicken und ging dann nach Amerika, um sich als Facharzt für Chirurgie ausbilden zu lassen. Ich habe sechs Jahre auf ihn gewartet und in dieser Zeit kaum was unternommen, war noch nicht mal im Kino«, erzählt Oma. »Dann kam er zurück und brachte ein Auto mit, und ich war so dumm und hab den Führerschein gemacht, weil ich dachte, der Wagen wäre für uns. Aber er wollte ihn nur verkaufen, um seine Studiengebühren zu finanzieren.«

Sie plante die Hochzeit, aber ihr Vater Filippus war realistischer. Während sie ihr Brautkleid anprobierte, saß er im Wohnzimmer und rechnete aus, was Björn ihnen an Allmenten schuldete. Und er behielt recht. Björn war nur nach Island zurückgekommen, um die Beziehung zu beenden.

»Ich war so schockiert, dass ich ganz aufgelöst um den Stadtteich gelaufen bin, Runde um Runde.«

»Wärst du denn gern Hausfrau und Arztgattin in Amerika geworden?«

»Nein, im Nachhinein betrachtet hatte ich großes Glück.

Ich begann mit dem Bergwandern und lernte dabei Árni kennen.«

Opa wird wieder munter, als er seinen Namen hört. In letzter Zeit neigt er dazu, sich zu wiederholen, wobei diese Wiederholungen im Grunde reine Liebeserklärungen sind.

»Du weißt gar nicht, wie glücklich ich bin, dass ich deine Oma bekommen habe. Sie ist ein Goldschatz. Was wäre nur ohne sie aus mir geworden?«

»Wo genau habt ihr euch kennengelernt?«, frage ich.

»Im Bergwanderverein. Wir waren beide im Vergnügungskomitee, und bei der Jahresfeier in der Skihütte in Hveradalir, da hab ich sie gefragt, ob sie mit auf den Gletscher kommt. Wir brauchten nämlich noch eine Hauswirtschafterin für den Bau der Hütte in Jökulheimar. Die Vorsitzenden vom Reykjavíker Skiclub haben empört gefragt: ›Spinnst du, dass du eine Frau mit auf den Gletscher nehmen willst?‹ Aber genau das wollte ich.«

Oma fügt hinzu: »Ich war dem Gletscherforschungsverein schon beigetreten, bevor ich Árni kennenlernte, und lag ihm in den Ohren, dass ich unbedingt mitwollte. Ich war schon zweimal auf dem Snæfellsjökull gewesen, da konnte der Vatnajökull ja auch nicht viel schwieriger sein.«

Die Expedition startete im Mai 1955. Im Gästebuch in der alten Hütte in Jökulheimar steht:

> Diese Hütte heißt Jökulheimar und gehört dem Isländischen Gletscherforschungsverein
>
> Wir, die Unterzeichnenden, errichteten sie ehrenamtlich zwischen dem 30. Mai und dem 15. Juni. Zudem unternahmen wir vom 5. bis 12. Juni eine Skitour mit Guðmundur Jónasson auf den Vatnajökull. Das Wetter war uns meist wohlgesonnen, und wir fühlten uns sehr wohl hier in Tungnaárbotnar und auf dem Vatnajökull.

Jökulheimar, 15. Juni 1955
Hulda Filippusdóttir, Árni Kjartansson, Haukur Hafliðason, Árni Edwins, Steinunn Auðunsdóttir, Sigurbjörn Benediktsson, Stefán Jónasson

»Während dieser Tour beschlossen wir, im nächsten Jahr eine noch größere Expedition zu machen, und die sollte unsere Hochzeitsreise sein. Meine Schwester meinte pikiert: ›Du willst eine Frau heiraten, die schon zwei Töchter hat?‹ Aber das war die beste Entscheidung meines Lebens.«

Opa trägt ein blau kariertes Hemd und eine von der Gartenarbeit abgenutzte Cordhose, seine Hände sind immer noch kräftig und rau. Er ist nicht mehr so gut auf den Beinen und erscheint mir wie eine wertvolle Porzellanvase, eine Antiquität, die schwankt. Ich habe Angst, er könnte hinfallen, doch dann kommt er wieder ins Gleichgewicht.

Die Bilder laufen weiter über die Leinwand, jetzt fast nur noch Fotos von Skitouren. Opa beim Holzschleppen vor der Skihütte im Draumadalur in den Bláfjöll-Bergen. Die Hütte hieß Himnaríki – das Himmelreich im Traumtal. Da sind noch mehr Fotos von Berghütten: abendliches Beisammensein im Jósepsdalur, die Hütten Skæruliðaskáli und Himmelreich II, die gebaut wurde, nachdem Himmelreich I abgebrannt war.

»Bei dem Namen Himmelreich gab es manchmal Missverständnisse«, erzählt Oma lächelnd. »Unsere Freundin Magga wurde einmal im Bus von ihrem kleinen Sohn gefragt: ›Wo ist Papa?‹ – ›Der ist mit Árni im Himmelreich‹, antwortete sie. ›Und wann kommt er zurück?‹ – ›Am Montag.‹ Ein Pfarrer, der neben ihnen stand, tippte sie an und sagte mitfühlend und sehr ernst: ›Sie müssen dem Kind die Wahrheit sagen, gute Frau!‹«

Opas Sammlung umfasst Dokumente der ersten Jahre einer systematischen Gletscherforschung in Island, Filme von den ersten Übungen der Flugrettungswacht, von Segelflügen, vom Árbær-Viertel im Aufbau.

»Das Jósepsdalur war wunderschön, das war eine großartige Zeit. Am Wochenende und an Ostern übernachteten oft Leute oben in der Hütte, manchmal schliefen auf dem Dachboden siebzig Mann«, sagt Opa. »Ich weiß nicht, wie viele Ehen sich da oben angebahnt haben.«

Meine Großeltern gehörten zu der ersten Generation, die zum Vergnügen in die Berge ging. Damals war die Skiausrüstung primitiv, man musste bei jedwedem Wetter viele Kilometer gehen, um zur Hütte zu gelangen. Es gab keine Skilifte, keinen Strom, keine Pistenraupen, keine Fleecejacken und kein Gore-Tex, keine Motorschlitten oder Jeeps, um die Leute raufzubringen, trotzdem bezeichnen alle, die dabei waren, die Zeit im Jósepsdalur als die schönste Zeit in ihrem Leben.

Rückblickend musste diese Generation fast alles von Grund auf neu errichten: die Republik Island, Vereine und soziale Einrichtungen, Häuser, eine moderne Infrastruktur, die Stadt Reykjavík. Ich sitze bei meinen Großeltern und werde ganz melancholisch. Ich lausche ihren Geschichten, betrachte ihre Fotos und weiß nicht, ob ich die Geschichten ihrer selbst wegen bewahren möchte oder ob es der Versuch ist, meine Großeltern und ihr Leben zu bewahren, ein Weg, den unabwendbaren Verlust zu mildern.

Mein Großvater wurde vier Jahre nach dem Ende des Ersten Weltkriegs geboren. Ich denke an all das, was er erlebt hat, und wie stark sich die Welt während eines Menschenlebens verändern kann. Ich denke an all die Kriege und Fortschritte, die Revolutionen in Kunst und Wissenschaft, und dann denke ich hundert Jahre voraus und versuche, die Prognosen der Wissenschaftler über unsere Zukunftsaussichten einzuschätzen und zu verstehen.

Opa steht neben dem Projektor, als sich ein Dia verklemmt und nur noch weißes Licht auf der Leinwand ist. Es gibt so vieles, das ich ihn über früher fragen möchte, bevor er selbst in dem Licht verschwindet.

## GOTTES STILLEGESCHWÄNGERTE KOSMOSWEITE

Das alte Teakholzregal in dem kleinen Arbeitszimmer meines Großvaters bog sich unter Pflanzenbüchern, den gesammelten Werken des Schriftstellers Jón Trausti und mehreren Jahrgängen von *Jökull*, der Zeitschrift des Isländischen Gletscherforschungsvereins. Dort lag auch eines meiner Lieblingsbücher, das riesige Vogelbuch von Benedikt Gröndal, doch eines Tages fiel mir ein hübsches blaues Buch ins Auge: *Auf Rentierpfaden* von Helgi Valtýsson, erschienen 1945 in Akureyri. Es handelt sich um Beschreibungen der Reisen von Helgi Valtýsson und Edvard Sigurgeirsson im Hochland nördlich des Vatnajökull in den Jahren 1939 und 1943 sowie im Gründungsjahr der isländischen Republik 1944. Ihr Ziel war es, die letzte Rentierherde Islands aufzuspüren, die letzten Nachkommen jener Rentiere, die 1797 nach Island gebracht worden waren. Die Tiere hatten sich ursprünglich im ganzen Land verbreitet, von den Hochebenen der Melrakkaslétta im Nordosten bis zur Halbinsel Reykjanes im Südwesten, waren aber überall ausgerottet worden. Die letzte Herde lebte in einem entlegenen Tal am Fuß des Gletschers Brúarárjökull und brachte ihre Kälber auf der Hochebene Kringilsárrani zur Welt.

Helgi Valtýsson war ein Romantiker, ein Progressiver, ein Dichter. Er verfasste unter anderem das Gedicht *Muntere Frühlingswinde*, das die meisten Isländer singen können. Aus unerfindlichen Gründen war mir sein Rentierbuch mit den Beschreibungen dieser Gegend entgangen, als ich mein Buch *Traumland – Was bleibt, wenn alles verkauft ist?* über die Ausbeutung des isländischen Hochlands schrieb. Helgis Buch enthält nachkolorierte Schwarz-Weiß-Fotos und Reiseschilderungen, die stellenweise in einen pathetischen Hymnus verfallen, wie ich ihn in einem Reisebuch noch nie gesehen habe:

> …de Hochland ist endlos weit und gipfelblau. Seine Stille …t dich verstummen und aufhorchen (…) Ergriffen lauschst du dem Atem deiner Seele, den du längst vergaßest. Erst hier gewahrst du die unfassliche Weite deines Geistes, und du erstarrst, überwältigt von tiefer Ruhe und unermesslicher Ehrfurcht vor der Göttlichkeit deiner Seele. – Die Ferne, das Gipfelblau, die mächtige Gletscherkuppel, das gottgewaltige Wispern der Stille – all dies reflektiert und echot unter dem Gewölbe deiner Seele, Himmel und Erde umschließend, den gesamten Horizont deines Geistes. Und dein Selbst verschmilzt wie eine bebend erklingende Saite mit Gottes stillegeschwängerter Kosmosweite und wird mit ihr eins.[6]

Ich las den Text laut und blieb lange an diesen Worten hängen: *wie eine bebend erklingende Saite mit Gottes stillegeschwängerter Kosmosweite verschmelzen.* Ich habe bändeweise pathetische Naturlyrik gelesen, kann mich aber kaum entsinnen, je auf eine derart geschraubte Formulierung in Prosaform gestoßen zu sein. Und dieser Textausschnitt ist nicht das einzige Beispiel; das Buch ist nicht nur eine Reisebeschreibung, sondern eine schwülstige Liebeserklärung. Helgi glorifiziert Ostisland und das Gebiet nördlich des Vatnajökull, besonders die Hochebene Kringilsárrani, ein Ort, wie es in Island keinen vergleichbaren mehr gibt: ein fünfzig Quadratkilometer großer grüner Keil in 600 Metern über dem Meeresspiegel, eingerahmt von zwei tosenden, nahezu unpassierbaren Gletscherflüssen und dem Gletscher Brúarárjökull. Dort gab es hohe Gletscherkegel und sogenannte Stauchmoränen, ehemals fruchtbares Land, das der Gletscher bei seinem Vorstoß um 1890 kilometerweit vor sich herschob – fast so, als wollte er die Vegetationsschicht aufrollen wie einen Teppich. Die bis zu zehn Meter hoch aufgetürmten Landmassen waren ein einzigartig erhaltenes Phänomen der Erdgeschichte. Nur in Spitzbergen gab es Gletscher, die auf ähnliche Weise vorstießen und bewachsenes Land vor sich herschoben.

Helgi und Edvard erkundeten eine Wildnis, die fast noch nie betreten worden war. Edvard fotografierte und filmte, während Helgi ihre Exkursionen in seinem Tagebuch festhielt und sich dabei selbst in der prächtigen Bergwelt spiegelte. Als Helgi die Gegend wieder verließ, wurde er schwermütig.

> Nun haben wir Kameraden einstweilen von Kringilsárrani und Vesturöræfi Abschied genommen, womöglich sogar für immer. Dieser Gedanke weckt eine wundersam schmerzliche Wehmut, eine mystische Sehnsucht in unsrer Brust (...) Jene abendblaue Symphonie aus Farben und Formen vergisst nicht, wer sie mit offnem Blick von Körper und Seele sah. Und ungestörter Friede und Ödlandstille, erhaben über irdisches Verständnis und Vernunft, rinnen und strömen hinein in die reifbedeckten schroffen Lande unsres Geistes und unsrer Seele.[7]

Helgi Valtýsson wurde 1877 geboren und wuchs heran, als die Haltung der Fjölnismenn, der isländischen Romantiker aus der ersten Hälfte des 19. Jahrhunderts, noch spürbar war: Unabhängigkeitsideale und Fortschrittsglaube, unterfüttert von Nostalgie und Romantik. Helgi beschreibt seinen Aufenthalt in Kringilsárrani wie eine religiöse Erleuchtung. Sein Text steht in einer über hundertjährigen Tradition, in der wahre Männlichkeit bedeutet, Hymnen auf Goldregenpfeifer, Regenbrachvögel, Hochlandseen und Bekassinen zu dichten, den Sommer, die Berge, die blumenbewachsenen Hänge und die Hoffnung zu lobpreisen. Dies gelingt ihm trotz der ansonsten harten Realität: Kindersterblichkeit, Schufterei und Krankheiten. Dieser romantischen Lebenseinstellung wohnt eine gewisse Sanftheit inne, und in der isländischen Literatur lässt sich wohl kaum ein besseres Beispiel für reine Naturanbetung finden. Man könnte sagen, die romantische Philosophie erreichte genau in diesem Augenblick, in Helgi Valtýssons Buch, ihren Höhepunkt. Der geballte Wortschatz der

Romantik ermöglichte es ihm, seine Verzückung in den Bergen mit barockartiger Ornamentik einzufangen.

Bei ihrer ersten Tour nach Kringilsárrani Ende August bis Anfang September 1939 hatten Helgi und Edvard zwei Wochen lang keinen Kontakt zur Außenwelt. Als sie in die Zivilisation zurückkamen, waren die Deutschen in Polen eingefallen und die gesamte Weltordnung hatte sich verändert. Das Buch erschien 1945, im selben Jahr wurde die erste Atombombe abgeworfen und die modernistischen Atomdichter betraten die Bühne der isländischen Literatur. Texte voll naivem Glauben an die Schönheit in Harmonie mit dem Allmächtigen waren nicht mehr angesagt. Die Welt hatte ihre Unschuld verloren, und die Schrecken des Krieges ließen viele Menschen grübeln, wo er denn eigentlich sei, dieser sogenannte Gott. Die Lyriker verfassten schwerverständliche modernistische Gedichte, Steinn Steinarr schrieb über »Die Zeit und das Wasser«, andere Dichter über das »Nichts« nach dem Tod, und Halldóra B. Björnsson dichtete:

> Im kalten Dunkel der Erde endet unsere Reise
> und wir wissen nicht mehr, dass wir auf Reisen waren.

Europa brannte, der Krieg veränderte die Welt und schuf vielfältige Wirtschaftszweige. Die Luftfahrt machte Riesenfortschritte, die metallverarbeitende Industrie und die Atomindustrie entstanden, und alle Massenproduktionszweige vervielfachten ihre Leistung. Die weltweite Aluminiumproduktion wuchs in wenigen Jahren um 1000 Prozent, damit die Nachfrage des Militärs nach Bomben und Flugzeugen erfüllt werden konnte.[8] Die US-Regierung sorgte dafür, dass Alcoa in drei Jahren über zwanzig neue Fabriken baute. Dies hatte, was Kapital und Rohstoff anging, Vorrang vor den täglichen Bedürfnissen der Bevölkerung.

Doch anstatt die Produktion nach Kriegsende zurückzufahren, suchte die Aluminiumindustrie sich neue Märkte und erfand das Einwegsystem. Geschäftstüchtige Designer entwickelten Waren, die dazu führten, dass die Leute Teller, Besteck, Essensverpackungen, Alufolie und andere Gegenstände nur einmal benutzten. Sie verpackten Getränke in energieintensiv produzierte Aluminiumdosen, die man anschließend wegwarf, anstatt sie auszuspülen und zurückzugeben, wie es bei Glasflaschen üblich war. Diese Denkweise stand im Widerspruch zu den Werten vorheriger Generationen, die gelernt hatten, Wertgegenstände zu schätzen, nichts wegzuwerfen, den Teller leer zu essen, Dinge zu reparieren und alles zu verwerten.

Es entstand eine Konsum- und Verpackungsgesellschaft mit einem unersättlichen Bedarf an Rohstoffen, die sich nach und nach in unberührte Gegenden auf der ganzen Welt hineinfraß. 2002 hatte die globale Konsummaschinerie ihre Fühler bis zum nördlichsten Teil der Erde ausgestreckt. Man beschloss, den Kárahnjúkar-Staudamm zu bauen und einen Großteil der Hochebene Kringilsárrani mit einem fünfzig Quadratkilometer großen Stausee zu fluten, um für eine Aluminiumschmelze von Alcoa in Reyðarfjörður subventionierten Strom zu produzieren. Diese Fabrik stellt nur einen Bruchteil des Aluminiums her, das die Amerikaner wegwerfen. Allein durch die Dosen landet alljährlich so viel Aluminium auf dem Müll, dass es für die vierfache Flugzeugflotte der USA reichen würde. Durch ein Dosen-Recycling hätte man sich drei bis vier solcher Fabriken sparen können.

»Gottes stillegeschwängerte Kosmosweite« und die gesamte Umgebung, die Helgi in seinem Buch beschreibt, ersoff unwiderruflich im zweihundert Meter tiefen trüben Gletscherwasser, als der Kárahnjúkar-Staudamm im Herbst 2006 zugestöpselt wurde. Doch die Landschaft ertrank nicht für immer und ewig, denn der Wasserstand des Sees schwankt und hinterlässt viele Quadratkilometer Küstenstreifen mit feinem Lehmstaub, der bei Wind aufgewirbelt wird. Jedes Jahr im Frühling kommt das leblose Land zum Vorschein, gespenstergrau. Kringilsárrani war nur eins von Tausenden von Juwelen, die wir Jahr für Jahr buchstäblich auf den Müll werfen.

## SCHREIBBLOCKADE

Ich habe Kringilsárrani besucht und diese Zauberwelt, die Helgi beschreibt, selbst erlebt. Entlang der Jökulsá durch das tierreiche Tal zu wandern, die Nester der Wildgänse auf den Kanten der Schlucht mit ihren Wänden aus Säulenbasalt zu bestaunen, auf dem feuerroten Felsgestein bei den Stromschnellen Rauðaflúð zu stehen, im Angesicht des tosenden Gletscherflusses – ein einmaliges Erlebnis. Es hat etwas Hypnotisierendes, wenn der Fluss durch den engen Felseinschnitt bricht, sich in einen brüllenden Strudel ergießt, wie eine unbändige Eruption, ein formloses Chaos, und Steine ans Ufer schleudert. Über meinem Kopf kreiste ein Falke. Ich begegnete dem »Schluchtenbewohner«, der zum Symbol für den Schutz dieser Gegend geworden ist. Dieser Felskopf war nicht wie jeder andere Stein, er hatte eine Art Aura, wie ein Schutzgeist.

Ich hätte es nie gewagt, meine Gedanken so auszudrücken wie Helgi: »Am Zauberfall erzitterten die Harfensaiten meiner Seele, da der Schöpfer die mächtigen Bässe des Flusses zupfte …« Hätte ich in meinem Buch *Traumland* solche Formulierungen verwendet, man hätte mich für verrückt erklärt. Ich wäre zum Klischee für das esoterische Geschwätz eines jungen Städters geworden. Obwohl ich angesichts der hemmungslosen Zerstörung, die dieser einzigartigen Natur drohte, sehr melancholisch wurde, entschied ich mich für Worte, die als vernünftig und angemessen gelten. Ich benutzte die herrschende Sprache des Liberalismus, der Innovation, des Utilitarismus und des Marketings. Ich sprach von der Wichtigkeit des Gebiets für das Image Islands und von seinem Wert für die Forschung, von potenziellen Einnahmen im Tourismus und vom Hochland als lukrativem Drehort für Kino- und Werbefilme. Filme werden gedreht, um ein Erlebnis zu schaffen, aber ein Film über eine Landschaft kann die echte Erfahrung nicht annähernd ersetzen. Doch wir leben in einer Zeit, in der die Größe der Realität in Geld gemessen wird. Ich konnte die Existenz und den Wert der realen Natur nicht rechtfertigen, indem ich sagte, dort fände man Gottes Kosmosweite.

Bei der Debatte über das isländische Hochland wurden alle Wertvorstellungen auf den Kopf gestellt. Unberührtes, kaum besuchtes und unerforschtes Land war nicht kostbar, geschweige denn heilig, sondern ein Indikator für Unpopularität und Sinnlosigkeit. Wenn die Natur in messbaren Kategorien wie Hotelauslastung, Kioskdichte, Anzahl von Tankstellen, Bussen und Reiseleitern kein hohes Rating bekam, war sie nichts wert. Es musste möglich sein, die Natur auf irgendeine Weise zu *nutzen*, und sei es auch nur als Hintergrund für einen Autowerbespot.

Politiker hatten das Gebiet als »nichts Besonderes« abqualifiziert. Der Bauer, dem das Land gehörte, hatte in den Medien verkündet, das sei ja nun wirklich keine bemerkenswerte Gegend, nur Städter würden über diese Grashöcker in Begeisterung ausbrechen: »Ich bin jedenfalls froh, wenn ich da oben in den Schluchten keine Schafe mehr zusammentreiben muss.«

Ich gehörte einer Gruppe an, die darauf beharrte, die Gegend sei prädestiniert für einen Nationalpark, und wurde oft als verblendeter Städter beschimpft, der zum ersten Mal die Natur erlebt. Fotografen wurden bezichtigt, die Landschaft absichtlich als übertrieben schön darzustellen.

Helgi Valtýsson bereiste die Hochebene, als es noch keine Kapitalinteressen gab. Sein Buch ist das einzige unabhängige Umweltgutachten für dieses Gebiet. Er war einfach nur ein Mensch, der sich selbst in Beziehung zur Natur stellte, und er wäre bestimmt nie auf die Idee gekommen, dass die Zerstörungsgewalt des Menschen einmal in diese entlegene Einöde vordringen würde. »Wenn ich tot bin, wird meine Seele auf dem Berg Snæfell ruhen«, schreibt er, gefolgt von einem Gefühlsausbruch: »Snæfell, Gott und des Hochlands ewiger Geist! Dies Land schenktest du mir mit der Verheißung und der Pflichtschuldigkeit, es mit aller Kraft meines Körpers und meiner Seele zu lieben und ihm zu dienen, auf dass es mir Sehnsucht und Freude, Kummer und Wonne sei.«

Als ich sagte, das Land sei *schön*, wurde mir Übertreibung unterstellt. Ich war halb fertig mit meinem Kinderbuch *Die Zeitkiste*, als ich nach Kringilsárrani fuhr, und nachdem ich ein paar Tage über die Hochebene gewandert war, kamen mir meine Ideen angesichts der Schönheit, die geflutet werden sollte, unbedeutend vor. Ich sah, wie die Bagger und Lkws kamen und eine 190 Meter hohe Staumauer quer durch die Schlucht Hafrahvammagljúfur errichtet wurde, grau wie der Todesstern. Ich fand es schrecklich, dass fünfzig Quadratkilometer Schönheit dazu verurteilt waren, in einem grauen, toten Stausee zu ersaufen. Ich bekam eine Art Schreibblockade, die meine rechte und linke Gehirnhälfte in Beschlag nahm, sodass fast nichts anderes mehr in meinen Kopf passte. Die isländischen Energieunternehmen hatten ehrgeizige Pläne. Sie wollten die schönsten Perlen des isländischen Hochlands komplett zerstören. Das Feuchtgebiet Þjórsárver, das weltweit größte Brutgebiet der Kurzschnabelgans, sollte von einem Stausee im Ausmaß der Stadt Reykjavík geflutet werden. Die Geothermalgebiete beim Gletscher Torfajökull waren in Gefahr, der Wasserfall Aldeyjarfoss, die beiden Gletscherflüsse im Skagafjörður, fast alles, was im isländischen Hochland schön und heilig war, sollte gestaut, gesprengt oder geflutet werden, um den Aluminiumfirmen billige Energie zu verkaufen.

Island, an dem die schlimmsten Jahre der industriellen Revolution vorbeigegangen waren, würde alle globalen Fehler des 20. Jahrhunderts in den ersten Jahren des 21. Jahrhunderts nachholen. Viele meiner Bekannten konnten jahrelang über nichts anderes schreiben und an nichts anderes denken, und alle konnten zusehen, wie der ideologische Kampf einen nach dem anderen ausbrannte.

Erst als ich Helgis Buch las, begriff ich, wie sehr unsere Gegenwart in dem herrschenden Diskurs feststeckte. Sein Text war nicht in eine Sprache der Ökonomie gezwängt, in der Bildung eine Investition ist und die Natur nichts anderes als eine ungenutzte Ressource. Die Möglichkeit, dass die Natur höher und erhabener, jenseits des Definierbaren, ja sogar »heilig« sein könnte, war in unserer Zeit kein akzeptables Argument. Helgi war ein freier Mensch, er sprach nicht von Tourismus, Arbeitsplätzen und Exporteinnahmen. Er durfte schreiben, was er wollte: über Schönheit, Natur und das Erhabene.

Als ich selbst in dieser Gegend war, tagsüber an einem Hang beim Wasserfall Töfrafoss Beeren gepflückt hatte und später in der Sommernacht in meinem Zelt lag, während sich der Vollmond über dem Snæfell in einen gigantischen Leuchtturm verwandelte, da fühlte ich mich so, wie Helgi es beschreibt:

> Still ist die Nacht und voller Frieden, kühlem und reinem, leidenschaftslosem. Als wäre jede physische Verbindung mit der Außenwelt abgerissen. Die Seele ist allein, erfüllt von Frieden und kosmosweiter Ruhe der Nacht. Wortlos und allsagend. Jahrhunderte und Ewigkeiten durchströmen sie wie ein sachtes Rauschen, mit unbeschreiblich sanfter Wohligkeit. – – –
> In der Wildnisstille erst erfassen wir in Gänze, welch wundersames Abenteuer unser Erdenleben ist, eine Gottesgabe, die wir nur selten begreifen oder wertschätzen.[9]

Es ist bezeichnend, dass die Landschaft, die für Helgi ein Quell hehrer Gefühle und Erkenntnisse war, für die Isländer zur Wurzel von Anfeindungen, Feindseligkeiten und Zerwürfnissen wurde. Wer eine Hochland-Erleuchtung à la Helgi hatte, wurde als fanatischer Umweltschützer beschimpft.

Helgi Valtýsson wurde in Ostisland geboren, zwei Jahre nach dem Ausbruch der Askja 1875 mit seinen verheerenden Folgen. Er wuchs in einer Zeit auf, als die Menschen in Island noch an Hunger starben, als zwanzig Prozent der Bevölkerung das Land verließen und in Amerika und Kanada ihr Glück suchten. Im schlimmen Frostwinter von 1918, als die Spanische Grippe fast 500 Menschen in Island in den Tod riss, war Helgi Anfang vierzig. 1939 war er Anfang sechzig. Siebzig Jahre später lebten die Isländer im Überfluss. Wir besaßen weltweit pro Kopf die meisten Autos, die meisten Fernseher, die meisten Flugzeuge, die meisten Fischtrawler und die größte Aluminiumproduktion. Und ausgerechnet dann wurde ein Naturparadies wie Kringilsárrani geopfert und ertränkt. Der Fotograf Ragnar Axelsson rief mich an, als die Stromschnellen Rauðaflúð verschwanden, und sagte mir, die Schlucht Stuðlagátt werde Ende der Woche versinken. Ich bekam einen Kloß im Hals. Ich fühlte mich, als hätte er mir vom Tod eines Freundes erzählt.

Wie konnte es sein, dass Helgi diese hehren Gefühle für die harsche Natur in einer schwierigen Zeit entdeckte, als es noch an allem mangelte? Während seiner Kindheit verherrlichte eine ganze Generation von ausgehungerten Dichtern derart kunstvoll Blumen und Vögel, dass die Hälfte der isländischen Vogelarten ab Mitte des 18. Jahrhunderts nicht mehr gejagt oder gegessen wurden. Nach der Maslow'schen Bedürfnispyramide müssten Menschen, deren Grundbedürfnisse befriedigt sind, eigentlich eine achtsamere Naturwahrnehmung haben als die armen Dichter der Romantik. Meine Generation hatte dreimal mehr Energie nutzbar gemacht, als die isländische Nation brauchte, besaß Lebensmittel im Überfluss und mit unnötigem Krempel vollgestopfte Abstellkammern. Warum durften wir uns nicht so frei ausdrücken wie Helgi, warum wurden wir von einem imaginären Wirtschafts- und Vernunftdiskurs geknebelt? Sollten wir nicht in der Lage sein, über den Tellerrand hinauszuschauen und den großen Zusammenhang zu erfassen? Es scheint so, als hätten die Machthaber eine Atmosphäre erzeugt, in der die Bevölkerung sich nie sicher fühlt, in der sie stets hungrig und ängstlich ist und bereit, das nächste Tal und den nächsten Wasserfall zu opfern.

Das führt zu einer weiteren Frage. Das geflutete Tal hatte eine

Fläche von fünfzig Quadratkilometern. Warum ist unsere Sorge nicht tausendmal größer, wenn wir den globalen Zusammenhang betrachten? Die Prognosen der Wissenschaftler über die Erderwärmung besagen, dass der Meeresspiegel wegen der Gletscherschmelze und der Ausdehnung der Ozeane in diesem Jahrhundert etwa dreißig Zentimeter bis einen Meter ansteigen wird. Wenn alle isländischen Gletscher schmelzen, wird der Meeresspiegel um ungefähr einen Zentimeter höher werden, aber wenn die großen Eisschilde in der Antarktis plötzlich heftig schmelzen, müssen wir mit einem Anstieg von mehreren Metern rechnen. Selbst wenn wir uns mäßigen und nur einen Anstieg von 0,74 Metern in diesem Jahrhundert einkalkulieren, werden um die 400 000 Quadratkilometer Landfläche im Meer versinken – viermal so viel wie Island und größer als Deutschland.[10] Pulsierende Großstädte, Küstenstreifen, Häfen und Wattenmeere sind bedroht, alte Kulturstädte und Weltkulturerbe-Stätten, Fabriken, Urlaubsgebiete, Agrarbetriebe, Ackerflächen, Naturschutzgebiete und Flussmündungen. In diesen Regionen leben etwa 115 Millionen Menschen.

Und das sind nur die direkten Folgen des steigenden Meeresspiegels, nicht die Auswirkungen von Temperaturanstieg, Wüstenbildung, Dürren, Waldbränden, sinkendem Grundwasserspiegel, tauenden Permafrostböden oder Ozeanversauerung.

Ich spüre das Rauschen in mir. Weil all diese Begriffe ein schwarzes Loch bilden, das ich nicht begreifen kann, weil die schiere Masse jegliche Bedeutung verschluckt.

Wenn Helgi das isländische Hochland als »Gottes stillegeschwängerte Kosmosweite« bezeichnen konnte, mit welchen Worten darf man dann die Luft beschreiben, die wir einatmen, und die Tatsache, dass die Menschheit die Beschaffenheit der Erdatmosphäre verändert? Welche Worte darf man benutzen, wenn man sich Sorgen über die Zukunft des Ozeans und seiner Biosphäre macht? Welche Worte darf man für die Regenwälder benutzen, die Lunge der Erde?

Sollen Begriffe für die Erde auf Wissenschaft, Emotionen, Statistik oder Religion beruhen? Wie persönlich und sentimental darf man sein? Soll man schwülstige Liebeserklärungen, knallharte Ökonomie, Kriegserklärungen oder komplizierte Philosophie bemühen? Rechts? Links? Schön? Hässlich? Wirtschaftswachstum? Ist die Erde ein ungenutzter Rohstoff oder etwas grenzenlos Heiliges? Sollte man unberührte Landschaften auf Tabellen und Diagramme über den wirtschaftlichen und gesellschaftlichen Nutzen der Natur im Umweltverträglichkeitsprüfungsbericht Anhang 4b reduzieren?

Als die Vereinten Nationen 2018 ihren Bericht über die Auswirkungen des Klimawandels veröffentlichten[11], in den Medien als »finale Warnung« bezeichnet, wurden noch in derselben Woche die sozialen Netzwerke mit diversen Trivialitäten zugemüllt, die leicht verständlich waren und die Gemüter erhitzten. In Island stritten wir uns über eine Ausgabe von 800 000 Kronen für das Anpflanzen von Gräsern aus Dänemark am Geothermalstrand Nauthólsvík und ob im Büro des Bürgermeisters ein Banksy-Nachdruck hängen sollte.

In dem Klimabericht, dem niemand Beachtung schenkte, ging es um den gesamten Ozean, um die gesamte Erdatmosphäre, um alle Länder der Welt, um die Zukunft der Menschheit in den nächsten hundert Jahren und um die Maßnahmen, die dringend notwendig sind, um eine Katastrophe zu verhindern. Es ging um die schnellsten Veränderungen seit einer Million Jahren und den immensen Einfluss auf Milliarden Menschen auf Millionen von Quadratkilometern.[12] Okay, das war wichtig, aber es war einfacher, sich über ein paar teure Gräser zu echauffieren. Also: ein gigantisches Rauschen.

Wenn es um mein Leben geht, um meine Erde und meine Nachkommen, habe ich dann nicht die Pflicht, mir Gedanken darüber zu machen, was auf dem Spiel steht? Welche Worte sind imstande, die Welt zu erklären?

## ERZÄHLEN SIE GESCHICHTEN!

Nach meiner Reise nach Kringilsárrani entstand mein Buch *Traumland*, das mich in viele Länder der Welt führte. In München hielt ich einen Vortrag und nahm an einer Podiumsdiskussion mit Wolfgang Lucht, einem Professor vom Potsdam-Institut für Klimafolgenforschung, teil. Er sagte, seine schlimmsten Prognosen von vor zehn Jahren seien eingetroffen und wären sogar noch übertroffen worden. Dabei habe er nie ein Weltuntergangsprophet sein wollen. Er habe sich immer für Dichtung interessiert, sei aber schließlich Klimaforscher geworden, weil er gut in Mathe gewesen sei. Bei seinem Vortrag sprach er über den Fluch der Kassandra in der griechischen Mythologie, wie sie dazu verurteilt war, die Zukunft vorherzusagen, aber niemand ihren Weissagungen Glauben schenkte. Es war ihr Schicksal, alles im Voraus zu wissen und zu sehen, wie alles eintraf.

Wolfgang Lucht meinte, da ich so leidenschaftlich über Landschaften, Wasserfälle und verborgene Täler in den Bergen geschrieben hätte, solle ich auch die dringlichsten Themen unserer Zeit thematisieren. Ich entgegnete, Klimaangelegenheiten seien wissenschaftlich kompliziert und man sollte sie lieber den Spezialisten überlassen.

»Aber Sie haben doch auch die Spezialisten für ihre Staudämme und Fabriken kritisiert.«

»Ja, schon, aber ich konnte die Staumauer sehen, mir ein Bild von der Lage machen und mir vorstellen, wo der Stausee liegen würde. Ich konnte die Energiemenge und die überflüssigen Kilowattstunden, die in der Fabrik produziert würden, selbst ausrechnen, und ich war in der Lage, die Kalkulationen der Ingenieure zu begreifen und zu kritisieren.«

»Sie trauen sich also nicht zu, über die größten Veränderungen der wichtigsten Systeme der Erde seit Entstehung der Menschheit zu schreiben, und wollen einer Handvoll Wissenschaftlern die Verantwortung überlassen?«

»Können diese ihre Theorien denn nicht vermitteln?«

»Nein, weil sie keine Experten in Wissensvermittlung sind. Ohne Vermittler stoßen sie überall auf taube Ohren. Wenn Sie als Schriftsteller nicht das Bedürfnis verspüren, über diese Themen zu schreiben, dann verstehen Sie die Wissenschaft und den Ernst der Sache nicht. Wer versteht, was auf dem Spiel steht, setzt keine anderen Prioritäten. Ich leite ein großes Team von Experten. Wir veröffentlichen Computermodelle und Diagramme, wie man das halt in unseren Kreisen so macht, und die Leute schauen sich das an, nicken und akzeptieren es irgendwie, *begreifen* aber im Grunde nichts. Ich bringe unsere Ergebnisse vor Parlamentsausschüsse und erkläre den Politikern, dass Millionen Menschen ihr Zuhause verlieren werden, wenn wir nicht reagieren. Deren Antwort lautet prompt: ›Wenn wir das machen, was Sie sagen, verlieren morgen hunderttausend Menschen ihren Job.‹ Sie geben die Verantwortung einfach an mich zurück. Wenn die Politiker wirklich verstehen würden, was ich sage, würden sie die Ärmel hochkrempeln und nach Lösungen suchen. Wir haben so viel Energie aufgebracht, um Kriege zu führen und Waffen zu entwickeln oder zum Mond zu fliegen. Beim Manhatten-Projekt wurden Tausende von Leuten in die Wüste geschickt, wo sie nächtelang durcharbeiteten, ohne Sommer- oder Weihnachtsferien, bis sie eine Atombombe gebaut hatten. Warum können wir so etwas nicht für unseren Planeten tun, für etwas Gutes? Wenn die Politiker den Ernst der Sache begreifen würden, würden sie etwas Vergleichbares initiieren. Wie viele Leute sollten an der Lösung der Klimakrise arbeiten? Millionen von Leuten wären nicht zu viel, wenn es um die Zukunft unseres Planeten geht!«

Ich nickte, wirkte aber vielleicht nicht ernst genug. Ich neige dazu, zu lächeln, wenn es um ernste Angelegenheiten geht, und er insistierte: »Ich mache keine Witze – der Mensch versteht keine Zahlen und Diagramme, aber er versteht Geschichten. Sie können Geschichten erzählen, und Sie müssen Geschichten erzählen!«

Ich wurde nachdenklich.

»Aber niemand will Weltuntergangsprophezeiungen und negative Dinge hören.«

»Das ist genau das Problem«, gab er zu. »Stellen Sie sich vor, ein Arzt will seinem Patienten nicht sagen, dass er Krebs im Anfangsstadium hat. Dass er sofort aufhören muss zu rauchen, sein Leben umkrempeln muss, alle Pläne aufschieben muss, um sein Leben zu retten – Operation, Strahlentherapie, Reha. Stellen Sie sich vor, der Arzt würde nicht ehrlich sagen, was passieren könnte, aus Angst, den Patienten zu erschrecken, und ihm stattdessen Bio-Tabak und Pfefferminztee empfehlen.«

»Ja, verstehe.«

»Genau das passiert gerade. Mit dem Ergebnis, dass wir ernsthafte Probleme haben, die ständig größer werden. Der Patient ändert seinen Lebensstil nicht und redet sich ein, das wird schon wieder, wenn er ab und zu an einem Duftöl schnuppert. Es geht um Leben und Tod, aber die Leute empfinden es nicht so. Die meisten Lösungen, über die wir diskutieren, sind wirkungslose Placebos. Homöopathische Dosen. Strohhalme verbieten. Plastik sortieren. Das sind Kinkerlitzchen. Wir brauchen viel radikalere Maßnahmen.«

Ich hörte ihm zu und merkte, wie frustriert er war. Sich über einen Staudamm im isländischen Hochland Sorgen zu machen ist das Eine, aber sich um die ganze Welt Sorgen zu machen? Was für eine Büchse der Pandora würde sich öffnen, wenn man sich in diese Themen einmischen und sein Lebensglück so aufs Spiel setzen würde? Es gab Konferenzen in Kopenhagen und Paris und Rio und Kyoto. Tausende Fachleute veröffentlichten Berichte und Computermodelle. Gab es dem noch etwas hinzuzufügen? Hörten die Politiker wirklich nicht zu? Reagierten sie nicht?

Kurz darauf war ich bei einer Tagung an der Universität Islands über den Klimawandel, bei der sich die Experten auf der Bühne die Klinke in die Hand gaben. Ein Meeresbiologe sprach über die Versauerung der Meere und das Sterben der Seevögel. Ein Glaziologe sprach über die Gletscherschmelze und eine Ökologin über die weltweite Degradation von Böden, den sinkenden Grundwasserspiegel und die Folgen von drohendem Wassermangel. Sie jonglierten mit Zahlen: Millionen Menschen, Millionen Tierarten, die schnellsten Veränderungen seit Millionen von Jahren. Niemand war alarmiert. Ich schaute mich um, und die Zuhörer zeigten kaum Reaktionen. Bei den Vorträgen hätte es ebenso gut um die Auswirkungen der Erhöhung des Leitzinses auf den Haushaltsentwurf gehen können. Hätten uns nicht die Tränen kommen müssen? Hätten wir uns nicht in Aktionsgruppen aufteilen und für den Rest des Tages Maßnahmen planen müssen? Pünktlich zum angekündigten Ende der Tagung packten die Leute ihre Sachen zusammen, machten ein bisschen Smalltalk und fuhren nach Hause, als wäre nichts geschehen.

Vielleicht ist unser Verständnis von der Welt nicht individuell. Vielleicht erlebte ich das Gegenteil von Massenhysterie, eine Art Massenapathie. Selbst einer der anwesenden Experten schien sich nicht in sein Forschungsthema einfühlen zu können. Er konnte die überwältigende Erfahrung, die er beim Tauchen und bei der Vermessung von Korallenriffen weltweit gemacht hatte, unmöglich mit der Vorstellungskraft und dem Gefühl für den drohenden Tod all dessen, was er liebte, verknüpfen. Vielleicht begreift ein Wissenschaftler das, was er sagt, erst dann, wenn andere es begreifen.

## WÖRTER, DIE WIR NICHT VERSTEHEN

*»Ich verstand, dass es im Isländischen ein Wort gibt für jeden Gedanken auf der Erde.«*
Einar Benediktsson

Wir glauben, Wörter seien leicht begreiflich, wir hätten ein angeborenes Verständnis für sie, und die Welt, wie sie in Zeitungen und Büchern beschrieben wird, sei die Welt, die wir wahrnehmen und verstehen, aber so einfach ist es nicht. Wir sind es beispielsweise gewohnt, Wörter wie *globale Erwärmung* an uns abprallen zu lassen, während wir auf wesentlich belanglosere Wörter anspringen. Wenn wir ganz genau erspüren könnten, was die Wörter *globale Erwärmung* beinhalten, müssten sie auf uns wirken wie etwas Bedrohliches in einem Horrorfilm, und wir müssten Angst bekommen. Es kann Jahrzehnte, sogar Jahrhunderte dauern, bis wir neue Wörter und Begriffe verstehen.

In Hallgrímur Péturssons *Passionspsalmen*, die erstmals im Jahr 1666 gedruckt wurden, beginnt der 30. Psalm mit den Worten: »Die meiner Seele Sünden begehen / entgegen dem Gewissen«. Sünde, Seele und Gewissen waren Wörter, die das Denken der Isländer beherrschten und über Jahrhunderte Machtinstrumente in den Händen von Pfarrern und Obrigkeit waren. Die Menschen beichteten ihre Sünden, erleichterten ihr Gewissen und sicherten ihrer Seele das ewige Leben im Himmel. Doch diese Wörter hatte es nicht immer gegeben. Zur Besiedlungszeit hätten die Nordmänner Hallgrímurs Zeilen höchstwahrscheinlich nicht verstanden. Seele, Sünde und Gewissen gelangten mit dem christlichen Glauben in die isländische Sprache. Die tatkräftigen Wikinger hatten damit nichts am Hut. Sie raubten und plünderten, ohne auch nur einen Gedanken an Gewissen und Sünde zu verschwenden. Die Männer erlangten Ehre und Hochachtung für ihre Raubzüge, sie durften ihren Feinden nicht vergeben, sie mussten sich an ihnen rächen. Wenn sie sich nicht rächten, bekamen sie vielleicht so etwas wie Gewissensbisse, aber das Wort existierte damals noch nicht.

Wenn ein Hofskalde im 10. Jahrhundert ein Gedicht für einen König hätte dichten sollen, der sich dem Christentum zugewandt hatte, hätte er große Schwierigkeiten gehabt, denn die Skaldensprache beruhte auf der nordischen Mythologie. In der Dichtkunst benutzte man bildhafte Ausdrücke (*heiti*) und poetische Umschreibungen (*kenningar*), anstatt die Dinge bei ihrem richtigen Namen zu nennen. In Skaldengedichten hieß es nicht *Erde*, sondern *Braut Odins*, und der *Himmel* war der *Helm der Zwerge*. Wie sollte sich ein christlicher Dichter ausdrücken in einer lyrischen Tradition, in der die Bezeichnungen für Dichtung *Met der Asen, Geschenk Odins* oder *Kvasirs Blut* waren? Er konnte doch nicht *Met der Asen* benutzen, um Gott zu lobpreisen, den Schöpfer des Himmels und der Erde. Die lyrische Tradition zwang die Dichter dazu, über Gott als den Schöpfer des *Helms der Zwerge* und der *Braut Odins* zu sprechen. Wir benutzen alte Denkweisen, um neue Denkweisen zu verstehen, und deshalb war es anfangs unmöglich, über Gott zu sprechen, ohne Odin zu erwähnen oder sich auf ein heidnisches Weltbild zu beziehen, das vom Christentum ausgemerzt werden sollte.

Wörter beeinflussen unsere Emotionen. Wörter ermöglichen es uns, unser Befinden auszudrücken. Wörter können Vorgänge einfangen, die wir vorher nicht wahrgenommen haben, und ihnen einen Rahmen geben.

Das färöische Wort *sorgblíðni*, Trauerruhe, entspricht beispielsweise dem isländischen Wort *angurværð*, Kummerstille, was man im Deutschen als Wehmut bezeichnet. Diese beiden Schwestersprachen, Isländisch und Färöisch, verwenden Synonyme, um dasselbe Gefühl zu beschreiben. Trauer/Kummer und Ruhe/Stille.

Ich weiß nicht, ob sich ein wehmütiger Färinger genauso fühlt wie ein wehmütiger Isländer, aber wir könnten uns solche Wörter zunutze machen, um die Sprache zu bereichern und das Spektrum der Emotionen zu erweitern. *Angurværð* könnte dann das Gefühl beschreiben, das uns überkommt, wenn wir am Lagerfeuer ein sanftes Lied singen. *Sorgblíðni* wäre ein analoges Wort, in dem etwas mehr Sehnsucht und Trauer mitschwingt. Dann hätten wir zwei Wörter und könnten unsere Gefühle nuancierter ausdrücken. Ich verspürte eine seltsame *Kummerstille*, als ich mit meinem Großvater alte Fotos anschaute, aber jetzt, da er von uns gegangen ist, füllt sich mein Herz mit *Trauerruhe*.

Der Pfarrer Hallgrímur Pétursson wurde 1614 geboren und konnte leidenschaftlich über Sünde und Gnade dichten, hätte aber Schwierigkeiten gehabt, ein Gedicht über *Freiheit*, *Menschenrechte*, *Demokratie* und *Gleichberechtigung* zu schreiben. Er war ein großer Dichter und Denker, aber diese Wörter gab es in dem Jahrhundert, in dem er lebte, in der isländischen Sprache noch kaum.

Als Jørgen Jørgensen, der von den Isländern Jörundur der Hundstagekönig genannt wird, 1809 in Island eine Revolution anzettelte, proklamierte er: »Island ist frei und unabhängig von dänischer Staatsgewalt.«

In unseren Ohren klingt das wie der selbstverständliche Wunsch eines unterdrückten Volks – etwas, nach dem die Isländer sich sechshundert Jahre lang gesehnt hatten. Aber vermutlich hatte vor Jørgens Proklamation noch niemand diesen Gedanken je so formuliert. An einem sonnigen Tag im Sommer 1809 wurde zum ersten Mal eine neue revolutionäre Idee in die Welt gesetzt und noch am selben Tag durchgeführt. Das Problem ist nur, dass zu dieser Zeit niemand auf den Gedanken gekommen wäre, dass die Isländer sich Freiheit oder Unabhängigkeit wünschen könnten. Wahrscheinlich wurden diese Wörter in Island vorher noch nie laut ausgesprochen und hatten demzufolge so gut wie keine Bedeutung.

Jørgen Jørgensen kam als Dolmetscher mit dem britischen Seifenhändler Phelps nach Island, der dort Talg und Tierfette kaufen wollte. Im ganzen Land gab es beträchtliche Vorräte davon, doch im Krieg zwischen England und Dänemark hatte es eine Zeitlang keine Schiffsverbindung nach Island gegeben und der Bevölkerung mangelte es an Getreide und anderen wichtigen Gütern. Graf Trampe, der dänische Gouverneur in Island, versuchte, die Geschäfte zu unterbinden, der Handel mit anderen Landsleuten als den Dänen war bei Todesstrafe verboten. Phelps und seine Leute schnappten sich Trampe und sperrten ihn in eine Kajüte des Handelsschiffes, während Jørgen vorübergehend die Führung des Landes übernahm. Er gab eine Erklärung heraus, dass Island mit der ganzen Welt in Frieden leben solle, entwarf für die Isländer eine Flagge und hisste sie. Auf der Flagge waren drei Salzfische. Des Weiteren verkündete er, dass die Steuern unverzüglich um fünfzig Prozent gesenkt würden. Die Hälfte der Steuern floss nämlich nach Dänemark, ohne dass Island dafür im Gegenzug etwas erhielt.[13] Jørgen entwarf einen Plan, nach dem stets ausreichende Getreidevorräte angelegt werden sollten, um die Hungersnot in Island zu bekämpfen, und senkte den Preis dafür. Zudem gab er den Isländern Reisefreiheit, jeder durfte durchs Land reisen und Handel treiben, wie es ihm beliebte, ohne amtliche Befugnis, und in allen Häfen sollte freier Handel mit allen Ländern erlaubt sein. Damals war das Reisen im Inland streng reglementiert. 25 Prozent der Bevölkerung bestanden aus unfreien besitzlosen Landarbeitern, die nicht heiraten und keine Kinder bekommen durften, fast so wie Drohnen in einem Bienenstock. Jørgen machte auch Vorschläge zur Gründung eines Krankenhauses, zur besseren Ausbildung von Hebammen und zur Bekämpfung der Kindersterblichkeit. Innerhalb von sechzig Tagen legte er im Juli und August den Grundstein für Reformen in den meisten Bereichen der Gesellschaft.

Die Isländer hingegen verspotteten Jørgen und nannten ihn Hundstagekönig, dabei wollte er gar kein König sein. Er wollte lediglich die Führung des Landes übernehmen, bis die Bevölkerung eine parlamentarische Versammlung gewählt und eine Republik gegründet hätte. Im 12. Absatz seiner Deklaration vom 11. Juli 1809 kommt das deutlich zum Ausdruck:

> Uns obliegt die Pflicht, unser Amt niederzulegen, sobald sich die Abgesandten versammelt haben. Die Versammlung wird im nächsten Jahr, am 1. Juli 1810, einberufen und eine ordnungsgemäße Regierung bestimmen, und ein jeder, der Mittellose wie auch der Begüterte, nimmt gleichen Anteil an dieser Regierung.[14]

Die Wogen der Revolution, die ganz Europa überrollten, waren noch nicht auf der entlegenen Insel angelangt, und die Schriften, in denen die Begriffe Freiheit, Gleichheit und Unabhängigkeit definiert wurden, waren in Island weder übersetzt noch herausgegeben worden. Jørgen war mit seinen Reformen der Zeit voraus, nicht nur in Island, sondern fast in der ganzen Welt. Die Dänen bekamen erst 1849 ihr erstes demokratisch gewähltes Parlament. Als Jørgen 1809 sagte, *der Mittellose wie der Begüterte* sollten gleichen Anteil an der Regierung des Landes nehmen, geht er weiter als die Verfechter der Französischen Revolution, bei denen das Wahlrecht an Besitztum gebunden war. Zu jener Zeit waren 88 Prozent der isländischen Bauern bettelarme Pachtbauern, und die Vorstellung, mit den Reichen gleichgestellt zu sein, war für die meisten absurd. Sie dachten selbst, sie seien niedriger gestellt, und hielten es für selbstverständlich, dass die Macht in den Händen der Reichen lag.

Die Gleichgültigkeit der Isländer enttäuschte Jørgen. Er bot den Menschen die Freiheit an, aber sie verstanden nicht, was er meinte, und gingen deshalb nicht auf sein Angebot ein. Die Vorstellung, dass ein armer Mann genauso viel zu sagen haben sollte wie ein reicher, stand in krassem Widerspruch zur Realität. Die Idee der Handelsfreiheit war in Island ebenfalls eine Neuheit.

Jørgen verurteilte die Zustände im Land aufs Heftigste und sagte, ein paar wenige »mutlose« Kaufleute würden das Volk in Geiselhaft halten. Die gemeine Bevölkerung konnte nur schwer verstehen, wie es möglich sein sollte, ein Land mit einer Regierung zu führen, die »kein König« war. Die Idee von einem Parlament war neu, und obwohl in den Sagas vom Althing und von der alten Godenherrschaft berichtet wurde, war damit nicht gesagt, dass die Leute zu einer längst vergangenen Regelung zurückwollten.

Jørgen wollte uns *Freiheit* schenken, er wollte die Monarchie abschaffen und den Isländern die Macht geben. Er beanspruchte keine Macht für sich selbst, er war das Gegenbild von einem König, doch das Volk kannte nur das Wort König, um seinen Status zu beschreiben. So wie die Hofskalden in Norwegen nicht sagen konnten, Gott sei der Schöpfer des Himmels und der Erde, ohne von der *Braut Odins* zu sprechen.

Vielleicht war es nur logisch, Jørgen zu misstrauen. Er war ein unverbesserlicher Abenteurer, ein zwanghafter Spieler und Frauenheld, und man hätte ihn verdächtigen können, Island dem britischen Weltreich einverleiben zu wollen. Nichtsdestotrotz muss man konstatieren, dass hierzulande erstmals radikale Ideen geäußert wurden und die Leute sie als schlechten Witz auffassten. Der Advokat und Amtmann Magnús Stephensen, der damals einflussreichste Mann in Island, schrieb in einem Brief entschuldigend, dass »kein guter Isländer sich Unabhängigkeit wünsche«.

Die Leute, die später für die Ideen von Freiheit, Gleichheit und Unabhängigkeit kämpften, waren 1809 noch im Kindesalter oder noch nicht auf der Welt. Baldvin Einarsson, der als einer der wichtigsten Begründer des isländischen Unabhängigkeitskampfes gilt, war sieben Jahre alt, der Dichter und spätere Nationalheld Jónas Hallgrímsson war gerade mal zwei. Jón Sigurðsson, Politiker und Vorkämpfer für Islands Unabhängigkeit, wurde erst 1811 geboren, trotzdem galten seine späteren Ideen als neu und radikal.

Als 1844 das Althing wiedererrichtet wurde, hatten nur begüterte Männer das Wahlrecht, was fünf Prozent der Bevölkerung entsprach. Erst 1915 bekamen besitzlose Männer und Frauen ab vierzig Jahren das Wahlrecht, und erst 1920 durften Männer und Frauen gleichberechtigt wählen.

In der Grundschule lernten wir, dass die Isländer sechshundert Jahre von den Dänen unterdrückt worden waren und dass die Bevölkerung sich stets nach Freiheit und Unabhängigkeit gesehnt hatte. Doch das war keineswegs der Fall. Erst Mitte des 19. Jahrhunderts etablierten romantische Dichter die Vorstellung, die Isländer hätten schon immer unabhängig sein wollen. Dabei lebten die meisten Menschen in ihrem Trott und hatten genug damit zu tun, von Tag zu Tag zu überleben. Sie waren in ihrer Realität verhaftet, eingesperrt in die herrschende Sprache und das Machtgefüge ihrer Zeit. Den meisten Menschen bleibt nichts anderes übrig, als in den Bahnen und Begrifflichkeiten zu denken, die ihnen zur Verfügung stehen. Die Isländer brauchten über hundert Jahre mit Gedichten, Reden, Versammlungen, Resolutionen, Übersetzungen und Gesprächen in Kopenhagener Wirtshäusern, um die Begriffe in Jørgens Proklamation gänzlich zu verstehen. Erst dann bestand eine Grundlage, um über diese Ideen und damit auch über das Fundament der Unabhängigkeit im Jahr 1918 zu reden, und selbst danach wurde noch mindestens weitere hundert Jahre über die Gleichstellung der Geschlechter diskutiert.

Dieses Buch besteht aus Wörtern, und einige davon sind genauso neu in unserer Sprache wie die Wörter, die Jørgen seinerzeit benutzte. Es ist noch nicht lange her, seit wir den Begriff »Versauerung der Meere« zum ersten Mal gehört haben. Sucht man im digitalen Zeitungsarchiv *tímarit.is*, stellt man fest, dass dieser Begriff erstmals am 12. September 2006 in der isländischen Zeitung *Morgunblaðið* auftauchte.[13] Danach erscheint er einmal 2007, kein einziges Mal 2008 und zweimal 2009. Das Wort »Profit« kam hingegen laut *tímarit.is* im Jahr 2006 tausendeinhundertsiebzigmal vor und im Jahr 2009 fünfhundertvierzigmal. Im Jahr 2011 hat sich die Debatte etwas weiterentwickelt: »Versauerung der Meere« taucht fünfmal in der Presse auf, »Kardashian« hingegen hundertachtzigmal.

*Versauerung der Meere* ist ein Beispiel für einen Begriff, der an uns vorbeigegangen ist, obwohl dieses Phänomen eine der schwerwiegendsten Veränderungen für die Beschaffenheit und die Chemie unseres Planeten in den letzten dreißig bis fünfzig Millionen Jahren darstellt.

Es geht um eine grundlegende Veränderung der chemischen Zusammensetzung des Meerwassers, die das gesamte Ökosystem beeinträchtigen könnte, eine Veränderung, die so groß ist, dass wir einen Geschmacksunterschied im Meerwasser feststellen würden, weil sein pH-Wert vermutlich von 8,2 auf 7,9 oder sogar 7,7 sinken wird. Der pH-Wert ist ein logarithmisches Maß, und der Größenunterschied auf einer pH-Skala ist für die meisten von uns schwer zu verstehen. Zu solchen Maßen können wir schlecht einen Bezug herstellen. Es ist beispielsweise schwer nachvollziehbar, warum ein Erdbeben mit einer Stärke von 2,0 auf der Richterskala hundertmal schwächer sein kann als ein Erdbeben mit einer Stärke von 4,0.

Zu einer Versauerung der Meere kam es, weil das Meerwasser etwa dreißig Prozent des Kohlendioxids aufgenommen hat, das wir in die Atmosphäre gepumpt haben. Schaut man sich den pH-Wert des Meerwassers von vor 25 Millionen Jahren bis heute an, sieht man leichte Schwankungen, die sich teilweise über einen Zeitraum von Hunderttausenden von Jahren vollziehen. Sollten sich die Prognosen bewahrheiten, wird der pH-Wert in den nächsten hundert Jahren senkrecht fallen, wie ein Meteoriteneinschlag auf der Erde. Für die Erde sind hundert Jahre nur ein kurzer Augenblick. Dass Prozesse, die vorher Millionen von Jahren gedauert haben, jetzt nur noch hundert Jahre dauern, zeigt ein Tempo, das sich mit einer Bombenexplosion vergleichen lässt.

Versauerung der Meere. Ich tue so, als würde ich die Wörter verstehen, aber wahrscheinlich verstehe ich sie nicht. Ein ungeladenes Gewehr sieht genauso aus wie ein geladenes Gewehr, aber sein Nutzen – oder Schaden – hängt davon ab, ob es geladen ist oder nicht. Wörter haben unterschiedliche Ladungen, und manche Begriffe brauchen viele Jahre, bis sie ihre volle Ladung erreicht haben. Der Begriff »Versauerung der Meere« ist so groß und tief wie der gesamte Ozean bis in alle Zukunft. So groß wie die Gesamtheit aller Heringsschwärme und Seeskorpione, aller Schellfische und Schweinswale, Austern, Algen und Pottwale, so groß wie all die fantastischen Korallenriffe mit ihren Schildkröten, Steinkorallen und Clownfischen. Diese Wörter sind genauso schwer herunterzuschlucken wie ein Mund voll Flügelschnecken.

Schaut man sich die wissenschaftlichen Erklärungen für die Versauerung der Meere sowie die Anzahl der Menschen an, deren Leben von der Gesundheit des Ozeans abhängt, könnte man überlegen, ob der Begriff Versauerung der Meere nicht viel zu harmlos klingt. Dieser Begriff müsste so bedrohlich sein, dass sich eine ganze Generation nichts sehnlicher wünschen würde als eine Zeitreise in die Vergangenheit, um den Verlust des Paradieses zu verhindern.

Die heutigen Erdbewohner verhalten sich wie die Isländer zu Zeiten des Hundstagekönigs Jørgen Jørgensen. Die Wörter *Versauerung*, *Schmelze*, *Erwärmung* und *Anstieg* scheinen keine direkte Reaktion hervorzurufen, anders als die Wörter *Invasion*, *Feuer* oder *Gift*. Wir hören Nachrichten und schauen Dokumentarfilme, aber aus irgendeinem Grund verharren wir in unserem Alltagstrott.

Bei der Diskussion über den Klimawandel gibt es jede Menge wissenschaftliche Formulierungen – 7,8 pH, 415 ppm. Wir hören chemische Begriffe wie Aragonit, Kalksättigung und $CO_2$-Konzentration in der Erdatmosphäre. Mit Jahreszahlen wie 2050, 2100, 2150 können wir nichts anfangen, außer die Politiker entwickeln nebulöse Pläne, bestimmte Ziele vor dem Jahr 2040 zu erreichen. Sollen sich doch andere Leute fünf bis sechs Wahlperioden später mit dem Problem beschäftigen. Zahlreiche Hundstagekönige haben realisierbare Lösungen gefunden, die allen Menschen auf der Welt zugute kommen könnten, aber wir nehmen sie teilnahmslos auf, wie der Kleinbauer im Jahr 1809, der die Freiheit in die Hände gelegt bekam, aber nicht wusste, was er damit anfangen sollte. Und vielleicht werden die Leute sich später damit entschuldigen, dass die Weltuntergangsprophezeiung verklausuliert gewesen sei.

> Es ist davon auszugehen, dass die Aragonit-Untersättigung im arktischen Meer im Jahr 2100 einen extrem negativen Einfluss auf kalkbildende Organismen haben wird, sollte sich der pH-Wert des Meerwassers entsprechend dem Szenario RCP 6.0 im Bericht von 2018 des Zwischenstaatlichen Ausschusses für Klimaänderungen der Vereinten Nationen über den Klimawandel 7,8 annähern.[16]

Die Aussage dieses Textes müsste uns Angst einjagen, aber für die meisten ist er nur eine Ansammlung von Fachwörtern. Statements dieser Art müssten unmittelbaren Einfluss auf Politiker und Wähler haben.

Jørgen glaubte, es müsse der isländischen Bevölkerung möglich sein, sich in komplizierte Themen hineinzudenken, eine Haltung zu ihnen zu entwickeln und darüber abzustimmen. Heute steht die gesamte Weltbevölkerung vor einer Herausforderung. Wissenschaftler warnen, dass unser Weg ins Verderben führt, wenn wir bei unserem momentanen Kurs bleiben. Unser politisches System steht auf dem Prüfstand – können wir uns so gut in die Themen hineindenken, dass wir Politiker wählen, die unsere Welt in die richtige Richtung lenken?

## DIE SUCHE NACH DER HEILIGEN KUH

Im Oktober 2008 war ich mit meinem Buch *Traumland* auf Lesereise in Großbritannien. Das Buch war gerade auf Englisch erschienen, und ich sollte in der Kleinstadt Frome in Somerset einen Vortrag halten. Ich übernachtete in einem billigen Hotel in London, und in der Lobby lagen Zeitungen mit alarmierenden Meldungen aus Island. Auf einer Titelseite prangte ein großes Foto von einem Vulkanausbruch, darunter eine Schlagzeile über den drohenden Crash der isländischen Banken. Ein junger britischer Abgeordneter, der nach dem Vortrag mit mir zusammen an einer Podiumsdiskussion teilnehmen sollte, nahm Kontakt auf und sagte die Veranstaltung ab. Er wollte nicht, dass sein Name mit Island in Verbindung gebracht wurde. Ich ging in ein Geschäft und kaufte einen hübschen Pullover für meine Frau. Während dieses Einkaufs fiel die isländische Krone gegenüber dem Pfund so massiv, dass der Pullover innerhalb von fünf Minuten 7000 Kronen teurer wurde. Als ich in mein Hotelzimmer kam, klingelte das Telefon, die Frau am anderen Ende der Leitung stellt sich als Halldóra vor und sagte, sie habe ein ungewöhnliches Anliegen. Ob ich mir vorstellen könne, den Dalai Lama zu interviewen?

»Den Dalai Lama?«

»Ja, wenn er nächstes Jahr im Juni nach Island kommt. Er möchte sich gern über Umweltthemen unterhalten.«

Ich hatte noch nichts von dem bevorstehenden Besuch gehört und antwortete, überzeugt, dass es sich um einen Scherz handelte:

»Ah ja, spannend, aber ich bin Christ und muss vorher den Papst um Erlaubnis fragen.«

»Okay, dann rufe ich morgen noch mal an, ja?«

»Gut, ich erreiche den Papst bestimmt gleich.«

Am nächsten Tag rief sie wieder an und fragte, was der Papst gesagt hätte.

»Der wer?«

»Na, der Papst!«

»Äh, der Papst hat Ja und Amen gesagt.«

»Sie müssen uns die Fragen schicken, sie sollen vier Wochen vor dem Interview da sein.«

Ich bin kein Buddhist und kenne mich mit Buddhismus nicht besonders gut aus. Mein Wissen über Tibet und den Dalai Lama beschränkte sich auf das, was ich als Teenager in Heinrich Harrers Buch *Sieben Jahre in Tibet* gelesen hatte.

Der jetzige Dalai Lama wurde 1935 als armer Bauernsohn in der tibetischen Provinz Amdo geboren. Als er zwei Jahre alt war, besuchten ihn prächtig gekleidete weise Männer, beriefen sich auf diverse Vorzeichen und Orakelsprüche und brachten Gegenstände mit, die Seiner Heiligkeit dem 13. Dalai Lama gehört hatten. Anschließend wurde der Junge nach Lhasa gebracht, wo er als Gottkönig erzogen wurde und im jungen Alter von fünfzehn Jahren die Herrschaft über Tibet übernahm. 1950 marschierten chinesische Truppen unter der Führung von Mao Zedong in Tibet ein und besetzten das Land. Etwa eine Million Tibeter starben in den darauffolgenden Jahren, und mehr als 6000 Klöster wurden bei der Kulturrevolution zerstört. Als die Tibeter 1959 gegen die Besatzer rebellierten, floh der Dalai Lama mit seinen engsten Vertrauten nach Indien und baute sich ein Kloster in Dharamsala am Fuße des Himalaya, wo ein kleines tibetisches Dorf entstand. Jahr für Jahr kamen neue Flüchtlinge dort an, und inzwischen sind mehrere Generationen außerhalb von Tibet aufgewachsen, stets mit der Hoffnung, eines Tages nach Hause zurückkehren zu können. 2019 ist die Flucht des Dalai Lama über die Berge sechzig Jahre her.

Der Dalai Lama hat wohl eines der ungewöhnlichsten Leben

geführt und große Veränderungen miterlebt. Er kam in einer hermetisch abgeschotteten Gesellschaft zur Welt und wurde als Erwachsener zu einer Art spirituellem Popstar, der über die Liebe, die Umwelt und das Anliegen Tibets spricht. Die Buddhisten verstehen ihn als Bodhisattva, als *erleuchtetes Wesen*. Das ist fast so, als befände sich Jesus unter uns, nicht indirekt, sondern als alte Seele in einem neuen Körper, in direkter Fortsetzung des Lebens, das er vorher führte, und der Person, die er vorher war. Der Dalai Lama ist hochheilig, und es ist keineswegs selbstverständlich, eine Audienz bei ihm zu bekommen, geschweige denn eine ganze Stunde, wie man es mir anbot.

Wahrscheinlich gibt es nur wenig Orte auf der Welt, die so entlegen sind wie Tibet und Island. Doch im Buddhismus ist alles miteinander verbunden. Was zum Kuckuck sollte man zu einem heiligen Mann sagen, der schon vierzehnmal wiedergeboren worden war?

Es war verlockend, ihn nach der Zeit zu fragen, danach, wie unsere Zeit sich von den vielen anderen Zeiten unterschied, die er bereits erlebt hatte. Und über die Zukunft zu sprechen, ob sie möglicherweise schwerer zu deuten war als je zuvor. Die ganze Natur. Die ganze Zukunft.

Ich suchte nach Verbindungen. Ich versuchte, den Buddhismus zu verstehen, seine Aufteilung in Schulen, seine Hierarchien, Dalai Lama, Panchen Lama, Karmapa – ein kompliziertes System. Im Buddhismus gibt es keinen Gott, aber sehr viel Volkstümliches, Teufel, Schutzgeister, Dämonenaustreibung, Prophezeiungen, Aberglaube, Traditionen und Rituale. Wie sollte man einen Heiligen ansprechen? Heinrich Harrer begegnete dem Dalai Lama, als dieser elf Jahre alt war, freundete sich mit ihm an und schrieb in seinem Buch *Sieben Jahre in Tibet*:

> Wir erfahren, dass der Name »Dalai Lama« von den Tibetern überhaupt nicht angewendet wird. Er kommt aus dem Mon-

golischen und heißt übersetzt »Weiter Ozean«. Gewöhnlich ist der Dalai Lama der »Gyalpo Rimpotsche«, was ungefähr »geschätzter König« heißt. Eltern und Brüder gebrauchen eine intimere Form, wenn sie vom jungen Gottkönig sprechen: »Kundün«, was übersetzt einfach »Gegenwart« bedeutet.[17]

Reinkarnation ist ein interessantes Phänomen, und bei Gesprächen fiel mir auf, dass die Menschen sie bemerkenswert wörtlich nehmen. Sie sprechen über den Wiedergeborenen und dessen vorherige Gestalt als ein und dieselbe Person in unterschiedlichen Körpern: Ich kannte ihn in seinem früheren Leben, da war er ernst, aber jetzt ist er lebhaft und lustig.

Übrigens weckte mein Sohn mein Interesse an diesem Thema. Er erzählte mir nämlich einmal, wie er entstanden sei. Er habe am Feuer gesessen und Oliven geröstet und sei dann mit mir zu seiner Mutter gegangen. Da sei ich so glücklich gewesen, sie zu sehen, dass ich sie geküsst hätte. Als er drei Jahre alt war, erzählte er mir manchmal von seiner »alten Mama«, die »vor vielen Jahren gestorben« sei. Er erzählte mir auch von seinem »alten Bruder«, der gestorben sei, weil ihn ein Stein an der Stirn getroffen hätte. Als wir später eine Fahrradtour machten und er im Kindersitz hinter mir saß, fragte ich ihn genauer nach seiner alten Mama, und da sagte er: »Jetzt darf ich nicht mehr über meine alte Mama reden.« Von da an erwähnte er sie nie wieder. Also – wer weiß?

Ich vertiefte mich in Bücher über die Geschichte Chinas und Tibets und in heilige Schriften des Buddhismus. Ich las Berichte und Artikel, schaute mir Landkarten, Biografien und Filme an. Las Bücher von und über den Dalai Lama, manche gut, andere weniger gut. Die Sprüche des Dalai Lama für leitende Angestellte. Ich las Bücher über das Glück, die Ehe, die Kindheit und die Zukunft. Las über Leute, die ins Gefängnis gekommen waren, nur weil sie ein Foto des Dalai Lama bei sich getragen hatten, und dass über sechs Millionen Tibeter unterdrückt wurden. Ich war betroffen. Ich erkannte, dass in Tibet systematisch gegen die Menschenrechte verstoßen wird und dass die höchsten Institutionen des tibetischen Buddhismus angegriffen werden. Der Panchen Lama ist nach dem Dalai Lama das zweithöchste spirituelle Oberhaupt, und im Mai 1995 wurde ein sechsjähriger Junge in China als seine Reinkarnation anerkannt. Drei Tage später verschwand das Kind zusammen mit seiner Familie spurlos – bis heute.

Ich las das *Dhammapada*, Buddhas Weg zur Weisheit. Die schlichte Schönheit dieses Textes ähnelt den Versen in *Hávamál*, des Hohen Lied, in der Lieder-Edda:

> Beim Reden sei vor Zorneswworten auf der Hut,
> Sei selbstbeherrscht und zügle deine Zunge gut![18]

Ich beschäftigte mich mit Mythologie, und da der Dalai Lama in Indien lebt, dachte ich über heilige Kühe nach. Warum finden wir heilige Kühe so exotisch, wenn unser eigener nordischer Kulturkreis davon ausgeht, dass der Ursprung des Lebens eine heilige Kuh war? In der Snorra-Edda beginnt die Welt mit der Kuh Auðhumla, die aus Raureif erschaffen wird:

> Der Hohe antwortete: »Zunächst begann der Reif zu tauen, und daraus kam die Kuh hervor, die Auðhumla hieß. Vier Milchströme flossen aus ihrem Euter, damit nährte sie Ymir.«
> Gangleri aber meinte: »Wovon lebte die Kuh?«
> Der Hohe sagte: »Sie leckte die bereiften Steine ab, die salzig waren. Am ersten Tag, an dem sie die Steine leckte, kam aus ihnen am Abend Menschenhaar zum Vorschein, am zweiten Tag der Kopf eines Mannes. Am dritten war ein ganzer Mann da; der wird Buri genannt. Er war von schöner Gestalt, groß und stark.«[19]

Auðhumla nährte den Riesen Ymir, und aus ihm wurde die Welt erschaffen: aus seinem Blut das Meer und die Gewässer, aus seinem Fleisch die Erde, aus seinen Haaren die Bäume und aus seinem Gehirn die Wolken. Marvel Comics könnte eine ganze Serie über Thor, Odin und Loki produzieren, über Walhall und Ragnarök wurden Opern geschrieben, aber was ist mit der Kuh Auðhumla? Ihre Geschichte klingt wie ein uraltes Überbleibsel von einem Mythos, als wäre bei einem Flüsterspiel auf einer tausendjährigen Reise durch zwei Kontinente etwas aus dem Ruder gelaufen, bis es so lautete: Am Anfang war nichts als eine gähnende Schlucht, Ginnungagap, dann kam eine gefrorene Kuh, die die Welt mit vier Milchströmen nährte …

Ich las mich weiter in das Thema ein und stellte fest, dass Auðhumla eine Schwester in Indien hat. Den Schriften der Hindus nach ist die Urmutter aller Kühe in Indien Kamadhenu, die Kuh der Fülle und des Wohlstands. Sie ist eng verwandt mit der heiligen Prithvi, der Erde höchstselbst, die oft durch eine Kuh symbolisiert wird. Kamadhenu entsprang einer ähnlich rätselhaften Schlucht wie Auðhumla. Alle Gottheiten wohnen in ihrem Körper, ihre Augen sind die Sonnen- und Mondgöttinnen und ihre Beine, das Fundament selbst, werden auf Bildern als die Berge des Himalaya dargestellt.

Im *Ersten Lied von Helgi dem Hundingstöter* in der Lieder-Edda findet sich diese Strophe:

> Urzeit war es,
> als Adler schrien,
> heilige Wasser strömten
> von den Himmelsbergen[20]

Erinnern die Himmelsberge nicht an den Himalaya? Ich suchte nach weiteren Verbindungen und entdeckte, dass es in Nepal einen Distrikt gibt, der *Humla* heißt. Von dort führt ein historischer Pfad durch den Himalaya, der alte Salzweg, hinauf zum heiligen Berg Kailash in Tibet. Dieser Berg ist nach den uralten Legenden des Buddhismus und Hinduismus, des Jainismus und des Bön – der ursprünglichen Religion der Tibeter – die Weltachse, *Axis Mundi*, das Zentrum des Universums und der heiligste Ort der Welt. Um den Kailash kreisen die Sonne und der Mond, und er ist der Thron des Gottes Shiva, der auf einem mächtigen Stier reitet.

Am Fuße des Kailash befindet sich der See Manasarovar, der lange als der am höchsten gelegene Süßwassersee der Welt galt. In diesem Gebiet entspringen vier der heiligsten Flüsse Asiens und fließen in alle Himmelsrichtungen:

Der *Indus* ist mit fast 3200 Kilometer Länge der längste Fluss auf dem indischen Subkontinent und fließt von Tibet durch den nördlichen Teil Indiens nach Pakistan.

Der *Satluj* fließt 1500 Kilometer von Tibet durch Indien und Pakistan und mündet dort in den Indus.

Der *Brahmaputra* fließt durch Indien und Bangladesch, insgesamt 3000 Kilometer, bis er sich am Golf von Bengalen mit dem Ganges vereinigt.

Die *Karnali* fließt durch den Distrikt Humla in Nepal, wird später zur Ghaghara und bildet in Indien einen der größten Nebenflüsse des Ganges mit einer Länge von insgesamt 1000 Kilometern.

Einer der heiligsten Orte Indiens liegt am Fuße des Himalaya im Bundesstaat Uttarakhand. Dort befindet sich ein Gletschertor namens *Gomukh*, wo weißsprudelnd einer der beiden Quellflüsse des Ganges am Ende der Gletscherzunge hervorbricht. *Go-*

*mukh* bedeutet wortwörtlich Mund oder Gesicht der Kuh. *Go* heißt *Kuh*, und *Mukh* ist *Mund.*

Plötzlich fügt sich alles ineinander, auf einmal scheint die rätselhafteste Überlieferung der nordischen Mythologie auf den heiligsten Berg der Welt, die Gletscher im Himalaya und den Quell des wichtigsten Stroms Asiens zu verweisen.

Eine aus Reif erschaffene Kuh ist die perfekte Metapher für einen Gletscher. Gletscherwasser ist kein gewöhnliches Wasser, aufgelöste Mineralien machen es milchig weiß, denn der Gletscher hat das unter sich liegende Gestein jahrtausendelang fein zerrieben. Für Äcker und Wiesen ist Gletscherwasser einer der besten Dünger, die es gibt, und diese heiligen Flüsse bilden die Lebensadern von Pakistan, Nepal, Indien und Bangladesch. Mehr als eine Milliarde Menschen verlassen sich auf ihre heiligen Wasser, die aus den Himmelsbergen des Himalaya fallen. Ein Großteil dieses Wassers hat seinen Ursprung in Tausenden Gletschern, von denen einige sich bis in 7000 Meter Höhe erstrecken.

Im Sanskrit gibt es Worte, die wie *Humla* klingen: *Haimala* heißt Winter und *Hima* bedeutet Schnee, Frost oder Reif. Die erste Silbe des isländischen Worts *Auðhumla* bedeutet Reichtum oder Wohlstand. Eis als Quell von Leben und Wohlstand. Der Buddhismus geht davon aus, dass alles miteinander verbunden ist, und plötzlich entdecke ich, dass alle Fäden zusammenlaufen. Ist es möglich, dass es hier eine Verbindung gibt? Übrigens lautet das isländische Wort für Verbindung, *samband*, auf Hindi *sambandh* – die Bedeutung ist dieselbe. Alles ist verbunden. Alles fügt sich.

Man brauchte ein ganzes Arbeitsleben, um vergleichende Forschungen anzustellen, all diese Fäden miteinander zu verknüpfen und eine solche Theorie wissenschaftlich zu untermauern. Aber das ist gar nicht das Entscheidende – ich suche in erster Linie nach poetischen Übereinstimmungen, und Auðhumla funktioniert perfekt als Metapher für die Rolle der Gletscher im

Himalaya, und eigentlich auch an anderen Orten der Welt. Das Indus-Ganges-Tiefland gilt als eine der Wiegen der Kultur. Menschen siedelten sich an diesen fruchtbaren Milchadern an, betrieben Ackerbau und Viehzucht. Die Gletscher bilden ein perfektes System, sie schmelzen genau zur richtigen Zeit, wenn es am heißesten und trockensten ist, und lassen lebensnotwendiges, nährreiches Gletscherwasser abfließen. Sie gleichen extreme Schwankungen zwischen Regenzeit und Trockenzeit aus, und während der heißesten Zeit ist das Gletscherwasser manchmal das einzige fließende Gewässer. Auf diese Weise hält es den Grundwasserspiegel großflächig hoch und ist entscheidend für die Ernte und das Wachstum der Pflanzen. Dort, wo der Monsunregen nicht ausreicht, ist das Gletscherwasser von entscheidender Bedeutung und kann bis zu 90 Prozent des den Menschen zur Verfügung stehenden Wassers ausmachen.

Wie ist die Kuh Auðhumla entstanden? Und wie wurde sie in einer Handschrift hoch oben im Norden kurz unterhalb des Polarkreises zu einem mythologischen Motiv, zweihundert Jahre nach der Einführung des Christentums in Island? Es ist unmöglich, diese Geschichte über eine Strecke von 7000 Kilometern nachzuverfolgen, aber wir sind alle miteinander verbunden, stammen ursprünglich von denselben Menschen ab. In der Snorra-Edda steht, die Asen seien aus Kleinasien in den hohen Norden gelangt, während der Seefahrer Thor Heyerdahl annahm, sie seien aus Aserbaidschan gekommen. Die Verwandschaft der indogermanischen Sprachen ist noch immer offensichtlich, viele tausend Jahre nachdem zwei Schwestern zwei Kühe führten und mit ihrem Volk und ihren Geschichten in unterschiedliche Richtungen zogen. Möglicherweise hieß die eine Schwester Edda und die andere Veda.

Betrachtet man unsere Kultur durchs Kuh- oder Bullauge, kann man argumentieren, dass sich die Wurzeln der Menschen, die Island über Norwegen und die Britischen Inseln besiedelten, auf indoeuropäische Kuhbauern zurückführen lassen. In der is-

ländischen Freistaatzeit von 930 bis 1262 gab es die Maßeinheit »Wert einer Kuh« und Menschenleben wurden in Kuhwert bemessen. Im altisländischen *Landnámabók*, dem Buch der Besiedlung Islands, wird beschrieben, wie man sich Land aneignen durfte: Eine Frau musste eine mittelgroße, zweijährige Färse an einem Frühlingstag von Sonnenauf- bis Sonnenuntergang um ein Stück Land herumführen, das ihr sodann gehören sollte.

Der Buchstabe A im lateinischen Alphabet geht zurück auf *Aleph*, eine ägyptische Hieroglyphe, die einen Rinderkopf darstellt. Sie wurde gedreht und im Griechischen zu *Alpha*, was mit dem Wort *Alif* verwandt ist, das auf Arabisch *gezähmt* heißt. Der Buchstabe B soll ein Symbol für ein Haus gewesen sein. Ein gezähmtes Rind und eine feste Behausung, das symbolische A und B in der Menschheitsgeschichte. Häufig war es die Kuh, die es uns ermöglichte, sesshaft zu werden, Häuser zu errichten, Äcker zu pflügen, Familien zu gründen, Dörfer und Städte aufzubauen, Gesellschaftssysteme und Religionen, die oftmals auf die Kuh als Symbol für den Quell von Leben, Wohlstand und Glück verwiesen. Kühe verwandelten Grasland in Nahrung, und wer eine Kuh besaß, war imstande, sich überall niederzulassen, sofern er Heu anbaute und Wintervorräte anlegte. Wer eine Kuh melken kann, wird niemals hungern. Ein Mann konnte überall dort, wo Gras wächst und Wasser fließt, siedeln und seine kleine Familie ernähren. Schließlich blickten die Menschen zu den Bergen, zu der mächtigen Quelle, aus der das Wasser kam. Die weiße Auðhumla mit Gipfeln wie Hörner, der Quell des Lebens, die Weltkuh Himalaya. Manche Leute glauben, Kühe seien in diesem Erdteil heilig geworden, weil man aufgrund von Bevölkerungswachstum den Gürtel enger schnallen musste. Die am dichtesten besiedelten Länder der Welt könnten niemals so viele Menschen ernähren, wenn ihre Einwohner bei jeder Mahlzeit Fleisch essen würden.

Alles weist in dieselbe Richtung, und wo auch immer man sich hinbegibt im Himalaya, stößt man auf Dinge, die Gletscher und Kühe miteinander verbinden. Dort gibt es Eishöhlen mit heiligen Eiszapfen, die »Zitzen« genannt werden. Wenn sich Eismassen lösen und ins Meer oder in Binnengewässer stürzen, sagen wir, die Gletscher kalben, genau wie Kühe, die kalben. Warum sagen wir, dass Gletscher Kälber bekommen?

Ich war begeistert, als mir diese Übereinstimmung klar geworden war, und dachte, ich hätte eine historische Entdeckung gemacht. Ich rief meinen Freund, den Naturforscher Guðmundur Páll Ólafsson, an, um ihm davon zu erzählen. Guðmundur Páll war ziemlich wortkarg, und ich dachte schon, er hielte das für völligen Blödsinn. Nach einer langen Pause sagte er: »Ich schicke dir ein Kapitel aus meinem Buch *Das Wasser*, das ich heute fertiggeschrieben habe.« Er schickte mir einen Auszug aus seinem Monumentalwerk, und sein Text begann so: »Die Berge des Himalaya sind die Weltkühe, und der Berg Kailash, der Auðhumla melkt ...«

Auðhumla war also auch ihm begegnet. Auf mich wirkte das geradezu mystisch. Warum stießen wir beide unabhängig voneinander auf diese Sache? Etwa zwei Milliarden Menschen glauben an die Heiligkeit des Bergs Kailash, da hätte doch längst jemand diese poetische Übereinstimmung entdecken müssen. Warum muhte die Kuh ausgerechnet jetzt? Wir einigten uns darauf, beide Urheber dieser Idee zu sein.

Guðmundur Páll war es nicht mehr vergönnt, die Veröffentlichung seines Buchs über das Wasser mitzuerleben, denn er starb im Spätsommer 2012 an Krebs, und das Werk wurde posthum veröffentlicht. In der *Nepali Times* erschien ein Nachruf auf ihn von Kunda Dixit. »Für mich war er ein Guru«, schreibt der nepalesische Autor. Das gilt auch für mich. Guðmundur Páll träumte von einer Gesellschaft, in der der Mensch ein Gleichgewicht zwischen Technik, Kultur und Natur herstellt. In der der

Mensch die modernen Wissenschaften nutzt, um sein Verständnis für die Natur zu vertiefen und im Einklang mit ihr zu leben, anstatt sie zu zerstören.

Bevor Guðmundur Páll starb, unterhielten wir uns über Glaube und das Leben nach dem Tod. Wir waren uns beide sicher, dass er, falls er zurückkäme, ein Vogel wäre, und zwar kein stattlicher Adler oder Eistaucher, sondern ein unterschätzter Vogel wie der Star. Zwei Tage vor seiner Beerdigung öffnete ich die Tür zu meinem Büro und hörte ein merkwürdiges Flattern und Zwitschern. Ein kleiner Star war irgendwie hereingekommen und schlug verzweifelt mit den Flügeln gegen die Fensterscheibe. Ich traute meinen eigenen Augen nicht. Vorsichtig fing ich den Vogel ein, hielt ihn behutsam in der Hand, und meine Augen füllten sich mit Tränen. Ich öffnete das Fenster, ließ den Vogel los und schaute ihm nach, wie er hinaus in die Spätsommersonne flog.

* * *

Inzwischen sieht man rasante Veränderungen an der Schneeschicht der höchsten Berge des Himalaya, selbst in vielen Tausend Meter Höhe, wo man glaubte, die Gletscher seien vor den Einflüssen des Klimawandels geschützt. Gletscherzungen haben sich zurückgezogen und Gletscherstauseen gebildet, von denen einige bereits übergelaufen sind und Dörfer und Häuser mitgerissen haben. An manchen Stellen verdünnen sich die Gletscher um einen Meter pro Jahr, und Wissenschaftler warnen davor, dass die Schmelze unmittelbaren Einfluss auf das Leben von zig Millionen Menschen haben wird.[21] Wenn die Gletscher schmelzen, steigen die Pegel der Flüsse zeitweilig an. Die Wassermenge vergrößert sich, während der Vorrat zur Neige geht. Natürlich muss man auf den Anstieg des Meeresspiegels reagieren, aber was soll man tun, wenn der Ursprung des Wassers, der Fortlauf des Lebens, zum Erliegen kommt? Stirbt die heilige Kuh?

Ich hatte genug wichtige Fragen gesammelt, die ich Seiner Heiligkeit dem 14. Dalai Lama unterbreiten wollte – neben all den anderen Themen, für die er steht: Liebe, Mitgefühl, Hoffnung, Frieden und Zukunft.

## BESUCH VON EINEM HEILIGEN MANN

2. Juni 2009

Einer der wichtigsten geistlichen Führer der Welt kommt nach Island, und prompt machen sich die Landesoberen aus dem Staub. Der Präsident fliegt nach Zypern zu den Spielen der kleinen Staaten von Europa, der Außenminister reist zu einem kurzfristig anberaumten Treffen nach Malta, und die Ministerpräsidentin hat keine Zeit. Trotz seiner friedlichen Botschaft sorgt der Dalai Lama mit seinen Reisen durch die Welt für Unruhe, und die chinesische Regierung setzt die Länder, die ihn offiziell empfangen, unter Druck. Nachdem Björk bei einem Konzert in Shanghai am Ende ihres Songs *Declare Independence* »Tibet, Tibet« gerufen hatte, wurden die Besuche ausländischer Musiker strenger reglementiert.

Die Forderungen des Dalai Lama sind bescheiden: Die Chinesen sollen einen Mittelweg einschlagen und den Tibetern erlauben, ihre Sprache und Kultur zu pflegen und innerhalb der Volksrepublik China eine autonome Region zu bilden.

Ich fand das fluchtartige Verhalten der isländischen Politiker bedenklich – was ist die Zielsetzung eines unabhängigen Islands oder einer Demokratie generell, wenn sie nicht für das Recht des Schwächeren gegenüber dem Stärkeren eintritt? Sollen wir stillhalten oder haben wir die Pflicht, den Unterdrückten beizustehen? Andererseits ist China ein komplexes Gebilde, in dem ein Siebtel der Menschheit lebt. Man kann das Land, die Bevölkerung und die Regierung nicht einfach in einen Topf schmeißen. China zu verallgemeinern wäre fast so, als wolle man die gesamte Menschheit verallgemeinern.

Ich warte zusammen mit dem Filmteam im siebten Stock des

Nordica-Hotels auf den Dalai Lama und versuche, die Fragen in meinem Kopf zu sortieren. Einige hat er vorab geschickt bekommen, und ich überlege, wie stark ich davon abweichen kann. Neben Umweltthemen wie der Gletscherschmelze gibt es viele andere Dinge, über die ich mit ihm reden will.

Seine Heiligkeit kommt mir lächelnd entgegen, segnet mich und gibt mir ein weißes Tuch, an dem Arnar, der Kameramann, das Mikro befestigt. Arnar hat einen roten Rauschebart, und Seine Heiligkeit zupft kichernd daran. Der Dalai Lama trägt eine dunkelrote Kutte, seine Arme und Schultern sind unbedeckt, und wenn er lacht, lacht er mit dem ganzen Gesicht. Er spricht ein sehr deutliches, einfaches Englisch und lässt sich von einem Dolmetscher assistieren, wenn er an seine Grenzen stößt.

Ich beginne förmlich, heiße ihn herzlich willkommen und danke ihm dafür, dass ich ihn interviewen darf. Als Erstes frage ich ihn, ob es ihm als Kind nie zu viel war, die Last der gesamten Welt auf den Schultern zu tragen, wo es doch für die meisten schon schwer genug ist, einfach nur Mensch zu sein.

Er kneift die Augen ein klein wenig zusammen und erinnert sich:

*»Ich wurde unverhofft zum Dalai Lama, aber damals war die Verantwortung noch nicht so groß. Auf Tibet beschränkt.«*

»Auf Tibet beschränkt«, werfe ich ein, »das Land war etwa 2,5 Millionen Quadratkilometer groß.«

*»Seitdem sind circa 100 000 Tibeter zu Flüchtlingen geworden, darunter auch ich. Seit damals habe ich viel gelernt und bin auf viele Probleme auf diesem Planeten gestoßen. Die meisten davon sind in erster Linie menschengemacht. Ich habe auch viele wohlhabende Menschen getroffen, sogar Milliardäre, von denen viele sehr unglücklich sind.*

*Dann ist da der Umweltschutz, für den möchte ich mich einsetzen. Wo auch immer ich hinkomme, spreche ich über allgemein Menschliches, nicht nur über die Belange der Tibeter. Ich spreche über innere Werte wie Warmherzigkeit. Wir sind soziale Wesen und müssen globale Verantwortung übernehmen. Die alte Vorstellung ›wir und die anderen‹, diese deutliche Abgrenzung, nur an sich selbst zu denken, das ist überholt und unrealistisch. Weil in dieser Welt alles ineinandergreift. Wechselseitige Abhängigkeit, das ist die Realität.«*

Ich brenne darauf, mit ihm über Auðhumla zu reden. Deshalb lenke ich das Gespräch auf die Umwelt und frage ihn nach der Gletscherschmelze.

*»Ich lebe seit fünfzig Jahren am Fuße des Himalaya, und dort haben wir in den letzten vierzig, fünfzig Jahren massive Veränderungen erlebt. In den ersten Jahren gab es sehr viel Schnee, jetzt wird er von Jahr zu Jahr weniger. Man macht sich Gedanken über die Wasservorräte bei uns in Nordindien – wie wird es in ein paar Jahrzehnten aussehen? Es gibt allen Grund, besorgt zu sein. Und in Tibet passiert das Gleiche.«*

»In der Mythologie ist Eis oft mit dem Tod verbunden, aber wenn wir uns die Berge des Himalaya anschauen, begreifen wir plötzlich, dass Eis der Quell des Lebens ist. Und aus einem Gletscher fließt Wasser, weiß wie Milch.«

*»Für die Hindus ist der Ganges kein Wasser, sondern Lebenselixier, Nektar, heilig und rein. Ich empfand das allerdings anders, als ich dort war. Auch wenn der Ganges für die Hindus Nektar ist, für mich war er einfach nur Wasser!*

*Ich habe mit Wissenschaftlern gesprochen, die sagen, dass sich jahrhundertealte Gletscher zurückziehen und die Temperaturen steigen. Ein chinesischer Biologe behauptet, im selben Zeitraum, in dem die globale Erderwärmung um 0,1 Grad angestiegen ist, sei die Temperatur auf der Hochebene von Tibet um 0,3 Grad angestiegen. Also wesentlich schneller.*

*Wissenschaftler sprechen heute von drei Polen: Nordpol, Südpol und das Hochland von Tibet als dritter Pol. Diese Wissenschaftler glauben, dass der Einfluss der globalen Erwärmung auf Tibet ähnlich ist wie auf den Nordpol und den Südpol. Die tibetische Hochebene ist kalt, und die Natur dort ist viel empfindlicher als in wär-*

*meren Ländern. Sie braucht länger, um sich von einem Schock zu erholen. Wir müssen gut auf sie achtgeben.«*

»In den letzten Jahren wurde viel über den Anstieg des Meeresspiegels gesprochen, aber viel weniger über die andere Seite der Medaille: dass eine Milliarde Menschen von den Gletschern und dem Gletscherwasser abhängig sind, das aus Tibet und dem Himalaya fließt. Damit wären wir bei einem Thema, das ich gern mit Ihnen besprechen möchte. In der nordischen Mythologie beginnt die Welt mit Auðhumla, einer aus Raureif erschaffenen Kuh. Aus ihren Zitzen fließen vier Milchströme, die die Welt ernähren. Diese Geschichte scheint mit dem Mount Kailash in Tibet eine interessante Entsprechung zu haben.«

Seine Heiligkeit mustert mich, flüstert dem Dolmetscher eine Frage zu, schaut mich dann wieder an und lacht schallend.

*»Magic cow!«, ruft er. »Eine magische Kuh! Sie sprechen vom Mount Kailash. Ich war nie dort. Spirituell gilt er natürlich als heiliger Ort, und dort entspringen vier Flüsse. Der Mount Kailash ist heilig, und ich sage meinen Freunden oft: Die Wohnstätte des indischen Gottes Shiva ist der Mount Kailash. Er liegt in Tibet. So gesehen ist der Gott der Hindus im Grunde tibetisch. Und was die tibetischen Buddhisten anbelangt: Unser Meister und Lehrer ist Buddha, und der wurde in Indien geboren. Darüber scherze ich manchmal. Aber der Mount Kailash ist ein sehr wichtiger Berg. Und das Wichtigste ist, dass die vier großen Flüsse, die durch Asien fließen, von Pakistan bis nach China, ihren Ursprung im tibetischen Hochland haben. Die Natur Tibets beeinflusst nicht nur die sechs Millionen Einwohner von Tibet, sondern eine Milliarde Menschen sind auf das Wasser angewiesen, das von dort kommt. Das betrifft nicht nur den Mount Kailash, sondern die gesamte Gebirgskette des Himalaya, von der chinesischen Grenze bis nach Afghanistan, ein langer Höhenzug. Viele Wissenschaftler sind der Meinung, dass die Gletscher als Folge der Erderwärmung schmelzen, und dann verringert sich die Wassermenge der großen Flüsse und viele Flüsse werden austrocknen. Bevor sie austrocknen, nimmt die*

*Überschwemmungsgefahr wegen der Gletscherschmelze zu. Das ist eine sehr ernste Sache. Wenn es so kommt und wenn wir nicht aufpassen, werden eine Milliarde Menschen der nächsten Generation diese Gefahr am eigenen Leib spüren.*

*Und nicht nur die Gletscherschmelze ist ein Problem. Die Abholzung der Wälder hat auch schlimme Konsequenzen. In einigen Fällen hat die chinesische Regierung Maßnahmen ergriffen, um die Abholzung zu stoppen, aber wie jeder weiß, gibt es viel Korruption. Selbst wenn Firmen sich an bestimmte Regulierungen oder Richtlinien halten müssen, werden sie umgangen. Deshalb ist das ein sehr ernstes Problem.«*

»Wir leben in einer Zeit, in der der Mensch sogar Gletschern schaden kann. Glauben Sie, dass wir mythische Zeiten erleben? Finden Sie, dass die Themen von heute dringlicher sind als in der Vergangenheit?«

*»Ja, davon gehe ich aus«, antwortet er. »Ich glaube, dass das Universum, in einem Zeitraum von Millionen Jahren betrachtet, genauso veränderlich ist wie der Zustand der Welt und die Wärme der Sonne. Eine unglaubliche Menge an Wasserstoff verbrennt, und ich glaube, unsere Sonne ist noch relativ jung, fünf Milliarden Jahre, und sie wird weitere fünf Milliarden Jahre leben. Aus diesem Blickwinkel betrachtet, verändert sich also sogar die Sonne. Und dadurch verändert sich die Erde, die sich um die Sonne dreht. Das ist die Natur. Daran können wir nichts ändern.*

*Doch seriöse Umweltforscher gehen davon aus, dass der Mensch einen erheblichen Anteil am rapiden Anstieg der Erderwärmung hat. Die Abholzungen im Amazonas und auch im Himalaya-Gebiet spielt dabei eine Rolle. In Südosttibet, wo es einen der dichtesten Urwälder der Welt gibt, wurde sehr viel abgeholzt. Außerdem haben natürlich die Autos und die Fabriken und die Kohleverbrennung großen Schaden verursacht.*

*Wenn die Menschen weltweit mehr Interesse oder guten Willen zeigen würden, glaube ich, dass diese Erwärmung aufgehalten werden könnte. Das ist keine Frage von ein paar Leuten oder ein paar*

*Ländern. Es ist eine Frage, die die ganze Welt betrifft. Die Zukunft von sieben Milliarden Menschen hängt davon ab. Ich denke, niemand möchte, dass die Welt eine Wüste wird. Wenn wir uns nicht zusammenreißen und äußerste Vorsicht walten lassen, werden unsere Kinder und Enkelkinder mit den schlimmsten Folgen konfrontiert sein. Die werden sie nicht mehr bewältigen können. Deshalb trägt unsere Generation eine große Verantwortung. Das ist mein Gefühl.«*

»Glauben Sie, dass es uns gelingen wird, dieses Ziel auf friedliche Weise zu erreichen?«

*»Das glaube ich«, antwortet er. »Ich bin kein Experte. Mein eigener kleiner Beitrag ist, dass ich versuche, Strom und Wasser zu sparen. Wo auch immer ich bin, benutze ich stets die Dusche, nie die Badewanne, und wenn ich mein Zimmer verlasse, schalte ich immer das Licht aus. Das sehe ich als meinen kleinen Beitrag an. Ich glaube, es ist wichtig, dass jeder das tut. Natürlich gibt es Menschen, die keinen Strom und kein fließend Wasser haben, das ist ein anderes Problem. Aber für die Menschen in den entwickelten Ländern sollten Umweltthemen zum Alltag gehören. Dann gibt es noch die Schwerindustrie, die trägt eine große Verantwortung.*

*Für China ist das bereits ein ernstes Problem, diese bevölkerungsreiche Nation leidet unter Wassermangel. Man hat schon darüber diskutiert, einen Fluss, der von Tibet nach Indien fließt, nach China umzuleiten. Natürlich würde diese Region davon profitieren, aber es hätte immense Konsequenzen für den Nachbarn im Süden. Das ist eine sehr ernste Sache.*

*Außerdem führt unsere Nachlässigkeit zu Luftverschmutzung. Die chinesische Regierung ist sich der Wichtigkeit dieser Dinge inzwischen bewusst. Das sind globale Probleme, und wir sind alle miteinander verbunden. Wenn in der Himalaya-Region etwas schiefläuft, hat es Einfluss auf Island und Nordamerika. Wobei ich gehört habe, die Isländer hätten gute Glaziologen. Ihr solltet ein Team runterschicken. Mit der Unterstützung chinesischer Wissenschaftler könntet ihr herausfinden, wie schnell das alles vonstatten-*

*geht, wie groß der Schaden bereits ist und wie man auf diese Veränderungen reagieren soll.«*

»Was ist mit Tibet und den Tibetern? Die sind in einer schwierigen Lage.«

*»Langfristig gesehen werden die Chinesen ein besseres Regime haben, das offener ist, transparenter, ohne Zensur. Dann werden sie die Situation, wie sie sich in Tibet darstellt, besser verstehen. Wir sehen jetzt schon, dass viele chinesische Intellektuelle und Schriftsteller ihre Besorgnis über die Situation in Tibet äußern und den Kurs ihrer eigenen Regierung kritisieren. Diese Leute sind weder protibetisch, noch antichinesisch. Es sind ganz normale gebildete Menschen, die verstehen, dass die momentane Lage weder gut für die Tibeter ist noch für die Volksrepublik China insgesamt. Aber die chinesischen Machthaber ignorieren das einfach. China ist mit 1,3 Milliarden Einwohnern das bevölkerungsreichste Land der Welt, eine alte Nation, der es wirtschaftlich immer besser geht. Ich glaube, dass China das Potenzial hat, eine wichtige Rolle auf diesem Planeten zu spielen, und deshalb ist ein vertrauensvolles Verhältnis zu anderen Ländern sehr wichtig. Noch herrscht dort Brutalität, es gibt eine starke Zensur und kein Verantwortungsbewusstsein. Unter solchen Umständen ist es schwer, Vertrauen aufzubauen. Langfristig wird China demokratischer werden, mit einer offeneren Gesellschaft, mit Meinungsfreiheit und vor allem Pressefreiheit. Ich glaube, dass dann alles gesünder und wesentlich friedlicher wird.«*

»Ich lebe in einem europäischen Land, in dem Pressefreiheit herrscht und jeder offen sagen kann, was er denkt. Trotzdem erleben wir, dass europäische Politiker Angst haben – beispielsweise Angst, sich offiziell mit Ihnen zu treffen. Bisher war Ihr Kampf ein friedlicher.«

*»Die Art meiner Besuche ist unpolitisch, ihr Zweck ist ein spiritueller und aufklärerischer. Mein wichtigstes Ziel ist die Verkündigung menschlicher Werte, damit unsere Gesellschaft glücklicher und harmonischer wird. Als religiöser Mensch versuche ich auch, zwischen unterschiedlichen Religionen zu vermitteln, damit wahre*

*Harmonie entstehen kann. Dadurch können die vielen verschiedenen religiösen Traditionen einen effektiveren Beitrag zu wichtigen Themen wie Umweltschutz und Menschenrechte leisten. Das ist mein Hauptanliegen. Wenn ich dabei die Gelegenheit habe, ein paar Politiker zu treffen, bin ich glücklich. Falls ihnen das unangenehm ist, möchte ich sie nicht in Verlegenheit bringen. Denn diese Themen, das Werben für menschliche Werte und religiöse Harmonie, beruhen vor allem auf der Allgemeinheit und den Menschen. Das halte ich für das Allerwichtigste. Wo auch immer ich hinkomme, halte ich öffentliche Veranstaltungen ab, um mit den Menschen und den Organisatoren vor Ort zu sprechen. Dafür bin ich sehr dankbar und glücklich.«*

»Sehen Sie eine Verbindung zwischen unserem Glauben oder unserer Spiritualität und unserem Umgang mit der Erde und unseren Mitmenschen?«

*»Ich glaube, im Grunde sind wir alle gleich. Wir beide stammen zum Beispiel aus Schneeländern, deshalb glaube ich, dass wir uns mental oder emotional ähnlich sind. So muss es sein. Island ist ein kleines Land mit einer geringen Bevölkerungsdichte. Ich denke, das ist günstig. Die Niederlande dagegen sind ein kleines, dicht bevölkertes Land. Ich würde lieber hier auf Ihrer Insel leben, auch wenn mir die Tage im Sommer zu lang und im Winter zu kurz wären. Da fehlt die Balance. Ansonsten finde ich Ihr Land schön, wunderschön.«*

»Wäre es ein guter Ort, um wiedergeboren zu werden?«

*»Ja, warum nicht?«, entgegnet er lachend.*

»Sie sind herzlich willkommen!«

*»Vielen Dank! Die Isländer sind ein Teil der sieben Milliarden Erdbewohner, deshalb ist uns eure Stimme, zum Beispiel, was Tibet anbelangt, sehr wichtig. Die Tibetfrage ist nicht nur eine politische, sondern auch eine moralische. Die jetzige Situation ist weder gut für die Tibeter noch für die Chinesen. Wir könnten eine Grundlage finden, von der ausgehend wir arbeiten könnten, und eine einvernehmliche Lösung.«*

»Die Isländer machen sich große Sorgen wegen der Finanzkrise. Vielleicht bemerken Sie die gar nicht, wenn Sie durch die Straßen fahren. Vielleicht ist das gar keine Krise. Glauben Sie, dass Krisen positive Effekte haben können?«

*»Ich glaube, das hängt von der eigenen Einstellung ab. Am meisten belastet das diejenigen, die nur an Geld denken, sogar noch in ihren Träumen. Wenn Geld das Allerwichtigste ist, macht man sich viel zu viele Gedanken darüber. Das hat großen Einfluss auf das Leben und die Gesundheit. Natürlich spielt Geld für jeden eine gewisse Rolle, aber andere Werte wie ein glückliches Familienleben, Fürsorge und Spiritualität darf man nicht vernachlässigen. Ich glaube, wem diese Werte wichtig sind, den belasten globale Finanzkrisen weniger. So sehe ich das. Deshalb kann die Krise eine Mahnung sein, sich auf andere Werte zu besinnen, nicht nur an Geld zu denken. Bei materiellen Werten stößt man immer an Grenzen. Man sollte sich anderen Dingen zuwenden, die einem Seelenfrieden, Erfüllung und ein glückliches Leben verschaffen.«*

»Und der Sinn des Lebens? Haben Sie den für sich gefunden?«

*»Ich bin davon überzeugt, und habe es am eigenen Leib erfahren, dass es glücklich macht, wenn man anderen dienen und nützlich sein kann. Dann macht das Leben Sinn. Das spüre ich, Tag für Tag, Monat für Monat, Jahr für Jahr. Reiche Leute, die ein luxuriöses Leben führen, wollen immer mehr, weil der Wohlstand ihnen keine Erfüllung gibt. Deshalb sage ich unumwunden: Wenn du anderen nicht hilfst und nur an dein eigenes Wohlergehen denkst, dann ist dein Leben bedeutungslos.*

*Wir sind intelligente Wesen, wir sind sehr kreativ. Wir müssen unsere Begabung nutzen, um mehr Glück in die Welt zu bringen, mehr Frieden, mehr Mitgefühl in die Gesellschaft. Manchmal glaube ich, dass das unser Ziel ist: mehr Mitgefühl in die Gesellschaft zu bringen.«*

»Wir hier in Island haben gerade ein gesellschaftliches Experiment abgeschlossen. Wir haben getestet, was passiert, wenn jeder nur an sich denkt. Und das ist nicht gut gelaufen.«

*»Die Selbstsucht, die liegt auch in unserer Natur. Wenn man nicht an sich selbst denkt, wer soll es dann tun? Es ist also sehr natürlich und vernünftig, an sich selbst zu denken. Aber auf Kosten anderer an sich selbst zu denken, das ist falsch! Jeder hat das Recht auf ein glückliches Leben. Wir sind soziale Wesen. Unsere Einstellung und unser Handeln haben direkten Einfluss auf das Glück anderer. Deshalb müssen wir Zuneigung und Mitgefühl zeigen, wir dürfen das Wohlergehen anderer nicht vergessen. Sehen Sie, ein Kind lernt und entwickelt sein Potenzial von Tag zu Tag, von Jahr zu Jahr. Wir fördern seine Intelligenz, aber warum nicht seine Warmherzigkeit? Auch die kann wachsen, von Woche zu Woche, von Monat zu Monat, wenn wir das Herz heranbilden.«*

»Sie sprechen ohne Bitterkeit über die Chinesen, obwohl Tibet sehr unter ihnen gelitten hat. Kann Vergebung Gerechtigkeit ersetzen?«

*»Das ist kein Widerspruch. Vergebung heißt, dass du keinen Hass oder Zorn hegst. Vergebung heißt nicht, dass du Ungerechtigkeit akzeptierst. Wir bekämpfen die ungerechte Haltung und den Kurs Chinas, aber wir sind alle Menschen. Zudem haben wir ein reiches gemeinsames kulturelles Erbe. Viele Chinesen behaupten, dass das alte Tibet sehr schlecht war und dass das neue Tibet unter der Herrschaft der chinesischen Kommunisten viel besser sei. Aber denken Sie an die Gefängnisse – bevor ich Tibet verließ, gab es dort höchstens hundert Inhaftierte. Jetzt sind es mehr als siebentausend. Überall, wo es Gefängnisse gibt, herrscht ein Mangel an Bildung. Die Tibeter waren überwiegend heitere Menschen. Es gab materielle Armut, aber sie waren ein glückliches Volk. Dieses Glück ist jetzt verschwunden.«*

Ein Mönch steckt den Kopf durch den Türspalt, unsere Zeit geht zu Ende. Ich verabschiede mich von Seiner Heiligkeit und danke ihm. Daraufhin dreht er sich zu mir und fragt:

*»Waren Sie schon einmal in Indien?«*

»Nein, ich war noch nie in Indien.«

*»Wenn Sie die Gelegenheit haben, nach Indien zu kommen, lassen Sie es mich wissen. Dann können wir uns ausführlicher unterhalten.«*

Seine Heiligkeit der 14. Dalai Lama war freundlich und amüsant, warmherzig, besorgt, ernst und tiefgründig. Er sprach nicht schlecht über China, sondern davon, dass Tibet im Verbund mit China gedeihen solle. Wer fliehen muss, weil sein Land besetzt wird, und trotzdem nicht schlecht über seine Peiniger spricht, beweist eine große Stärke. Es liegt in unserer Natur, kämpferisch zu sein, uns rächen zu wollen. Der Dalai Lama hätte die Macht, die Tibeter zur Gewalt aufzurufen, entscheidet sich aber dagegen.

Das Gespräch wirkt nach, so wie andere wichtige Ereignisse im Leben, eine Konfirmation, ein Schulabschluss oder eine Premiere. Man fühlt sich ein bisschen benebelt, hat ein intensives Empfinden für das Rasen der Zeit, und dann fällt die Anspannung von einem ab. Ich gehe das Interview noch einmal durch und denke über die Aussagen des Dalai Lama nach ... die Wichtigkeit des Mitgefühls, das Herausbilden von Herzensmilde, den Sinn des Lebens und die Vergebung. Was jedoch heraussticht, sind diese Worte:

> *... und dann verringert sich die Wassermenge der großen Flüsse und viele Flüsse werden austrocknen. Bevor sie austrocknen, nimmt die Überschwemmungsgefahr wegen der Gletscherschmelze zu. Das ist eine sehr ernste Sache. Wenn es so kommt und wenn wir nicht aufpassen, werden eine Milliarde Menschen der nächsten Generation diese Gefahr am eigenen Leib erleben.*

Nach der spannenden Begegnung mit einem bedeutenden Mann und harmlosen Gesprächen mit alten Verwandten beschäftigte ich mich plötzlich mit der gefährlichsten Bedrohung der Weltbevölkerung. Das Schmelzen der Gletscher kann sehr ernste Folgen haben; Millionen, ja, eine Milliarde Menschen sind in Gefahr.

Selbst wenn sich nur ein Prozent dieser Prognose bewahrheiten würde, wären es immer noch zehn Millionen.

Und die Hinweise häufen sich. Im neuesten Klimabericht von 2019 über den Einfluss des Klimawandels auf den Himalaya und den Hindukusch steht, dass dreißig Prozent der Gletscher am Ende dieses Jahrhunderts verschwunden sein werden. Selbst wenn wir die Vorgabe der Vereinten Nationen erreichen, den $CO_2$-Ausstoß verringern und die globale Erwärmung unter 1,5 Grad Celsius halten, sind wir dadurch nicht gerettet.[22] Die Gletscher ziehen sich bereits in einem nie dagewesenen Tempo zurück, und auch wenn 1,5-Grad-Celsius-Erderwärmung nicht viel klingt, ist es eine Garantie für ein noch schnelleres Abschmelzen. Der Klimabericht spricht nicht von einer Milliarde, sondern von 1,5 oder zwei Milliarden Menschen. Kunda Dixit schreibt in der *Nepali Times*, der Bericht sei furchterregend, »terrifying«.[23] Wenn nichts unternommen wird, um den Ausstoß von Treibhausgasen zu verringern, und die Erwärmung sich auf vier Grad Celsius zubewegt, so wie es gegenwärtig aussieht, könnten bis zu zwei Drittel der Gletscher schmelzen, mit verheerenden Auswirkungen.

Nach meinem Interview mit dem Dalai Lama kam ein Mönch zu mir und erklärte, das saloppe Angebot Seiner Heiligkeit, unser Gespräch in Indien fortzusetzen, sei durchaus ernst gemeint, wir könnten uns in einem Jahr bei ihm zu Hause wiedertreffen. Und so geschah es, ich bekam einen Termin für ein zweites Gespräch in Dharamsala am Fuße des Himalaya, direkt unter dem Kuhschwanz von Auðhumla.

## OFFENBARUNG VON EINEM FALSCHEN GOTT

*»Und das Wort des Herrn erging an Jona,
den Sohn Amittais, folgendermaßen:
Mache dich auf, geh nach Ninive, in die große
Stadt, und verkündige gegen sie; denn ihre Bosheit
ist vor mein Angesicht heraufgekommen!«*
Das Buch Jona

Die Menschheit war schon immer gläubig. Wir haben gebannt in den Sternenhimmel geblickt. Wir haben Wasserfälle und unsere Vorfahren angebetet, Stöcke und Steine und Gott im Himmel und im tiefen Meer. Die Menschheit hatte einen Gott oder hundert Götter und Halbgötter, Schutzgeister, Göttinnen, Teufel, Kobolde und Schutzengel, heilige Bäume und fluchbeladene Orte. Heute haben wir die großen Religionen Christentum, Judentum, Islam, Buddhismus und Hinduismus, die wiederum kleinere Untergruppen und Glaubensgemeinschaften bilden.

Als Kind grübelte ich manchmal darüber nach, wie hoch wohl die Wahrscheinlichkeit war, dass die Menschen ausgerechnet dort, wo ich geboren wurde, auf die heilige Wahrheit stießen, auf den richtigen Gott und die richtige Vorstellung vom Leben nach dem Tod. Ich überlegte, ob die Götter die Welt vielleicht unter sich aufgeteilt hätten und ob es passieren könnte, dass sich einem der falsche Gott offenbarte, als würde man eine falsche Nummer anrufen. Ich dachte mir eine Geschichte aus, in der einem jungen Mann ein geheimnisvoller Elefantengott erscheint, und der kennt diesen Gott gar nicht, der da zu ihm spricht. Er hat keine Ahnung, wofür dieser Gott steht oder welche Superkräfte er besitzt.

Und ausgerechnet jetzt erscheint mir die Weltkuh Auðhumla mit einer wichtigen Botschaft an die Welt. Ich rufe Guðmundur Páll an, der sich von allen meinen Freunden am besten mit der Natur Islands und der Welt auskennt, und er erzählt mir genau dieselbe Geschichte. Auðhumla hat auch zu ihm gesprochen. Doch genau in dem Moment, als wir Auðhumla gefunden zu haben glauben, weisen sämtliche Forschungen darauf hin, dass ihre Kräfte schwinden und sie sogar sterben könnte.

Die Gletscher des Himalaya kumulieren Winterstürme und Monsunregen und geben sie frei, wenn die Menschen in der Trockenzeit Wasser benötigen. Die Gletscher federn die jahreszeitlichen Schwankungen ab, und wenn sie nicht mehr da sind, gibt es extremere Wetterlagen mit einem Wechsel von Überschwemmungen und Dürren. In den heiligen Schriften der Hindus steht, der Ganges sei vor urlanger Zeit mit solcher Wucht vom Himmel herabgestürzt, dass er die Erde zerschmetterte. Doch da kam Shiva zu Hilfe und ließ den Ganges über seinen Kopf strömen, sodass der Wasserschwall durch sein Haar floss und dann sanft zu den Menschen lief. Ungefähr so funktionieren auch die Gletscher; sie wachsen auf den Bergen wie Shivas Haare, halten übermäßige und gefährliche Wassermengen zurück und verteilen sie gleichmäßig übers Jahr, was allen zugute kommt, nicht nur der Landwirtschaft. Die Gletscher transportieren gelöste Stoffe zum Meer, wo sie Algen und Fischlarven am Zusammenfluss von Süßwasser und Salzwasser ernähren.

Am Himalaya liegen die am dichtesten besiedelten Regionen der Welt, und es sind drei Atommächte involviert: Pakistan, Indien und China. Im Hinblick auf Auðhumla ist es nur logisch, dass die Chinesen Tibet beanspruchen und nicht davon ablassen wollen. Wenn sie Tibet besitzen, besitzen sie Auðhumla, und wer Auðhumla besitzt, der herrscht über den größten Wasservorratsspeicher Asiens.

Als ich Satya Dam traf, einen ehemaligen Offizier der indischen Armee und berühmten Bergsteiger, zeigte er sich sehr besorgt:

»Die Gletscherschmelze kann zum Auslöser für zukünftige kriegerische Auseinandersetzungen werden. Was machen die Leute, wenn in China Wassermangel herrscht und die Regierung beschließt, den Brahmaputra nach China umzuleiten, anstatt das Wasser durch Bangladesch fließen zu lassen? Was geschieht, wenn aufgrund von Dürren die historische Übereinkunft zwischen Indien und Pakistan über die Nutzung der großen Flusssysteme gebrochen wird? Es ist offensichtlich, dass der Gletscherkollaps zu Instabilität, Ernteausfällen, Hunger, Krieg und den schlimmsten Katastrophen führt, die es je gegeben hat.« Eine erschreckende Zukunftsvision.

Ich hatte eine Verabredung mit dem hinduistischen Guru Swami Nikhilananda und löcherte ihn über heilige Kühe. Er erläuterte mir die Nützlichkeit der Kuh. Die Kuh ist das Tier, das unendlich viel gibt. Sie gibt den Menschen Milch und Kälber, die später als Ochsen den Acker pflügen. Sie gibt Dung, den man als Brennstoff, Dünger und Baumaterial benutzen kann. Mit Butter kann man Licht anzünden und den Göttern Opfer darbringen. Er erzählte mir, vor urlanger Zeit sei die Erde in Bedrängnis gewesen, und da sei sie den Göttern als Kuh erschienen und habe sie um Gnade gebeten. Swami erzählte mir diese Geschichte:

Es war einmal vor langer Zeit, da herrschte Unfriede auf der Erde und Teufel und Dämonen wüteten. Darum wechselte Mutter Erde die Gestalt. Sie erschien den Göttern als Kuh und sprach:
»Wollt ihr mich vor den Teufeln schützen, die mich heimsuchen und martern?«
Die Götter sprachen mit Brahma, dem Schöpfer, und sagten:
»Heiliger Brahma, die Teufel martern die Erde, du musst etwas tun.«
Doch Brahma antwortete betrübt:
»Ich kann nichts tun.«

Darum gingen die Götter zu Shiva und baten ihn inständig, die Erde zu retten. Da wechselte Shiva die Gestalt und erschien als Mensch. Er tötete die Teufel und beschützte die Erde. Seitdem wird die Erde durch eine Kuh symbolisiert.

Früher hätte ich die Geschichte seltsam gefunden, aber jetzt scheint mir diese uralte, von den Hindus überlieferte Geschichte tatsächlich passiert zu sein. Die Erde ist mir als Kuh erschienen, und sie bittet um Gnade, für sich und ihre Schützlinge.

Was soll man machen, wenn sich einem die Weltkuh offenbart? Wie soll ich davon berichten? Soll ich kundtun, dass eine Milliarde Menschen in Gefahr sind? »Für wen sprichst du?«, werden die Leute fragen.

»Auðhumla hat sich mir offenbart, und ich spreche in ihrem Namen.«

Klimaforschern wurde vorgeworfen, sie seien Weltuntergangspropheten, aber eigentlich waren sie viel zu vorsichtig, denn die aktuelle Entwicklung übertrifft bereits ihre schwärzesten Vorhersagen.

Im *New York Magazine* bin ich auf ein Weltuntergangsszenario gestoßen mit dem absoluten Horrorbild von einer Welt, die in das totale Klimachaos stürzt, in dem alle Systeme der Natur nacheinander aus dem Gleichgewicht geraten, der Permafrostboden auftaut und ein unkontrollierbares Schmelzen des grönländischen Eisschilds einsetzt.[24] Der Journalist beschreibt eine Welt mit Wetterextremen, Flutkatastrophen und Hungersnöten, weil es unmöglich sein wird, zu säen und zu ernten, wenn alle Systeme aus dem Gleichgewicht sind.

Ich dachte: Jetzt muss ich mein Verhalten komplett ändern.

Doch dann stieß ich auf eine Diskussion, in der führende Klimaforscher den Artikel kritisierten. Sie meinten, die Folgerungen darin würden nicht hundertprozentig stimmten, der Permafrostboden könne zwar schmelzen, das sei aber noch nicht ausreichend erforscht. Es sei keineswegs sicher, dass hundert Millionen Menschen sterben würden – höchstens dreißig Millionen. Ein Klimaforscher kritisierte den Journalisten, der dieses schwarze Bild gemalt hatte, und schrieb: »Wenn Sie den Leuten Angst einjagen, dann lähmen Sie sie.« Daraufhin schaltete sich ein Psychologieprofessor in den Diskussions-Thread ein und forderte den Klimaforscher auf, Untersuchungen zu nennen, die bewiesen, dass diese gewaltige Herausforderung die Menschen lähmen würde. Da der Klimaforscher keine richtige Antwort darauf hatte, insistierte der Psychologe: »Könnte es sein, dass die Klimaforscher sich auf Küchenpsychologie berufen, wenn sie uns ihre Schlussfolgerungen vorenthalten, weil sie Angst vor einer hypothetischen Lähmung der Menschheit haben?«

Der Psychologe argumentierte, dass Patienten, die eine tödliche Krankheitsdiagnose bekommen, darauf nicht unbedingt mit geistiger Lähmung reagieren und dass selbst Körpergelähmte eine bemerkenswerte, manchmal enorme Lebensenergie entwickeln. Er verwies darauf, dass die Menschheit in den letzten Jahrtausenden die unterschiedlichsten Apokalypsen überlebt hätte, die Menschen hätten durchgehalten, die Probleme überwunden, oft seien sie gestärkt daraus hervorgegangen. Er verwendete für die Menschheit den Begriff *antifragil*: Je mehr Stress der Mensch hat, desto stärker wird er.

Tatsächlich hat die Menschheit angesichts großer Gefahren schon oft gezeigt, was in ihr steckt. Die meisten bahnbrechenden Fortschritte werden erzielt, wenn der Mensch eine Bedrohung oder ein Hindernis überwinden muss, seien es Hunger, Kälte, Raubtiere, Klimaveränderungen oder die Schwerkraft. Die größten technischen Fortschritte des 20. Jahrhunderts wurden im Zusammenhang mit dem Ersten und Zweiten Weltkrieg gemacht, als die Völker der Welt Angst vor drohenden Angriffen hatten und darum wetteiferten, wer am schnellsten Fortschritte in der Fliegerei, der Radartechnik, der Lebensmittelkonservierung, der Telekommunikation und der Medizin machte, nicht zu vergessen die »Fortschritte« in Sachen Tod und Zerstörung. Krieg als Metapher für technischen Fortschritt gefällt mir allerdings nicht; der Wettlauf um die erste Mondlandung ist wohl ein besseres Beispiel, bei dem vergleichbare Fortschritte ohne unmittelbares Leid und Blutvergießen erzielt wurden.

Mir gehen die Menschen durch den Kopf, die mich in den letzten Jahren am meisten inspiriert haben. Guðmundur Páll Ólafsson bemühte sich, sein Buch *Das Wasser in der Natur Islands* zu beenden, während er mit dem Krebs kämpfte und wusste, dass er nur noch wenige Monate zu leben hatte. Das Buch folgt dem Ruf von Auðhumla; es ist eine lange Liebeserklärung an unseren Planeten, an das Wasser auf der Erde, und zugleich eine Warnung, was geschehen kann, wenn wir den Pfad der Zerstörung nicht verlassen. Warum dachte Guðmundur Páll an die Zukunft, als er nicht mehr lange zu leben hatte? Haben wir eine Berufung oder eine Aufgabe, die über die Zeit, die wir auf der Erde verbringen, hinausgeht? Die bekannte Künstlerin und Theaterregisseurin Edda Heiðrún Backman, die aufgrund einer Motoneuronerkrankung vom Hals abwärts gelähmt war, schrieb mir, es sei dringend an der Zeit, Leute zusammenzutrommeln und die Erde zu retten. Sie schenkte mir ein Bild von dem Berg Herðubreið, das sie mit dem Mund gemalt hatte, weil ihr restlicher Körper gelähmt war. Ich weiß noch, wie deutlich sie das formulierte: »die Erde zu retten«. Ich habe mich immer gescheut, solche Formulierungen zu benutzen, fand sie zu theatralisch und überzogen. Doch im Resümee des letzten UN-Klimaberichts steht es jetzt ganz offen und unmissverständlich. Wir sind die letzte Generation, die die Erde vor einer unvorstellbaren Verwüstung retten kann.[25]

Dass Auðhumla zu mir gesprochen hat, ist sicher ein bisschen übertrieben, aber ich glaube, dass die meisten denkenden Menschen irgendwann gemerkt haben, dass sie sich endlich aufraffen und ihren Teil zur Rettung der Erde beitragen müssen. Doch dann haben sie aus Bequemlichkeit Ausreden gefunden. Meine

Ausrede war die Literatur – ich beschloss, den Aktivismus anderen zu überlassen. Am 29. Oktober 2012 um 19 Uhr hatte ich eine große Buchpräsentation im St. Mark's Bookshop in Manhattan. Doch niemand kam, bis auf den Wirbelsturm »Sandy«, der New York genau an diesem Abend traf, um Punkt sieben Uhr.

Ich habe vier Kinder, die gerade die Weichen für ihr Leben stellen. Was soll ich ihnen sagen? Wie soll ich ihnen erklären, was geschieht? Es ist eine schreckliche Vorstellung, ihnen den Sinn und den Glauben an die Zukunft zu nehmen. Es macht mich traurig, wie sich ihr Blick trübt, wenn sie Zeitung lesen oder auf YouTube Filme über den Niedergang unseres Planeten in den nächsten hundert Jahren anschauen. Es zerreißt mir das Herz, wenn sie fragen: »Hinterlasst ihr uns eine zerstörte Erde?«

## ZEITREISE IN DIE VERGANGENHEIT

*»Und die Zeit gleicht einem Bild,*
*gemalt vom Wasser*
*und halb von mir.«*
Steinn Steinarr[26]

Wissenschaftler sprechen von der Zeit, sie bemessen und berechnen, um ein Bild von der Zukunft zu entwerfen. Sie jagen komplizierte Modelle durch leistungsstarke Computer und erhalten Antworten auf die Frage, wie die Welt in den Jahren 2050, 2070, 2090 aussehen wird. Wir können mit diesen Jahreszahlen nicht viel anfangen. Gerade hatten wir 2019, das Jahr, in dem *Blade Runner* spielt. Jetzt haben wir 2020, fünf Jahre nach der Zukunft in *Zurück in die Zukunft II*. Sechsunddreißig Jahre nach Orwells *1984*. Fortschritt und Innovation haben uns dermaßen hypnotisiert, dass unser Verhältnis zur Zukunft verantwortungslos geworden ist. Hundert Jahre empfinden wir als eine ganze Ewigkeit, jenseits unserer Vorstellungskraft. Hundert Jahre erscheinen uns so lang, dass wir nicht reagieren, wenn ein Wissenschaftler uns darlegt, dass im Jahr 2100 bereits erhebliche Katastrophen geschehen sein werden, wenn wir so weitermachen. Wir zucken nur mit den Achseln, als ginge uns diese Jahreszahl nichts an.

Wissenschaftler halten die Einflüsse des Menschen für so weitreichend, dass wir von einem neuen Erdzeitalter sprechen müssen: dem *Anthropozän*, dem Zeitalter des Menschen, welches das *Holozän* ablöst, das vor über 10 000 Jahren begann. Seit dem Zweiten Weltkrieg haben die Einwirkungen des Menschen exponentiell zugenommen, sei es in Bezug auf Bevölkerungszahl, Konsum, Energieverbrauch oder Umweltverschmutzung. Meine Großeltern gehören einer Generation an, die als Kinder und Erwachsene noch im Erdzeitalter des *Holozän* lebte und als betagte Menschen den Anbruch des *Anthropozän* miterlebte. Als sie um 1920 geboren wurden, gab es 1,9 Milliarden Menschen auf der Welt. Jetzt sind es rund sieben Milliarden. Bis 2030 steuern wir auf neun Milliarden und bis 2050 auf zehn Milliarden zu.

Ich schätzte mich glücklich, unmittelbaren Zugang zur Vergangenheit zu haben, und konnte meine Großmütter und Großväter geradeheraus fragen: Sind hundert Jahre eine lange oder eine kurze Zeit?

Opa Björn wurde 1921 in Bíldudalur geboren und starb an dem Tag, als dieses Buch auf Isländisch erschienen ist, am 4. Oktober 2019. Er wurde 98 Jahre alt und konnte sich an alles erinnern. Ich habe oft darüber nachgedacht, seine Lebensgeschichte und die seiner Geschwister zu dokumentieren. Nun will es der Zufall, dass er in eine Geschichte hineinpasst, die vom Wasser und der Zeit handelt.

Im April 2018 besuchte ich Opa Björn, nachdem er von Florida, wo er ursprünglich seinen Lebensabend verbringen wollte, zurück nach New Jersey gezogen war. Er hatte mit seiner Frau Peggy in einer Wohnung in Cape Canaveral gelebt, von deren Balkon aus sie beim Start von NASA-Raketen den Feuerstrahl sehen konnten. Doch dann mussten viele Einwohner Floridas ihr Zuhause zwei Jahre hintereinander wegen drohender Hurrikane verlassen. Erst kam 2016 Hurrikan »Matthew« und ein Jahr später »Irma«. Als ihre Töchter, die Halbschwestern meiner Mutter, buchstäblich gegen den Sturm fliegen mussten, um sie in Sicherheit zu bringen, war klar, dass das nicht mehr lange so weitergehen konnte. Mein Großvater gab Florida auf und kehrte zurück nach New Jersey.

»Hurrikane gab es früher vielleicht alle dreißig Jahre«, erzählte er. »Dann kamen sie jedes Jahr, und es ging einfach nicht mehr.«

»Liegt das am Klimawandel?«, fragte ich.

»Wer weiß das schon«, entgegnete Opa. »Vielleicht wird man erst in tausend Jahren ein Schema erkennen.«

Wenn mein Großvater in seinem hohen Alter zu einem Klimaflüchtling wurde, dann war er einer der Ersten, aber sicherlich nicht der Letzte. Der Meeresspiegel war 2500 Jahre lang ungewöhnlich stabil, nachdem er seit dem Ende der Eiszeit um 120 Meter angestiegen war. Nun hat die Menschheit jedoch einen neuen Meeresspiegelanstieg ausgelöst, und laut Expertenprognosen wird ein Mensch, der heute auf die Welt kommt und so alt wird wie mein Opa, erleben, wie entscheidende Teile von Florida untergehen.[27]

»Wie fühlst du dich hier?«, fragte ich Opa. Sie hatten eine gemütliche Wohnung in einem netten Seniorenheim bekommen.

Er hatte nie ins Altenheim gewollt, und da er schlecht laufen konnte, fühlte er sich in seiner Freiheit eingeschränkt. Die Behörden in New Jersey hatten seinen Führerschein, der in Florida noch gültig war, nicht anerkannt.

»Das ist ein Gefängnis, und ich darf nicht mehr Auto fahren.«

»Stell dich nicht so an«, warf Peggy ein. »Es ist doch schön hier.«

Peggy sah gut aus, sie war immer fröhlich und zu Scherzen aufgelegt gewesen. Jetzt hatte sie eine befremdliche Elektrokatze auf dem Arm, die miaute und schnurrte.

»Findest du die komisch, die Katze?«, fragte sie.

»Ja«, antwortete ich.

»Es ist ein Kater, er heißt Eddie«, erklärte sie, »ist er nicht hübsch?«

Ich streichelte die Katze, die merkwürdig schnurrte.

Peggys Tochter Lisa entschuldigte sich für die Sache mit der Katze:

»Jemand hat mir erzählt, so ein Tier würde alten Leuten guttun, aber ich finde, sie werden immer verschrobener. Du hättest sie mal sehen sollen, als der alte Chirurg die Batterie ausgetauscht hat!«

Peggy hat Humor. Sie ist viel offener als mein Großvater, und ich weiß nicht, ob sie es ernst meinte, als sie die Elektrokatze tätschelte.

Opa Björn wuchs in dem kleinen Fischerort Bíldudalur auf, wo sein Vater Þorbjörn Þórðarson Bezirksarzt war. Er machte 1940 in Akureyri Abitur und studierte anschließend Medizin – zur damaligen Zeit hatte man keine große Auswahl. In Europa tobte der Krieg, und wer es in Island zu etwas bringen wollte, der konnte Pfarrer, Arzt, Rechtsanwalt oder Lehrer werden. Oma Hulda lernte er während der Kriegsjahre bei einem Schwof in Reykjavík kennen. 1949 ging er zum weiterführenden Studium in die USA, da waren meine Mutter und ihre Zwillingsschwester gerade mal ein Jahr alt. Ursprünglich wollte er nur ein Jahr bleiben, aber daraus wurden siebzig Jahre. Die Beziehung zu meiner Großmutter ging in die Brüche, und mein Großvater ließ sich ganz in Amerika nieder. Er war bald erfolgreich in seinem Fach, wurde Professor an der Cornell University in Ithaca und Chefchirurg in einem Krankenhaus in New York. Er lernte Margaret, genannt Peggy, eine Krankenschwester aus Toronto, kennen, sie richteten sich in einer Vorstadt in New Jersey ein und bekamen vier Kinder, und mein Großvater fuhr jeden Tag nach Manhattan zur Arbeit. In der Zwischenzeit begegnete meine Großmutter zu Hause in Island ihrem Bergsteiger und bekam mit ihm zwei weitere Kinder.

Opa Björn hatte ziemlich markante Gesichtszüge, war nicht mehr gut zu Fuß und hörte schlecht, hatte aber ein Gedächtnis wie ein Elefant. Wir sprachen Isländisch oder Englisch miteinander, wechselten zwischen den Sprachen hin und her. Er hatte schon länger Probleme mit dem Gehör, aber seit es bessere Hörgeräte gab, konnte man sich viel leichter mit ihm unterhalten. Ich fragte ihn nach der Zeit, er sei jetzt der älteste Mensch, den ich kennen würde. Wie es sich anfühle, fast hundert Jahre alt zu sein?

»*Well*«, sagte er. »*Everyone is dead*, alle sind tot, fast alle meine Kollegen, alle ehemaligen Nachbarn und Schulkameraden und alle meine Geschwister. Aber eigentlich geht es mir gut. Von den alten Schulkameraden aus dem Gymnasium in Akureyri sind wahrscheinlich alle tot, außer Önundur Ásgeirsson. Lebt der noch?«

»Das kann ich checken«, sagte ich, nahm mein Handy und googelte den Namen, während Opa mich beobachtete, die Augen zu schmalen Schlitzen zusammengekniffen. Ein Nachruf im *Morgunblaðið* ploppte auf. »Önundur ist im Februar verstorben«, sagte ich.

»*Oh well*«, seufzte Opa. »Dann bin ich wohl der Einzige, der noch lebt.«

Er war der älteste lebende isländische Arzt, der älteste Schüler des Gymnasiums Akureyri, der letzte Mohikaner. Ich fragte ihn, ob ihm sein Leben lang vorkomme. Er antwortete, hundert Jahre seien wie im Flug vergangen.

»Es kommt mir so vor, als hätte ich *yesterday* noch in den *Westfjords* im Hering gearbeitet.«

Opa Björn war weltweit in den Nachrichten, als er Ende Oktober 1979 den iranischen Schah Mohammad Reza Pahlavi operierte. Da war ich sechs Jahre alt und wohnte in New Hampshire. Wir waren gerade auf dem Weg zur Geburtstagsfeier eines Klassenkameraden bei Burger King, als ich Opas Namen im Radio hörte. Jetzt fragte ich meinen Großvater nach dieser Operation, und er erzählte mir, der Schah sei ziemlich kleinlaut gewesen. Während er im Krankenhaus lag, wurde im Radio darüber berichtet, wie seine engen Freunde und Mitarbeiter von Revolutionären getötet worden waren. Opa erzählte mir von einem aufgebrachten Mob vor dem Krankenhaus, der nach dem Kopf des Schahs verlangte. In einem Artikel über die Milz des Schahs hatte er es so formuliert: »Outside, the hospital was surrounded by a howling mob, controlled by barricades, calling for the Shah's head.«[28] Die fünfzehn und zwanzig Jahre alten Töchter meines Großvaters wurden damals vom CIA instruiert, darauf zu achten, ob ihnen geheimnisvolle Männer folgen würden. Auf die Frage, was sie denn dann tun sollten, lautete die lapidare Antwort: »Wegrennen.«

Die Aufständischen im Iran protestierten heftig dagegen, dass der Schah in den USA medizinisch behandelt werden sollte. Vier Tage nach der Operation, genauer gesagt am 4. November 1979, wurde die amerikanische Botschaft in Teheran von fundamentalistischen Studenten besetzt. Sie forderten die Auslieferung des Schahs an den Iran und nahmen die Botschaftsmitarbeiter 444 Tage in Geiselhaft. Ein misslungener Befreiungsversuch brachte die Carter-Regierung zu Fall, und Ronald Reagan wurde Präsident. Der Schah zog durch die Welt, aber kein Land schien ihn aufnehmen zu wollen. Er ging nach Texas und Panama und starb schließlich im Sommer 1980 in Ägypten. Der Schah war eine Schlüsselfigur für die Verteidigung der amerikanischen Ölinteressen im Iran. Auf die Revolution folgte die zweite Ölkrise, weil sich die Ölförderung um fünf Millionen Barrel pro Tag verringerte und der Preis für Rohöl auf dem Weltmarkt sich verdoppelte, was zu weltweiten Wirtschaftsturbulenzen führte.

»War es nicht schwierig für dich, im Mittelpunkt des Weltinteresses zu stehen?«

»Nein, nein, ich habe alle Patienten gleich behandelt.«

Als Chefarzt in New York hatte mein Großvater Patienten aus allen Ecken der Welt. Ein Sultan mit einer Bandwurminfektion kam in einem Jumbojet angeflogen, seine Gefolgschaft in einem zweiten, und 1987 behandelte er Andy Warhol.

»Andy Warhol war ein skurriler Typ«, erzählte Opa. »Er hatte panische Angst vor Krankenhäusern, seit er ein paar Jahre zuvor angeschossen worden war. Er kam in mein Büro und sagte zu mir: ›Wenn Sie die OP auslassen, mache ich sie zu einem reichen Mann.‹ Er hatte seine Krankheit wochenlang geheim gehalten und war in einem sehr schlechten Zustand. Als ich ihn operierte, war seine Gallenblase gangränös, aber ansonsten verlief die Operation gut. Warhol war munter, als ich mich von ihm verabschiedete, aber dann bekam ich in der Nacht einen Anruf. Da war er verstorben.«

Das war natürlich ein großer Schock, zumal die Medien behaupteten, es habe sich um eine Routineoperation gehandelt. Das sind nicht unbedingt die fünfzehn Minuten Berühmtheit, die man sich als Chirurg erträumt. Als ich meinen Großvater besuchte, hatte die *New York Times* gerade einen langen Artikel über die Geschichte veröffentlicht und klargestellt, dass es kein Routineeingriff gewesen war, sondern eine schwierige Operation an einem schwer kranken Patienten, und dass die damit verbundene Gefahr nicht zu unterschätzen war.[29]

Mein Großvater hat auch Robert Oppenheimer operiert, eine Figur des 20. Jahrhunderts, die einen geradezu mythischen Status erlangt hat. In der griechischen Mythologie brachte Prometheus den Menschen vom höchsten Gipfel des Olymp das Feuer, Oppenheimer dagegen tüftelte mit den kleinsten atomaren Teilchen herum und brachte den Anführern der Welt die Atombombe. Damit besaßen die Supermächte die göttliche Macht, die gesamte Erde in die Luft sprengen zu können. Labile Herrscher bekamen eine Zerstörungswaffe in die Hand, mit deren Vernichtungskraft sie alle Tyrannen der Weltgeschichte in den Schatten stellten. Im Vergleich dazu wirkte Prometheus mit seiner kleinen Fackel sehr blass.

Viele meinen, Oppenheimer habe eine neue Epoche in der Erdgeschichte eingeläutet. Die radioaktive Strahlung des Trinity-Kernwaffentests markiert einen Zeitpunkt, der als Beginn des Anthropozän definiert werden kann. Seit dem 16. Juli 1945 ist der Fußabdruck des Menschen auf der gesamten Erdoberfläche messbar, im gesamten Erdboden, in allen Gesteins- und Metallschichten. Der Mensch hat somit ähnlich auf die Erde eingewirkt wie ein bedeutendes geologisches Phänomen. Allein durch die Entscheidung, die Atombombe zu zünden, war er in der Lage, alles Leben auszulöschen. Zur gleichen Zeit waren andere Eingriffe des Menschen so folgenschwer, dass die Zeit seit dem Ende des Zweiten Weltkriegs als große Beschleunigung (*Great Acceleration*) bezeichnet wurde. Seitdem ist der Einfluss des Menschen auf die Erde exponentiell gewachsen, während die biologische Vielfalt zurückgegangen ist.

Oppenheimer war einflussreicher als jeder Kaiser, Präsident oder General, er erlangte eine mythologische Größe, und sein zukünftiges Vermächtnis hängt davon ab, wie es uns gelingen wird, mit der Atomkraft umzugehen. Heute schreibt man über ihn, als hätte er der Menschheit Frieden gebracht, aber die Zukunft ist ein unbeschriebenes Blatt, und da ist es naheliegend, sich an die Mythologie zu halten. Die Atombombe schwebt über uns wie ein Damoklesschwert, und der Frieden, den sie uns angeblich gebracht hat, könnte ein Pyrrhussieg sein.

Die Götter zürnten Prometheus und rächten sich brutal an ihm, er wurde am Kaukasus festgeschmiedet, und ein Adler fraß seine Leber. Also sagte ich zu meinem Großvater:

»Ich schreibe eine Mythologie für die Gegenwart. Wenn ein Adler Prometheus' Leber gefressen hat, was hat Björn dann mit Oppenheimer gemacht?«

Opa Björn dachte lange nach und schmunzelte.

»Ich habe den Eid des Hippokrates unterschrieben und kann dir das leider nicht sagen.«

»War es die Leber?«, fragte ich.

»Schreib einfach, es waren Hämorrhoiden.«

Mit dem Abstand schrumpft die Zeit zusammen, und in fünftausend Jahren werden Oppenheimer und Prometheus den dann lebenden Menschen fast wie Zeitgenossen vorkommen. Bücher aus Papier überdauern nur hundert Jahre. Wenn ich die Geschichte mit Tinte aus Echter Bärentraube auf Kalbshaut schreibe und sie ins Handschriftenarchiv schmuggele, könnte sie tausend Jahre oder länger überdauern. Dann könnte die Mythologie der Zukunft ungefähr so klingen: Ein Adler fraß Prometheus' Leber, und Björn heilte Oppenheimers Hämorrhoiden.

Mein Großvater erzählte mir, als Oppenheimer auf dem OP-Tisch gelegen habe, sei ihm ein Bild aus der alten Kirche in Bíldudalur durch den Kopf geschossen. Oppenheimer habe Jesus Christus auf dem alten Altarbild verblüffend ähnlich gesehen. »Ist ja auch nicht ungewöhnlich«, sagte Opa. »Sie waren beide Juden und haben die Welt revolutioniert, jeder auf seine Weise.«

Oppenheimer war sich der mythischen Bezüge seines Tuns durchaus bewusst, als er die Bombe zum ersten Mal explodieren sah. In einem Interview sagte er:

> Wir wussten, dass die Welt nicht mehr dieselbe sein würde. Ein paar Leute lachten, ein paar Leute weinten, die meisten waren still. Ich erinnerte mich an eine Zeile aus der hinduistischen Schrift Bahgavad Gita: Jetzt bin ich der Tod, der Zerstörer der Welten – *Now, I am become Death, the destroyer of worlds.*

Ich gehöre einer Generation an, der Oppenheimers Erfindung regelmäßig Albträume bereitet hat. Waren unsere Ängste unbegründet? Oder ist die Welt gerade wegen unserer Ängste noch nicht untergegangen? Ich bin mit Fotos von Hiroshima großgeworden, und die Begriffe *nuklearer Winter* und *radioaktiver Niederschlag* hingen wie Gewitterwolken über meiner Kindheit. Diese Begriffe waren mit Bedeutung aufgeladen, in ihnen war kein Rauschen.

Heute skizzieren Forscher neue Horrorszenarien über die Folgen eines Anstiegs der Erderwärmung von drei bis fünf Grad Celsius. Die Erde hat die geologische Geschwindigkeit hinter sich gelassen und verändert sich in einer menschlichen Geschwindigkeit, doch wir reagieren nach wie vor, als ginge es um eine geologische Skala. Wir halten Konferenzen ab, bei denen wir den Veranstaltungsort für die nächste Konferenz festlegen. Vielleicht geschehen die von der Erwärmung ausgelösten Veränderungen im Vergleich nicht schnell genug, nicht wie ein plötzlicher Blitz oder eine Druckwelle. Seelenruhig beobachten wir die langsam vor sich hin köchelnden Katastrophen. Klimasommer klingt nicht so schlimm wie Nuklearwinter. Hier ein paar mehr Waldbrände, dort ein bisschen wärmer, dann eine kurzzeitige Besserung, bis es auf einmal ein Jahrtausendhochwasser gibt, dazu ein allmählich ansteigender Meeresspiegel und sich langsam ausbreitende Wüsten und heftigere Orkane, während schon keiner mehr darüber berichtet, dass diese oder jene Tierart ausstirbt.

Meine Generation scheint nicht mehr zu der Angst zurückkehren zu wollen. Doch leider müssen wir die Sache ernst nehmen. Unsere Kinder haben die Atombombenbedrohung oder das Ozonloch nicht erlebt und sich keine sarkastische Einstellung zum Untergang angeeignet. Sie fürchten sich nicht davor, Angst zu zeigen. Sie streiken. Die Schule soll sie auf die Zukunft vorbereiten, dabei ist jegliche Bildung sinnlos, wenn das Schulsystem und die Arbeitswelt sich nicht nach der Wissenschaft richten und uns in die falsche Richtung lenken. Bis wir von der Klippe stürzen.

## KROKODILTRÄUME

Opa Björn, Peggy und ihre vier Kinder wohnten in einem großen weißen Haus in einer Vorstadt in New Jersey, wo wir sie oft besuchten, als ich als Kind in Amerika lebte. Es war ein märchenhaftes Haus mit zwei Stockwerken und einem Swimmingpool im Garten. Sie hatten einen Hund, Meerschweinchen, einen Zwergkaiman und Mäuse als Futter für eine drei Meter lange Würgeschlange namens BC, eine Abkürzung für *Boa constrictor*. Der Kaiman und die Würgeschlange gehörten dem Teenager in der Familie: John Thorbjarnarson.

Einer der schönsten Tage meiner Kindheit wurde auf einem 8-mm-Film festgehalten, gedreht von meiner Mutter. Wir waren zu Besuch in New Jersey, und John brachte die Schlange nach draußen. Wir durften sie halten, und er ließ sie im Pool schwimmen, zusammen mit uns. In der Nacht sprangen wir noch einmal ins Wasser, während Fledermäuse Nachtfalter jagten, die vom Licht auf dem Boden des Schwimmbeckens angezogen wurden.

Onkel John war ein leidenschaftlicher Reptilienfan, er liebte Frösche, Schildkröten und Schlangen, die er im Wald hinter dem Haus fand. Mit zehn Jahren sah er eine *National Geographic*-Fernsehdokumentation über bedrohte Krokodile in den Sümpfen der Everglades. Von da an fühlte er sich dazu berufen, Krokodile zu erforschen und zu retten, wenn er einmal groß war. Und tatsächlich wurde er Reptilienforscher mit dem Spezialgebiet Krokodile.

Krokodile leben seit über siebzig Millionen Jahren auf der Erde und ihre Entwicklungsgeschichte lässt sich zweihundert Millionen Jahre zurückverfolgen. Ihre Gestalt haben sie bis heute praktisch nicht verändert. Sie haben sich an Kontinentalverschiebungen und Eiszeiten angepasst und das fünfte und bislang letzte

Massenaussterben vor 66 Millionen Jahren überlebt, als ein Asteroid auf der Erde einschlug und die Dinosaurier und fast drei Viertel aller Pflanzen und Tiere ausstarben.

Als John seinen Doktor in Herpetologie machte, stand ein großer Teil der 23 Krokodilarten auf der *Roten Liste* gefährdeter Arten oder war vom Aussterben bedroht. In seiner Doktorarbeit ging es um genau die Brillenkaiman-Art, von der er als Kind selbst ein Exemplar besessen hatte. Nach dem Studium arbeitete er an der Vorbereitung eines umfassenden Aktionsplans zum weltweiten Schutz von Krokodilen.[30]

Ich habe immer davon geträumt, mit John zum Amazonas zu reisen und ein Buch oder eine Artikelserie über den Fluss, den Urwald und die dortigen Menschen zu schreiben. Meine ersten Texte für die Sonntagsbeilage des *Morgunblaðið* waren Übersetzungen von Johns Artikeln über Krokodile, Schildkröten und Würgeschlangen.[31] Es ist ziemlich kniffelig, Texte über exotische Tiere ins Isländische zu übersetzen, denn unsere Sprache unterscheidet nicht zwischen einem Krokodil und einem Alligator, geschweige denn jener Kaimanart, über die es in dem Artikel ging. Der Schwarze Kaiman ist das größte Raubtier Südamerikas und kann über fünf Meter lang und tausend Kilo schwer werden.

Im Isländischen gibt es siebzig Wörter für Schnee, aber nur den Oberbegriff Krokodil für *Alligator*, *Kaiman*, *Gavial* und *Krokodil*. Das ist, als hätte man nur den Oberbegriff *Schaf* für Schafe, Ziegen und Antilopen oder das Wort *Kabeljau* für Kabeljau, Köhler, Lachs und Schellfisch.

2010 erschien ein Buch von John, in dem er Argumente anführt, dass der China-Alligator das Vorbild für den chinesischen Drachen ist. Als seine Kollegen mit der Zählung begannen, gab es in der freien Wildbahn nur noch hundertfünfzig ausgewachsene Tiere in den Sümpfen und Teichen der Provinz Anhui am Jangtse.[32]

Krokodile haben siebzig Millionen Jahre lang Eiszeiten und Asteroideneinschläge überlebt. Stellt man die Entwicklung der

Krokodilpopulationen in einem Diagramm dar, sieht man die Unregelmäßigkeit: Alle paar Millionen Jahre stirbt eine lokale Art aufgrund von natürlichen Gegebenheiten aus, im 20. Jahrhundert sinkt die Anzahl der Tiere jedoch rapide. Schuld daran sind unser Vordringen in den Lebensraum und die Brutgebiete der Tiere, unsere Gier nach Handtaschen und Stiefeln und nicht zuletzt unsere Unwissenheit und Abneigung gegenüber unseren »hässlichen« Mitgeschöpfen. Wir leben in einer Zeit, in der ein einzelner Mensch eine Bombe erfinden kann, die einem Meteorschauer gleichkommt, und in der eine simple Modewelle im Tierreich wüten kann wie die Pest.

Wissenschaftler gehen davon aus, dass wir uns mitten im sechsten Massenaussterben befinden. Die bisherigen sind:

1. vor 439 Millionen Jahren am Ende des Ordoviziums
2. vor 364 Millionen Jahren am Ende des Devon
3. vor 251 Millionen Jahren am Ende des Perm
4. vor 199 bis 214 Millionen Jahren am Ende des Jura
5. vor 65 Millionen Jahren an der Kreide-Paläogen-Grenze

Das sechste Massenaussterben beginnt mit dem Holozän, das vor etwa elftausend Jahren mit der Ausrottung der Megafauna auf den Kontinenten einsetzte. Unser Konsumverhalten entspricht Vulkanausbrüchen, unsere Modewellen haben mehr Einfluss als Kontinentalverschiebungen, und unsere Gelüste sind wie Erdbebenserien. Wir leben in einer Zeit, in der eine Handvoll Personen darüber bestimmt, ob unsere heutigen Drachen, die stärksten und mächtigsten Raubtiere der Welt, leben oder sterben dürfen.

John konnte, obwohl er in einer unbedeutenden Vorstadt in New Jersey geboren war, zusammen mit seinen Kollegen der Wildlife Conservation Society Einfluss auf die Millionen von Jahren währende Entwicklungsgeschichte einer Tierart nehmen und ihre endgültige Ausrottung verhindern. Für einen solchen Job muss man ein spezieller Typ sein. Krokodile leben überwiegend in Feucht- und Sumpfgebieten, meist in entlegenen, ärmlichen Regionen in schlecht entwickelten Ländern mit den unterschiedlichsten politischen Systemen. John musste die Einheimischen auf seine Seite bringen, ihre Lebenseinstellung und ihren Kampf ums Überleben verstehen und ihnen zugleich mehr Wissen über die Rolle von Raubtieren in der Natur vermitteln, warum sie in den meisten Fällen ein notwendiger Teil eines gesunden Ökosystems sind. In einem solchen Ökosystem nehmen sie der Natur nichts weg, sie unterstützen den Nährstoffkreislauf und erhalten den Lebensraum. Krokodile fressen geschwächte Tiere und verhindern dadurch Überpopulation und die Ausbreitung von Krankheiten. Um sich auf die Trockenzeit vorzubereiten, graben sie in Fluss- und Sumpfgebieten Löcher, die anderen Tier- und Pflanzenarten zugute kommen.

John war ein ruhiger, zurückhaltender Mensch mit einem subtilen Humor, meilenweit entfernt von den draufgängerischen Typen, die man im Fernsehen mit Krokodilen herumprotzen sieht. Er achtete die Tiere und bekämpfte Vorurteile, indem er sie als sanfte Geschöpfe beschrieb. Für ihn gab es nichts Schöneres, als nachts im Kanu durch das Mamirauá-Reservat im Amazonas zu gleiten, mit der Taschenlampe die Sümpfe abzuleuchten und tausend glänzende Augen in der Dunkelheit aufblitzen zu sehen. Er erklärte mir, dass Krokodile in ihrem Verhalten eher Vögeln als Schlangen und anderen Reptilien ähneln. Sie bauen Nester, in die sie ihre Eier legen, und der Brillenkaiman hört die Rufe seiner Jungen, wenn sie zum Ausschlüpfen bereit sind. Dann eilt das Weibchen zum Nest, um die Eier zu schützen. Sie nimmt sie vorsichtig ins Maul und hilft einem Jungtier nach dem anderen beim Schlüpfen, indem sie die Eier behutsam zwischen Zunge und Gaumen rollt. Sobald die Jungen geschlüpft sind, transportiert die Mutter sie in ihrem riesigen Maul zu einem sicheren Ort, muss manchmal mehrmals hin- und herlaufen. Danach kümmert sie sich liebevoll wie eine Eiderente um ihre Jungen, bis sie selbstständig sind.

Trotz Johns schwieriger Arbeit, Tierarten vor der drohenden Ausrottung zu bewahren, kann ich mich nicht erinnern, ihn jemals wütend oder vorwurfsvoll erlebt zu haben. Meines Wissens hat er keine Appelle im Internet veröffentlicht, zumal es unwahrscheinlich gewesen wäre, dass die Personen, die er erreichen wollte, sie gesehen, geschweige denn darauf reagiert hätten. Er arbeitete gemeinsam mit Bauern und Fischern daran, den Fischfang zu regulieren und die Lebensräume und Brutplätze zu schützen. Er musste mit Landbesitzern, armen Bauern und Behörden verhandeln, wobei nicht immer wirtschaftliche Aspekte oder moralische Argumente, dass Tiere auch eine Lebensberechtigung haben, die wichtigste Rolle spielten. Manchmal waren schlicht und ergreifend ästhetische Dinge ausschlaggebend – eine bange Ehrfurcht, die historische Bedeutung der Tiere oder ihre Rolle in Volksmärchen und -liedern, die Fähigkeit des Menschen zu huldigen, zu fürchten und zu bestaunen, die Verbindung der wilden Tiere mit unserem tiefsten Inneren. Die mythische Dimension des Krokodils. Das Tier, das uns zu der Vorstellung vom chinesischen Drachen und vom ägyptischen Wassergott inspiriert hat.

Es ist verständlich, dass der Mensch in seinem Kampf ums Überleben, gegen Hunger und Krankheiten, Einfluss auf die Tierarten nahm, das Problem ist nur, dass er offenbar keine Grenzen kennt. Er weiß nicht, wann er satt ist und wann er zu weit gegangen ist. Ein Reisfeld zu vergrößern, um eine vielköpfige Familie zu ernähren, ist etwas anderes, als einen Teich mit Fischen und Blumen und Nistplätzen zuzubetonieren, um ein Einkaufszentrum oder einen Vergnügungspark zu bauen, oder den Regenwald in Jamaika abzuholzen und Hochlandtäler in Island zu fluten, um energieintensives Aluminium für Einweggetränkedosen herzustellen. In Island wird über die Nutzbarmachung des Flusses Svartá gestritten, ein Habitat von Spatelenten und Gerfalken, mit bebend erklingendem Schnattern der Kragenenten und einem kosmosweiten Forellenbestand. Man möchte es für ein 10-Megawatt-Kraftwerk zerstören. Andererseits fließen in

Island 150 Megawatt in das Schürfen von Bitcoin, eine digitale Währung, die keinen erkennbaren Nutzen hat. Satte Menschen, die, nachdem sie sich zum Abschluss eines Zwölf-Gänge-Menüs eine Gänsefeder in den Hals gesteckt haben, noch einen Nachschlag mit Sahne holen. In den Westfjorden gibt es unberührtes Hochland, das für weitere 50 Megawatt zerstört werden soll. Die Menschen scheinen zu glauben, dass die Zerstörung an sich Sinn und Zweck genug sei, und fragen: Wozu soll diese Gegend gut sein? Was für einen Zweck hat ein Gebiet, das niemandem nutzt?

*Das Buch vom Weg* von Lao-Tse wurde 500 vor Christus in China geschrieben. Darin gibt es ein Lieblingskapitel von mir, das vom Nutzen handelt:

> Dreißig Speichen umringen die Nabe
> wo nichts ist
> liegt der Nutzen des Rads
>
> Aus Ton formt der Töpfer den Topf
> wo er hohl ist
> liegt der Nutzen des Topfes
>
> Tür und Fenster höhlen die Wände
> wo es leer bleibt
> liegt der Nutzen des Hauses
>
> So bringt Seiendes Gewinn
> doch Nichtseiendes Nutzen[33]

Es ist die Leere, die das Rad zum Rollen befähigt. Während des gesamten 20. Jahrhunderts forderten wir, die Erde solle nützlich sein und mehr Erträge bringen; wir füllten die Leere immer mehr aus. Das nannte man Vernunft. Wozu ein Sumpf? Wozu all diese Fliegen? Können wir Füchse und Krokodile, die uns den Lebensraum streitig machen, nicht loswerden? Wenn ein Gebiet unter Naturschutz gestellt wird, dann muss es einen Zweck als Nationalpark oder Touristenattraktion haben, und dieser Zweck muss messbar sein, am besten durch die konkrete Generierung von Gewinn, Arbeitsplätzen und Verkauf von Waren und Dienstleistungen in der unmittelbaren Umgebung. Wenn man über Korallenriffe spricht, geht es um deren Wichtigkeit für den Fischfang und den Tourismus. Kunst muss sich mit Verkaufszahlen und Umsatz legitimieren. Bildung und Wissenschaft müssen sich mit den Produkten und den Arbeitsplätzen, die sie schaffen, legitimieren. Das Nichtseiende wird nicht als nützlich erachtet, und die Leere – das Achsenloch der Nabe – wird immer mehr eingeengt, und nun scheinen sich die Räder des Lebens vielerorts nicht mehr zu drehen.

Wissenschaftler haben einen Rückgang wilder Tiere in fast allen untersuchten Gebieten festgestellt, ob es nun Nashörner, Trottellummen, Fledermäuse, Papageitaucher, Orang-Utans, Bären, Fischbestände oder Rentiere in der arktischen Tundra sind, deren Bestand sich im Winter 2018/2019 um Tausende dezimiert hat.[34] Zudem wurde weltweit ein erschreckender Rückgang von Insekten festgestellt. Amerikanische Lkw-Fahrer bestätigen, dass die Windschutzscheiben ihrer Fahrzeuge, die früher schwarz von Insekten waren, heute bei der Fahrt durch mehrere Bundesstaaten blitzsauber bleiben. Untersuchungen in deutschen Naturschutzgebieten zeigen, dass etwa 75 Prozent der Fluginsekten verschwunden sind, was selbstverständlich Einfluss auf das gesamte übrige Leben hat.[35] Selbst in unbewohnten Regenwäldern, die der Mensch nie betreten hat, gibt es einen Rückgang von Insekten. *Das sechste Massenaussterben* klingt dramatisch, und vielleicht können wir so nah an dem schwarzen Loch nichts mehr sehen. Das Bild ist schwarz, und der Ton ein einziges Rauschen, aber Tatsache ist, dass wir vor einer beispiellosen Aufgabe stehen.

Als John und seine Kollegen ihre Kräfte bündelten und ein internationales Krokodilforschungsnetzwerk bildeten, standen 21 von 23 Krokodilarten auf der *Roten Liste* gefährdeter Arten, doch seit den Maßnahmen der Biologen haben sich viele Arten – wenn auch nicht gänzlich – erholt, und 2010 standen nur noch sieben auf der *Roten Liste*.[36]

Am 14. Februar 2010 erreichte uns die traurige Nachricht, dass John mit nur 52 Jahren verstorben war. Er war von Uganda, wo er gemeinsam mit Einheimischen eine seltene, kleinwüchsige Unterart des Nilkrokodils erforscht hatte, nach Neu-Delhi gereist. In Indien wollte er einen Vortrag vor Kollegen halten, die am Schutz des Gangesgavials arbeiteten, der fast überall aus seinem natürlichen Habitat in den Flüssen Indiens verschwunden war, wo er Millionen von Jahren gelebt hatte. Wir wussten, dass Johns Arbeit gefährlich war, aber er hatte uns immer versichert, die Krokodile seien nicht die Hauptgefahr. Der Verkehr, Lebensmittelvergiftungen und Malaria seien viel gefährlicher. Höchstwahrscheinlich starb er an einer bösartigen Form der Malaria.

Mir war nie bewusst gewesen, wie angesehen John war, zumal er nie viel Aufhebens um seine Arbeit gemacht hatte. Im *Economist* erschien ein ganzseitiger Nachruf auf ihn.[37] Ihm sei es zu verdanken, dass sich die Populationen des Orinoko-Krokodils und des China-Alligators erholt hätten und dass man nun mit der Rettung des Siam-Krokodils und des Gangesgavials beginnen würde. Eine ganze Tierart zu retten gehört wohl zum Edelsten, was ein Mensch in seinem Leben tun kann, und die Tatsache, dass eine kleine Gruppe von Leuten entscheidenden Einfluss auf die Geschichte einer zig Millionen alten Art haben kann, demonstriert das Einzigartige an unserer Zeit. Heute sind so viele Tierarten bedroht, dass manche Biologen den Eindruck haben, sie hätten an Bord der Arche Noah angeheuert. Auf der ganzen Welt arbeiten Menschen an der Rettung von Arten, in der Hoffnung, dass sie noch existieren werden, wenn der momentane Konsum- und Verschwendungswahn vorbei ist. Vielleicht folgt dann eine neue Entwicklungsperiode, in der alle Arten auf der

Welt wertgeschätzt werden und ein Anrecht auf Leben und Lebensraum haben.

Die Ausrottung einer Tierart durch den Menschen ist ein einschneidendes Ereignis. In Island verloren wir am 3. Juni 1844 den Riesenalk, da wurden die letzten beiden Vögel auf der Insel Eldey getötet. Sein lateinischer Name lautet *Pinguinus impennis*, und es wäre schön gewesen, wenn wir unseren eigenen nordischen Pinguin hätten haben können, aber leider war Tierschutz damals nicht üblich. 1929 entbrannte wegen dieses Vogels eine Zeitungsdebatte. Peter Nielsen, Ornithologe aus dem südisländischen Küstenort Eyrarbakki, schrieb in der Beilage des *Morgunblaðið* über die letzten Riesenalken. Er schilderte, wie die ausgestopften Vögel sich bei Sammlern immer größerer Beliebtheit erfreut hatten, je seltener sie lebendig zu finden waren. Am Ende wurden Seeleute mit dem Gegenwert einer ganzen Fangsaison entlohnt, wenn sie für europäische Sammler Vögel fingen und Eier sammelten, was zu einer noch schnelleren Ausrottung dieser Vogelart führte. Daraufhin beschwerte sich Ólafur Ketilsson, der Sohn des Mannes, der den letzten Riesenalk getötet hatte, in einem Leserbrief, Peter habe die Ehre seines Vaters beschmutzt. Peter erwiderte postwendend, er habe in seinem Artikel keine Namen genannt, und erklärte auch, warum:

> Aus Ehrfurcht vor dem Gedenken an den Verstorbenen und um die Gefühle seiner Anverwandten und Freunde nicht zu verletzen, nannte ich den Namen jenes Mannes nicht, von dem mir gesagt wurde, er habe die letzten noch auf der Welt existierenden Riesenalken getötet oder unglücklicherweise deren Tod verursacht, denn ich war der Ansicht, dass dies die Allgemeinheit nichts angehe und es unnötig sei, die Sache aufzubauschen.[38]

Da Ólafur sich jedoch bereits geoutet hatte, hielt Peter Nielsen es für legitim, noch einmal ausführlich darzulegen, was an jenem schicksalhaften Tag im Juni 1844 geschehen war. Dabei verwies er auf einen dänischen Bericht:

> Sollte dieser Bericht stimmen, woran zu zweifeln mir unbegründet erscheint, dann war es ein Mann mit Namen Jón, der den vorletzten Riesenalk jagte, und ein Mann mit Namen Sigurður, der den letzten Riesenalk jagte, und jener Mann, der das letzte Riesenalkenei in der Hand hielt – aller Wahrscheinlichkeit nach war die Schale so dunkel, weil sich ein Küken darin befand –, dieser Mann hieß, Professor Newton zufolge, Ketill. Daher ist durchaus anzunehmen, dass es jener Ketill war, der den letzten Riesenalk tötete!

Dem Zeitungsartikel nach wurde Peter Nielsen 1844 geboren, drei Monate und fünf Tage vor der Tötung des letzten Riesenalks, weshalb es ihm nicht mehr vergönnt war, dieses Tier zu sehen. 1929 war er 86 Jahre alt und seit neunzehn Jahren gelähmt, doch seine Wortgewandtheit lässt darauf schließen, dass er noch völlig klar im Kopf war. Seine Kritik ist messerscharf, und er weist darauf hin, wie wichtig es sei, eine Lehre aus der Geschichte über den letzten Riesenalk zu ziehen, denn Adler und Falke steuerten auf dasselbe Schicksal zu. 1929 gab es in Island nach jahrelanger Verfolgung nur noch wenige Adlerpaare. Die Tiere wurden abgeschossen und ihre Nester zerstört. Die Bauern legten vergiftete Fuchsköder aus, die auch zahlreichen Vögeln zum Verhängnis wurden. Genau wie mein Onkel John fungierte Peter Nielsen als Sprachrohr für die Raubtiere, die unbeliebt waren und den Bauern angebliche oder tatsächliche Verluste bereiteten. In einem Artikel aus dem Jahr 1919 schreibt er beispielsweise:

Es gibt nichts Unnötiges in der Natur. Und der Adler hat selbstverständlich seine Aufgabe. Jedweder Eingriff in Gottes Schöpfung zieht zweifelsohne Konsequenzen nach sich, auch wenn sie nicht gleich sichtbar sind.[39]

Die warnenden Worte Nielsens und seiner Mitstreiter vor hundert Jahren führten dazu, dass Adler und Falken vor der Ausrottung bewahrt wurden. Dabei gibt es immer noch Bauern, die meinen, Adler würden ihre Eiderentenbrutplätze schädigen. Deshalb zerstören sie ihre Nester und versuchen, sie von ihrem Land zu vertreiben. Auch der weltweite Schutz von Walen zeigt Erfolg, und viele Walarten haben sich erholt, nachdem man sie geschützt hat.

Anders als 1919 ist das Problem heute, dass der übliche lokale Naturschutz nur in Ökosystemen zugenommen hat, in denen bereits eine gewisse Stabilität und ein Gleichgewicht herrschen, falls man in Bezug auf die Natur überhaupt von Gleichgewicht sprechen kann. Tiere leben in einem komplizierten Zusammenspiel von Jahreszeiten, Regenperioden, Überschwemmungen, Wassertemperatur, Blütezeit, Insekten- und Fischbrut oder Fischwanderung. Wenn das Fundament wegbricht, wenn das Klima verrücktspielt, die Durchschnittstemperaturen steigen oder der pH-Wert des Meeres aus dem Gleichgewicht gerät, kann ein Einzelner nicht viel ausrichten. Dann bringt es kaum etwas, Papageitaucher oder Trottellummen zu schützen, denn wenn sie keine Nahrung mehr finden, verschwinden sie in ein paar Jahren, bis nur noch ganz wenige übrig sind, so wie das letzte Riesenalkenpaar. Dann wird man keinen einzelnen Jäger als Übeltäter hinstellen können – die Wurzel liegt anderswo. Der Eingriff in Gottes Schöpfung hat zweifelsohne Konsequenzen nach sich gezogen.

Im Bericht des Weltbiodiversitätsrats der Vereinten Nationen (IPBES) von 2019 über biologische Vielfalt steht, dass bis zu einer Million Tierarten vom Aussterben bedroht sind. Der Bericht wurde von 150 Wissenschaftlern aus fünfzig Ländern erstellt, und deren Fazit ist, dass ganze Ökosysteme zusammenbrechen werden, wenn man den rasant wachsenden Eingriff in Lebensräume, die Verschmutzung durch Industrie und Landwirtschaft, die Überfischung und den Raubbau an natürlichen Ressourcen mit den Auswirkungen des Klimawandels zusammenaddiert. Die Gesamtheit dieser Aspekte hat der Erde und somit der Zukunft der Menschheit so stark zugesetzt, dass die Verfasser der Studie zu sofortigem Handeln aufrufen.[40]

Die Erderwärmung lässt sich mit allgemeinen Verschiebungen in der Natur vergleichen, bei denen sich die Idealverhältnisse ganzer Ökosysteme gleichzeitig verändern. Die globalen Ökosysteme bewegen sich in Richtung der Pole, sie weichen den steigenden Temperaturen aus, und das in einem Tempo von über einem Meter pro Tag. Südliche Fischarten wandern bis zu siebzig Kilometer in zehn Jahren, und tropische Lebewesen bewegen sich mit tropischen Krankheiten im Schlepptau stetig weiter nach Norden. An den Küsten Islands sehen wir Makrelen aus dem Süden kommen und Kapelane verschwinden. Komplexe Ökosysteme können ihren Standort jedoch nicht innerhalb eines Menschenlebens verändern, auch wenn einzelne Tier- und Pflanzenarten dies bereits getan haben.

Zur Veranschaulichung, was eine Erwärmung um zwei Grad Celsius in der Biosphäre bedeuten, können wir einen Blick auf unseren eigenen Körper werfen. Für den Menschen wird das Leben unerträglich, wenn er ständig 39 Grad Celsius Fieber hat, und das beschreibt – stark vereinfacht – sehr gut, was passiert, wenn die Erde sich um zwei Grad Celsius erwärmt. Lebewesen, die sich an bestimmte Bedingungen angepasst haben, bekommen plötzlich Fieber, sind müde und schlapp, manche sterben. Andere verbrauchen all ihre Energie, um sich vor der Hitze zu schützen, und vermehren sich nicht mehr. Die zwei Grad Celsius beziehen sich auf die durchschnittliche Erdtemperatur, lokal beträgt der Anstieg teilweise über sechs Grad Celsius, was alle Kriterien in dem entsprechenden Lebensraum durcheinanderwirbelt. Manche Arten ziehen an andere Orte, aber meistens fällt das Ökosystem wie ein Kartenhaus zusammen, wenn das Timing von Vogelzug, Schlüpfen und Knospen und Blühen durcheinandergerät. Und manchmal stehen Tiere am Rand der Welt und haben keinen Ort, an den sie noch ziehen könnten. Wenn ihr idealer Lebensraum die Nordküste Islands ist, können sie nicht einfach weiter nach Norden ziehen, wo nichts ist außer dem rauen Meer.

Die Tiere sind die Früchte der Erde, sie wachsen wie die Äpfel an den Bäumen. Wenn ein Baum verwelkt, trägt er keine Früchte mehr. Es ist sinnlos, die Äpfel unter Naturschutz zu stellen, während der Baum gefällt wird oder seine Wurzeln angenagt werden. Árni Einarsson, die Koryphäe für den Schutz des nordisländischen Sees Mývatn, formuliert es so: »Ich habe mein ganzes Leben damit verbracht, das Ökosystem des Mývatn zu schützen, indem ich mich um die Vögel und Mücken gekümmert habe, und dann kommt einfach jemand und verändert das Klima. Und schon war alle Arbeit umsonst.«

Als meine Großeltern geboren wurden, gab es noch Menschen, die zur Zeit der Riesenalks gelebt hatten. Damals gereichte es den Nachkommen von Ketill und seinen Kumpanen zur Schande, dass sie die letzten Vögel getötet hatten. Die Jäger behaupteten, sie hätten nicht genau gewusst, dass es sich um die letzten Exemplare gehandelt habe. Rückblickend erscheint einem die Welt oft klarer, als wenn man sich mitten in einem Prozess befindet. Wenn wir uns die Prognosen der Wissenschaftler anschauen und jetzt nicht radikal handeln, wird das historische Urteil über das sechste Massenaussterben ähnlich ausfallen. Unsere Existenz wird in Schande gehüllt sein. Vielleicht wird unsere gesamte Geschichte mit den Folgen assoziiert sein: Wir wussten, was passierte. Wir waren alle Ketill.

## EINE MYTHOLOGIE FÜR DIE GEGENWART

»Was schreibst du gerade?«, fragte meine Mutter. Meine Eltern kamen vom Golfen. Sie trug ein kurzärmeliges rosa Sportshirt, obwohl es draußen nur sechs Grad Celsius waren.

»Ich sammle Geschichten«, antwortete ich, »über die Hochzeitsreise auf den Vatnajökull, Opa in Amerika und Krokodile.«

»Du könntest deine Eltern ja auch mal erwähnen«, entgegnete Mama, nicht direkt sauer, aber ich registrierte einen gewissen Unterton in ihrer Stimme und bekam ein schlechtes Gewissen.

Ich wurde nachdenklich. Was ist das eigentlich für eine Sache mit den Großeltern?

Manche meinen, Mythologie habe mit der Verehrung der Ahnen zu tun. Man idealisiert seine Vorfahren und übersieht dabei, dass auch sie, wie jeder Mensch, ihre Fehler und Schwächen haben. Ein ganzer Berufsstand hilft uns, Beziehungen zwischen Eltern und Kindern zu analysieren; alles, was Eltern tun, wird von der Psychologie auseinandergenommen. Zu viel Nähe oder zu viel Kälte. Die Abwesenheit des Vaters oder der Mutter gilt als problematisch und der Verlust der Eltern als tiefe Erschütterung auf dem Lebensweg. Wenn man Großeltern besitzt, hat man einfach Glück. Wenn man keine besitzt, wird das nicht als Verlust angesehen. Ihre Anwesenheit kann einem unendlich viel geben, aber wenn sie nicht da sind, spricht man nicht von einem Mangel. Während die Beziehung zu den Eltern überaus holprig sein kann, ist der Kontakt zu den Großeltern meistens leicht. Großväter und Großmütter werden für ihre Enkelkinder zu Halbgöttern und Heldinnen, während die Eltern murmeln: »Na ja, das findest du vielleicht, aber meine Mutter war alles andere als perfekt …«

Jón Pétursson, mein Großvater väterlicherseits, lebte ein ganz anderes Leben als Björn, mein Großvater mütterlicherseits. Er machte sich nicht viel aus beruflicher Karriere oder materiellen Dingen, war sozial engagiert und ein Idealist. Mit fünfzig lehnte er eine Festanstellung bei der Städtischen Wasserversorgung ab, damit er zusammen mit meiner Großmutter Dísa vier Monate im Jahr auf dem verlassenen Hof seiner Vorfahren im einsamen Nordosten Islands verbringen konnte. Dort kümmerten sie sich um die Brutplätze der Eiderenten, fischten Forellen und genossen das Leben. Er starb 2005, und ich bedauere es, nicht mehr Gespräche mit ihm geführt zu haben, aber zu der Zeit hatte ich nichts anderes im Kopf als den Schutz des Hochlands. Opa Jón wurde fünfzehn Jahre vor der Einfuhr des ersten Automobils geboren, als es noch kein Radio gab. Alles, wovon sich die Familie ernährte, wurde gejagt oder auf dem eigenen Land angebaut, sie züchteten Schafe, melkten Kühe, fingen Forellen und Seehunde. In seiner Kindheit waren Zucker, Mehl und Kaffee fast die einzigen Lebensmittel, die sie für den Haushalt kauften.

Einmal saßen wir in Opas kleiner Küche in Reykjavík, und er erzählte mir, wie er während der Kriegsjahre Fisch nach Blackpool in England befördert hatte. Die Fischerboote fuhren im Konvoi und standen unter dem Schutz von Militärschiffen. Sie fuhren ohne Licht und durften unter keinen Umständen anhalten, da der Konvoi immer wieder von U-Booten angegriffen wurde. Falls etwas passierte, sollte man mit Höchstgeschwindigkeit weiterfahren, und die Militärschiffe würden einem zu Hilfe kommen. Eines Morgens durchquerten sie bei Flaute und Nebel die Trümmerteile eines gesunkenen Schiffes. Sie sahen eine weiße Fläche im Meer und realisierten, dass sie durch eine Gruppe auf dem Wasser treibender Krankenschwestern gefahren waren. Als er mir das erzählte, zuckte ich zusammen, aber er führte es nicht genauer aus. Zu dieser Zeit war er oft erschöpft und durcheinander. Ich kam nie dahinter, ob die Krankenschwestern noch gelebt hatten und was tatsächlich geschehen war, ob man ein Lazarettschiff versenkt hatte. Ich bin mir nicht sicher, ob es ein Traum oder Wirklichkeit war, aber das Bild lässt mich nicht mehr los: im Nebel bei voller Fahrt durch einen Teppich auf dem Wasser treibender Krankenschwestern zu fahren. Vielleicht war das typisch für meinen Großvater. Manchmal rezitierte er ein Gedicht und fragte: »Ist das von mir oder von Davíð Stefánsson von Fagriskógur?« und brach dann in schallendes Gelächter aus. Aber etwas Derartiges hatte er sonst noch nie erzählt. Ich fragte meinen Vater, ob er diese Geschichte kenne, aber er war sich noch nicht einmal sicher, ob Opa in den Kriegsjahren überhaupt zur See gefahren war, und meine Tante wusste es auch nicht mehr genau. Die Zeit vergeht, Ereignisse geraten in Vergessenheit, und die nächste Generation verliert die Erinnerungen, wenn sie es versäumt zu fragen, aufzuschreiben, zu dokumentieren.

Opa Björn wurde 98 Jahre alt und konnte sich immer an alles erinnern. Wenn ich ihn nach einer Operation im Jahr 1970 fragte, wusste er noch, welcher Arzt den betreffenden Patienten an ihn überwiesen hatte. Auch seine Geschwister haben interessante Lebensgeschichten. Seine Schwester Arndís Þorbjarnardóttir wurde 1910 geboren und zog mit knapp zwanzig nach Oxford, um bei einem jungen Professor für Mittelalterliche Literatur die Kinder zu hüten. Damals war er noch unbekannt und begann gerade, ein Buch für seinen jüngsten Sohn Christopher zu schreiben, das er *Der kleine Hobbit* nannte.

Ich traf Arndís nicht oft, besuchte sie aber einmal zusammen mit meinem Großvater im Altenheim, als er um die Jahrhundertwende 2000 nach Island kam. Sie saßen wie Teenager zusammen auf dem Bett in dem kleinen Zimmer unterm Dach und quatschten. Sie erzählte, das Familienleben bei den Tolkiens sei ziemlich eintönig gewesen. Die Dame des Hauses schien sich in Oxford nicht wohlzufühlen und hatte in dieser hochgebildeten Gesellschaft Minderwertigkeitskomplexe. Sie besaß jede Menge Kleider, die sie nie anzog, und ein Klavier, auf dem sie nie spielte.

Es ging ihr gegen den Strich, eine junge Frau im Haus zu haben, die mit ihrem Gatten in Elfensprache kommunizierte, denn der wollte sein Isländisch verbessern. Arndís erzählte den Kindern vorm Einschlafen Geschichten von Ungeheuern, Trollen, verborgenem Volk, Vulkanen und dem Leben in Torfhütten. Sie meinte, Tolkien habe immer vor der Zimmertür gesessen und den Geschichten gelauscht, was seiner Gattin auch nicht gepasst habe. Arndís hütete den kleinen Christopher, der ziemlich ungestüm war, und brachte ihm isländische Spiele und Lieder bei, und als sie später *Der kleine Hobbit* las, kam ihr wohl einiges darin bekannt vor.

Ich stelle mir Tolkien vor, wie er mit seiner Pfeife in der Bibliothek sitzt und von draußen aus dem Garten Gelächter hereindringt. Dort tanzen Arndís und die Kinder im Kreis und singen:

Í grænni lautu
þar geymi ég hringinn,
sem mér var gefinn
og hvar er hann nú?

Tolkien bittet Arndís, den Vers zu übersetzen, und sie sagt lachend: »In the green hollow, I am hiding the ring, that was given to me, but where is it now?«

Zu Hause in Island herrschten damals Aufbruchsstimmung und Optimismus, trotz der Weltwirtschaftskrise. An Mittsommer 1930 sollte nach fünfjähriger Vorbereitungszeit das tausendjährige Jubiläum des Althings gefeiert werden. Der dänische König Christian X. würde die Feier eröffnen, man erwartete Militärschiffe mit den Thronfolgern Schwedens und Norwegens.

Arndís lebte in einem Haushalt, wo die größten Mythen des 20. Jahrhunderts erfunden wurden, kehrte aber Hals über Kopf zurück nach Island, weil sie glaubte, sonst etwas Aufregendes zu verpassen. Wobei das Leben in Oxford im Vergleich zu diesem einzigartigen Festakt in Þingvellir tatsächlich mehr wie der

Alltag in einer friedlichen Hobbit-Höhle anmutet. Die gesamte Szene klingt wie ein Kapitel aus *Herr der Ringe*: Die Elfenmaid eilt heim, als die Monarchie sich zur Tausendjahrfeier auf dem Thingplatz, dem heiligsten Ort der Vulkaninsel, versammelt.

Páll Þorbjörnsson, den Bruder von Arndís und Björn, habe ich nie kennengelernt. Er war Kapitän auf der »Skaftfellingur«, einem knapp zehn Meter langen Trawler aus Holz, der während des Zweiten Weltkriegs tiefgefrorenen Fisch von den isländischen Westmännerinseln nach England transportierte. Die Besatzung musste äußerst wachsam sein, weil es im Wasser nur so von Seeminen wimmelte und deutsche Bomber und U-Boote wiederholt isländische Schiffe versenkt hatten. Als 1941 der Fischdampfer »Fróði« von einem deutschen U-Boot beschossen wurde, wobei fünf Männer ums Leben kamen, war die »Skaftfellingur« als Erstes vor Ort. Deutsche Flugzeuge schossen sogar noch auf unbewaffnete Seeleute, die es auf ein Rettungsfloß geschafft hatten.

Im August 1942 sichtete die Besatzung der »Skaftfellingur« ein schwer erkennbares Objekt, das halb unter Wasser auf dem Meer trieb und sich als havariertes deutsches U-Boot entpuppte. Matrosen klammerten sich außen an den Turm, das U-Boot war kurz vor dem Sinken. Auf der »Skaftfellingur« befanden sich sieben Männer mit nur einem Gewehr. In einer zweistündigen Rettungsaktion holten die Isländer 52 Matrosen von dem U-Boot auf ihr kleines Schiff. Nachdem Kapitän Páll die Deutschen den Engländern übergeben hatte, wurde er vom britischen Militär verhört, und der Marineoffizier konnte diese tollkühne Tat nicht begreifen – warum hatten sie die Deutschen nicht einfach ersaufen lassen? Für die 52 Soldaten wäre es ein Leichtes gewesen, den Trawler in ihre Gewalt zu bringen und damit nach Deutschland zu fahren. Ich frage mich, ob die Seemänner von den Westmännerinseln so ehrenhaft handelten, weil sie schmerzliche Erfahrungen mit Tod und Ertrinken gemacht hatten und die Vorstellung, einfach tatenlos zuzusehen, wie junge Männer in den Fluten umkamen, für sie völlig unvorstellbar war.

Die Welt ist voll von Geschichten, und viel zu vieles verschwindet im Nebel. Jedes Leben ist eine Lebensaufgabe, und jeder muss seine eigene Geschichte leben. Ich fragte meinen Großvater Björn, wann in seinem Leben er die bedeutendsten Veränderungen gesehen hätte.

Ohne Zögern antwortete er: »In den letzten zehn Jahren.«

Mein Großvater hat zwei Zeitepochen miterlebt: In Bíldudalur geboren, fischte er auf primitiven Dampfschiffen Hering und reiste als Arzt auf dem Pferderücken durch die Westfjorde, um zu seinen Patienten zu gelangen. Später zog er in die große weite Welt hinaus und stürzte sich in den Strudel von New York City. Er streifte die iranische Revolution, und Prometheus höchstpersönlich legte sich unter sein Messer. Das alles hat mein Großvater erlebt und sagt trotzdem: die letzten zehn Jahre. Damit meint er die Computer, das Internet, die Genetik, die sozialen Medien, die Informatik ... mit seinen Enkelkindern zu skypen. Und auf einmal habe ich das Gefühl, überhaupt nichts verpasst zu haben. Es wäre zynisch, sich in alten Geschichten zu verlieren und darüber zu vergessen, sich um die eigene Gegenwart zu kümmern – und um die Zukunft.

Wenn wir uns Daten und Erhebungen anschauen, hat mein Großvater statistisch gesehen recht. Auf vielen Gebieten gab es in den letzten zehn Jahren größere Veränderungen als im gesamten 20. Jahrhundert. Zur Jahrtausendwende 2000 wurden weltweit pro Jahr 58 Millionen Autos gebaut, jetzt sind es jährlich hundert Millionen. Lkws transportieren mehr Sand als die großen Flüsse der Welt Sedimente. Die Hälfte des weltweiten Plastiks wurde nach dem Jahr 2000 produziert.

In den letzten zehn Jahren gab es die acht wärmsten Jahre seit der Aufzeichnung der Wetterdaten, und seit der Jahrtausendwende haben sich die isländischen Gletscher mehr zurückgezogen als in den hundert Jahren davor. Es gibt allen Grund, die Gegenwart zu beachten. Die Zeit der größten Veränderungen ist jetzt.

20 Northmoor Road

Oxford

## N64 35.378, W16 44.691

Auf ihrem Hochzeitsfoto stehen Oma Hulda und Opa Árni vor dem Hvannadalshnjúkur, dem höchsten Gipfel Islands, und blicken in die Ferne. Es war die fünfte Tour des Isländischen Gletscherforschungsvereins seit seiner Gründung fünf Jahre zuvor.

Die beiden heirateten am Freitag, dem 25. Mai 1956, und schon am nächsten Tag traf sich eine wackere Gruppe von Reisegefährten in Reykjavík, wo ein Treck von fünf Fahrzeugen wartete, darunter drei Schneemobile. Der Geländewagenfahrer Guðmundur Jónasson und der Geologe Sigurður Þórarinsson hatten einen Testflug über den Vatnajökull unternommen, um einzuschätzen, ob die geplante Strecke passierbar war, denn Gletschervorstöße und vulkanische Tätigkeit konnten der Expedition schnell ein Ende bereiten. Es war eine aufwändige Tour, bei der sie Vorräte für drei Wochen dabeihatten.

Der Vatnajökull war in jenen Jahren noch so gut wie unerforscht und – wie ein beträchtlicher Teil des isländischen Hochlands – namenloses Gebiet. Nur wenige Menschen hatten ihn bis dahin begangen. Es hatte ein paar Forschungsexpeditionen gegeben, aber erst mit den alljährlichen Frühlingstouren des Gletscherforschungsvereins begannen regelmäßige Kartierungen und Untersuchungen über Akkumulation, Dicke und Art des Gletschereises.

Meine Großeltern schliefen in einem Zweimannzelt und gerieten in einen dreitägigen Sturm, bei dem das Zelt einschneite, sodass sie darin ausharren mussten, bis das tosende Unwetter vorbei war. Als man sie ausgrub, ragte nur noch der oberste Zipfel des Zelts aus dem Schnee. Ich fragte sie einmal, ob ihnen im Zelt nicht kalt gewesen sei.

»Kalt?«, entgegneten sie empört und lachten. »Wir waren frisch verheiratet!«

Ich war elf Jahre alt, als ich ihnen diese Frage stellte, und zerbrach mir lange den Kopf über ihre Antwort. Wie kann einem warm werden, wenn man heiratet?

Damals hatte die höchste Erhebung der Kverkfjöll-Bergkette noch keinen Namen. Dr. Sigurður Þórarinsson schrieb in *Jökull*, der Zeitschrift des Isländischen Gletscherforschungsvereins, über die Expedition und diese namenlose Landmarke:

> Wir hielten auf die namenlose Anhöhe zu, einen Buckel, der im Nordosten der Bergkette aufragt und durch die Kluft Gusaskarð von ihr getrennt wird. Ich maß auf dieser Tour zweimal mit dem Barometer den Höhenunterschied zwischen diesem Buckel und den östlichen Kverkfjöll. Nach meinen Messungen ist der Buckel circa 1760 Meter hoch, und Gusaskarð liegt sechzig Meter tiefer. Unter uns nannten wir ihn *Brúðarbunga*, Brautwölbung, und es ist zu erwarten, dass sich dieser Name einbürgern wird, wenn man nicht bald einen anderen findet.

Laut Karte ist *Brúðarbunga* 1781 Meter hoch. Es ist der fünfzehnthöchste Gipfel Islands mit den Koordinaten N64 35.378, W16 44.691.

Die Hütte in Jökulheimar, die die Gruppe im Jahr zuvor errichtet hatte, war klein und gemütlich, schwarz mit rotem Dach und Schlafplätzen für zwanzig Personen. Alle waren froh zu sehen, dass sie den harten Winter unbeschadet überstanden hatte. Die Hütte steht noch immer, umgeben von tiefschwarzem Sand, Lavageröll und Gletscherablagerungen, nahe am westlichen Rand des Vatnajökull. Im Gästebuch der Hütte findet man diesen Eintrag:

> 27. Mai 1956
> Hochzeits-, Kartierungs-, Eislochgrabungs- und Flugpistenbautour. 25 Teilnehmer, davon ein Fünftel Frauen. Kamen kurz

vor Mittag am oben genannten Datum, dem Dreifaltigkeitssonntag, hier an. Verließen Reykjavík am 26. Mai um 16.25 Uhr mit zwei Schneeraupen, Guðmundur Jónassons »Gusi« und sechs weiteren Fahrzeugen. Während der ganzen Fahrt gen Osten starker Regen bis zum Fluss Tungnaá, den wir um 5.30 Uhr am Vorabend des Siebenundzwanzigsten erreichten. Nach zwei Stunden war alles über den Fluss, und dann ging es bei schönstem Wetter nach Jökulheimar. Gute Bedingungen auf der gesamten Strecke, aber es hätte nicht viel gefehlt und der Weg wäre versperrt gewesen, weil es stark geschneit hatte. Es gab jedoch keine nennenswerten Verzögerungen.
Das erste Werk der Expedition war es, für die Frischvermählten ein Bett mit einer weichen Matratze in jenem Bereich der Hütte einzurichten, die nach Einschätzung erfahrener Leute den stabilsten Dielenboden hat.
Nach einer heißen Suppe legte sich die ganze Mannschaft zur Ruhe, und die meisten wachten erst auf, als ihnen sechs Stunden später Essensgeruch in die Nase stieg. Die fünf Damen und Bjössi hatten ein köstliches Abendessen zubereitet. Später gab es zu Ehren der Frischvermählten einen zünftigen Hüttenabend. Man trank das eine oder andere Gläschen und stimmte romantische Lieder an. Der Braut stieg eine kleidsame Röte in die Wangen, als Úlfar Jakobsson Liebesgedichte zum Besten gab. Dem Brautpaar wurde in vielen Reden gehuldigt, und der Abend verlief überaus feierlich. Gegen Ende wurde unter allgemeiner Begrüßung der Wunsch geäußert, dass dies nicht die letzte Hochzeitsreise nach Jökulheimar gewesen sein sollte. Von nun an wird dort stets ein gemachtes Doppelbett für Frischvermählte bereitstehen. Für diesen wie für alle anderen Zwecke ist die Berghütte vortrefflich!

Unterzeichnet
Jón Eyþórsson

Ich lese meinen Großeltern den Gästebucheintrag vor, und sie kichern wie Teenager, als ich an die Stelle mit der Matratze und dem stabilsten Dielenboden komme. Meine neun- und elfjährigen Töchter sitzen dabei und verstehen nur Bahnhof.

Die Expediton hatte im Frühling 1956 laut Gästebuch folgende Aufgaben auf dem Gletscher:

1. Vermessungsmarken auf Þórðarhyrna, östlichen Kverkfjöll, Grendill, Hvannadalshnjúkur sowie östlichem und westlichem Sviahnjúkur setzen.
2. Schneedecke oder Niederschlag des vergangenen Winters an möglichst vielen Stellen messen.
3. Sofern die Umstände es erlauben, in Esjufjöll einen Schlitten holen und die dortige Hütte des Gletscherforschungsvereins kontrollieren.
4. Den Mitreisenden, fünf Frauen und einem Mann, die Möglichkeit geben, den Gletscher bei guten Bedingungen möglichst ausgiebig zu erkunden. Es besteht keine Pflicht, überallhin mitzukommen, wo Vermessungsmarken aufgestellt werden.

Expeditionsleiter war Guðmundur Jónasson, Gemeindevorsteher in Grímsvatnahreppur. Er fuhr mit seinem Schneemobil, einem R-345 mit dem Spitznamen »Gusi«, und hielt Funkkontakt zur Außenwelt. Der Geologe Sigurður Þórarinsson kümmerte sich um die Schneemessungen, Koch (und Kammerdiener) war Árni Kjartansson und Küchenchefin Frau Hulda Guðrún Filippusdóttir. Ólafur Nielsen fuhr mit seinem Grendill, einem Schneemobil, und Haukur Hafliðason mit Jökull I., sie waren Assistenten beim Kartieren, neben den bereits Genannten, Hörður Hafliðason und Magnús Eyjólfsson. Außerdem waren noch die beste Freundin meiner Großmutter dabei, Ingibjörg Árnadóttir, sowie ein bekannter Bergsteiger aus Amerika, Nick Clinch, der als Jurist auf der amerikanischen Militärbasis in Keflavík arbeitete.[41] Später bestieg er als Erster den Hraundrangur in Nordisland und bezwang viele der schwierigsten Gipfel der Welt.

Diese wackere Truppe erkundete buchstäblich den gesamten Gletscher von Jökulheimar bis Kverkfjöll. An ausgewählten Stellen gruben sie Löcher, um den Schneefall des Winters zu messen, und auf den Bergen setzten sie Marken für die Landvermessung. Auf dem Gipfel des Hvannadalshnjúkur wurde eine zwei Meter hohe Tonne aufgestellt, sodass die Mitreisenden zwei Meter über dem höchsten Gipfel des Landes stehen konnten. Manchmal hatten sie keine Sicht und mussten sich mit Kompass und Höhenmesser orientieren. Angesichts der damaligen Technik legten sie unglaubliche Strecken zurück, und es waren bei Weitem nicht alle Bruchzonen mit Gletscherspalten erkundet. An seiner dicksten Stelle ist der Gletscher über tausend Meter dick. Ein ganzer Kilometer Eis. Als der Empfänger am Funkgerät kaputtging, hatten sie nur noch einseitigen Kontakt zur Außenwelt, ohne zu wissen, ob jemand sie hörte. Das Fahren war mühsam, bald ging ihnen das Benzin aus, und sie riskierten einiges, um sich zu behelfen:

> Am 10. Juni versuchten vier von uns, nach Grímsvötn zu gelangen, um Benzin zu holen. Die Schneeraupe blieb wegen Benzinmangels nach fünf Kilometern liegen, und wir fuhren auf Skiern weiter. Die Strecke war höllisch und das Wetter ebenso. Wir waren froh, als wir nach einem 35-Kilometer-Marsch zurück zum Zeltcamp kamen, trotz all unserer Bemühungen mit leeren Händen. Fast hätten wir das Zeltcamp nicht gefunden, aber wir waren vorausschauend gewesen und hatten auf der gesamten Strecke in regelmäßigen Abständen Schneewarten aufgeschichtet.[42]

Ich zeige meinen Großeltern ein Video, einen 16-mm-Film, den Opa bei der Hochzeitsreise gedreht hat. Eine Szene ist von einem Berggipfel aufgenommen und in einer anderen lässt sich die

Gruppe auf Skiern von dem Schneemobil ziehen. Was für eine faszinierende, abenteuerliche Zeit. Ich frage die beiden, ob sie nie Angst vor Gletscherspalten gehabt hätten, Angst, sich auf dem Gletscher zu verlaufen und zu erfrieren.

»Wir hatten ein Küchenzelt und haben dort ein Loch für Essensreste und Abfall gegraben. Wir wunderten uns, warum es immer tiefer wurde, und da hatten wir doch tatsächlich auf einer vierhundert Meter tiefen Gletscherspalte gezeltet!«, lacht Oma. »Wir hatten Glück, dass wir auf diesen Touren nie jemanden verloren haben. Es gab keine schlimmen Unfälle.«

»Und ihr habt euch nie verirrt?«

Mein Großvater denkt nach.

»Nein, ich habe mich nie verirrt. Wenn ich in den Bergen war und die Orientierung verloren hatte, blieb mir manchmal nichts anderes übrig, als mich im Schnee einzugraben und zu warten, bis der Sturm vorüber war, manchmal mehrere Tage lang. Wenn zu Hause niemand mit mir rechnete, ging mich auch keiner suchen, also war ich nicht wirklich verschollen. Sobald es aufklarte, ging es weiter.«

»Das Beste war, hinten an der Schneeraupe zu hängen und sich ziehen zu lassen«, erzählt meine Großmutter. »Dann konnten wir anschließend die Hänge runterfahren. Einmal haben wir uns die ganze Strecke von Kverkfjöll bis nach Jökulheimar ziehen lassen. Irgendwann gaben alle auf, außer Árni und mir.«

Möchten sie nicht noch einmal zum Gletscher?

»Doch«, antwortet meine Großmutter. »Ich würde gern noch mal rauf, aber Árni ist nicht mehr fit genug.«

»Heute, mit diesen Monsterjeeps, ist das viel zu leicht«, sagt mein Großvater grinsend. »Es macht keinen Spaß, wenn alles so leicht ist.«

»Aber es ist schon seltsam«, wirft meine Großmutter ein, »im Frühling habe ich immer diesen Gletschergeruch in der Nase, dann würde ich so gern noch mal rauf.«

»Gletschergeruch?«, frage ich.

»Ja, im Frühling liegt ein besonderer Geruch in der Luft, Gletschergeruch.«

»Und wie riecht der?«

»Na ja, nach Gletscher eben! Man kann den Gletscher nicht beschreiben, man muss ihn selbst erleben. Wenn du oben auf dem Vatnajökull stehst, dann verblasst alles, man vergisst alles. Diese unendliche Weite … ein Traum.«

Sigurður Þórarinsson schrieb über die Untersuchungen der Expeditionen 1956 in *Jökull*:

> Die meisten Messdaten, die auf den Vatnajökull-Expeditionen der letzten Jahre erhoben wurden, sind noch nicht ausgewertet. Sobald diese Messungen über Gletscherdicke, Triangulation und Schneemenge sowie die Beobachtungen zu den Veränderungen im Grímsvötn-Gebiet ausgewertet sind, besteht die Hoffnung, dass sich unser Wissen über den mächtigsten Gletscher Islands in einem akzeptablen Bereich bewegt. Doch dieser Gletscher wird wohl niemals vollständig erforscht sein.

Als der Gletscherforschungsverein die ersten Frühlingstouren unternahm, wussten die Leute, dass die isländischen Gletscher *lebendig* sind. Ein Gletscher wird als Eismasse definiert, die sich unter ihrem eigenen Gewicht bewegt. Gletscher sind zähflüssig, sie häufen den im Winter gefallenen Schnee an. Die größten Gletscher bilden eine Art Beförderungsband: Der Schnee fällt in Sammelgebieten und das Eis fließt über Gletscherzungen in die Täler und schmilzt. Ein gesunder Gletscher befindet sich im Gleichgewicht. Er sammelt genauso viel Schnee, wie er als Schmelzwasser freigibt. Seine Einnahmen sind genauso hoch wie seine Ausgaben. Die Besonderheit der Gletscher in Island besteht aus dem Zusammenspiel von Feuer und Eis – Vulkanausbrüche unter Gletschern können gigantische, gefährliche Gletscherläufe auslösen.

Ein Flugzeug, das auf einem Gletscher landet, bildet einen guten Bezugspunkt, um die Natur von Gletschern zu verstehen. Das Flugzeug, das mein Großvater und seine Kameraden ausgruben, lag ein Jahr nach seiner Landung auf dem Gletscher mehrere Meter tiefer. Mit der Zeit wäre es noch tiefer eingesunken und hätte sich dann langsam mit dem Fluss des Gletschers auf die nächste Gletscherzunge zubewegt. Am Ende der Gletscherzunge wäre es wieder aufgetaucht, vielleicht nach tausend Jahren. Bei den Eisbergen, die in der Gletscherlagune Jökulsárlón kalben, handelt es sich demnach um Schnee, der zur Zeit der Besiedlung Islands vor über tausend Jahren auf der Kuppe des Vatnajökull gefallen ist.

Im Jahr 2019 nimmt der Vatnajökull zehn Prozent der Fläche Islands ein und sein Gesamtvolumen beträgt 3200 Kubikkilometer. Würde man den Gletscher gleichmäßig auf ganz Island verteilen, wäre das Land mit einer dreißig Meter dicken Eisschicht bedeckt. Der Glaziologe Helgi Björnsson hat mir erklärt, dass das im Gletscher enthaltene Wasser der Niederschlagsmenge von zwanzig Jahren in ganz Island entspricht. Wenn der Gletscher schmilzt, steigt der Ozean um einen Zentimeter an. Wenn die Prognosen stimmen und der Meeresspiegel tatsächlich hundert Zentimeter ansteigt, dann werden in den nächsten hundert Jahren hundert Vatnajökulls auf der ganzen Welt verschwinden. Der Vatnajökull hat bereits einen Anstieg von einem Millimeter verursacht, weil er im 20. Jahrhundert um zehn Prozent geschrumpft ist.

In der regionalen Kleinen Eiszeit auf der Nordhalbkugel erreichte der Vatnajökull seine Maximalgröße, nachdem er über fünfhundert Jahre gleichmäßig gewachsen war. Diese Entwicklung scheint sich nun in einem Zeitraum von nur hundert Jahren rückwärts zu bewegen. Seit der letzten Jahrhundertwende ist der Gletscher um vier Prozent geschrumpft und verdünnt sich um etwa einen halben Meter pro Jahr. Das sind fast hundert Kubikkilometer Eis. Andere isländische Gletscher, Langjökull und Hofsjökull, schrumpfen noch schneller. Man geht davon aus, dass der Snæfellsjökull 2050 verschwunden sein wird, und der Okjökull ist es bereits. Ok ist der erste namentlich verzeichnete isländische Gletscher, der seinen Titel als Gletscher offiziell verliert. Von der ursprünglich neunzehn Quadratkilometer großen Eiskappe ist heute nur noch ein Quadratkilometer Toteis übrig geblieben.[43] Die Gleichgewichtslinie des Vatnajökull liegt auf 1200 Metern; in dieser Höhe versorgt sich der Gletscher selbst. Sinkt ein großer Teil des Gletschers unter diese Linie, türmt sich kein Schnee mehr auf, und die Schmelze geht wesentlich schneller vonstatten als zuvor. Eine solche Veränderung ist unwiderruflich, es sei denn, das Klima wird in naher Zukunft deutlich kälter. Wenn ein Flugzeug auf dem Gletscher landen und im Winter zuschneien würde, käme es bei der Schneeschmelze im nächsten Sommer wieder zum Vorschein, anstatt sich immer tiefer einzugraben. Wenn die Gletscher verschwunden sind, was ist Island dann? Nur noch »Land«?

Der Isländische Gletscherforschungsverein ist nicht nur für Glaziologen, Forscher und Personen, die sich beruflich mit Gletschern befassen, offen, sondern auch für interessierte Laien, das ist ungewöhnlich. Für eine arme Nation wie Island waren solche umfangreichen dreiwöchigen Expeditionen nur durchführbar, weil eine bunte Mischung von Leuten involviert war: Geologen, Hobbybergsteiger, Männer mit einem Faible für schwere Fahrzeuge und geschickte Handwerker, die oben am Gletscher Schutzhütten bauen konnten. Es waren die begeisterten Laien, die es den Wissenschaftlern ermöglichten, ihre Ziele zu erreichen, und die Wissenschaftler gaben den Laien im Gegenzug mehr Tiefe und Sinn. Die meiste Arbeit war ehrenamtlich, wobei einiges vom staatlichen Katasteramt finanziert wurde. Die Gruppe bestand teilweise aus denselben Personen, die auch die Flug- und Bodenrettungswacht gründeten: Berg- und Naturfreunde, die für einen Einsatz alles stehen und liegen lassen, sei es ein Unfall, eine Naturkatastrophe oder eine Vermisstensuche.

Die Isländer hätten sich niemals eine hauptberufliche Rettungswacht leisten können; die Stärke dieser Organisation liegt darin, dass sie ehrenamtlich ist.

Die Frühlingstouren des Gletscherforschungsvereins begannen 1953, und meine Großeltern nahmen bis weit in die siebziger Jahre daran teil. Die dabei durchgeführten Messungen umfassen einen Zeitraum von über sechzig Jahren und lassen sich mit Wetterdaten und wissenschaftlichen Prognosen über die Zukunft der Erde kombinieren.

1958 begann Charles Keeling auf dem Mauna Loa in Hawaii mit regelmäßigen Messungen von Kohlendioxid ($CO_2$) in der Atmosphäre. Diese Messungen haben gezeigt, dass die $CO_2$-Konzentration in der Luft rapide angestiegen ist. Am Anfang der industriellen Revolution lag der Messwert bei etwa 280 Anteilen pro Million (*parts per million*, ppm). Im Jahr 1958 hatte die industrielle Revolution zu einer beträchtlichen Steigerung geführt, bis zu 315 ppm, mehr als die höchsten Messwerte auf der Erde seit Hunderttausenden von Jahren. Heute sind wir bei 415 ppm angelangt, mit einer Steigerung von 2 bis 3 ppm pro Jahr. Die Erwärmung der letzten Jahre und die Reaktion des Vatnajökull geben deutliche Hinweise, was in den nächsten Jahren und Jahrzehnten mit dem Gletscher passieren wird.

Angesichts der globalen Erderwärmung werden sich die meisten Gletscherzungen des Vatnajökull in den nächsten fünfzig Jahren zurückgezogen haben, der gesamte Gletscher wird in hundertfünfzig Jahren fast verschwunden sein. Dies wird noch wesentlich früher geschehen, wenn die durchschnittliche Temperatur auf der Erde um mehr als zwei Grad Celsius ansteigt. Als meine Großeltern ihre Gletschertouren unternahmen, waren die Gletscher Symbole für etwas Mächtiges und Ewiges, so wie das Meer, die Berge und die Wolken. Bezogen auf 1955 hatten sich viele Gletscherzungen seit der Jahrhundertwende schon etwas zurückgezogen, dennoch stand der Vatnajökull in Verbindung mit der Ewigkeit. Ein ewiger weißer Riese. Die Skala der Veränderungen betrug viele Jahrhunderte, gar Jahrtausende. Heute verkleinert sich der Vatnajökull auf einer menschlichen Skala. Zehn Prozent Rückgang innerhalb von hundert Jahren ist rasend schnell. Hundert Prozent Rückgang in hundertfünfzig Jahren ist eine Naturkatastrophe. Heute ziehen sich riesige Gletscherzungen um Dutzende oder Hunderte Meter jährlich zurück. Dass ein geologisches Ungetüm wie der Vatnajökull in gerade einmal einem Menschenleben verschwindet, übersteigt unser Verständnis. Die Größe verliert sich in dem enormen Rauschen.

Im Frühjahr 2019 konnte man von der Hütte in Jökulheimar zum ersten Mal nicht mehr auf den Vatnajökull gelangen:

> Die Frühlingstour des Gletscherforschungsvereins findet seit 1953 jedes Jahr statt. Meistens gelangt man von Westen auf den Vatnajökull, über Jökulheimar und Tungnaárjökull. [...] Diesmal war es jedoch so, dass der Tungnaárjökull sich so weit zurückgezogen hatte, dass das davor liegende Gebiet schlammig und mit Fahrzeugen nicht zu durchqueren war. In diesem Frühjahr wurde erstmals in der 66-jährigen Geschichte der Frühlingstouren keine passierbare Strecke gefunden. Diese Veränderungen sind eine unmittelbare Folge der Klimaerwärmung. So wie andere Gletscher zieht sich der Tungnaárjökull rapide zurück und bringt Land zum Vorschein, das seit mindestens fünfhundert Jahren mit Eis bedeckt war.[44]

Als ich die Filme anschaute, die mein Großvater auf dem Gletscher gedreht hatte, meinte ich, er hätte meine Großmutter doch ruhig ein bisschen öfter filmen können. Schließlich sei sie nur einmal jung gewesen, während man den Gletscher und die Landschaft stets aufs Neue filmen könne. Ich hatte unrecht. Der Gletscher ist genauso vergänglich wie ein Mensch. Die Filme meines Großvaters dokumentieren eine Landschaft, die es nicht mehr lange geben wird. Wenn meine jüngste Tochter so alt wird wie meine Großmutter, dann erlebt sie noch das Jahr 2103. Es kommt einem vor wie Science-Fiction, so weit in die Zukunft zu denken. Der Skeiðarárjökull wird dann längst verschwunden sein und der Langjökull und der Hofsjökull zu einem großen Teil.

Dort, wo einst der Gletscher aufragte, gibt es dann nur noch den Himmel. Unsere Enkelkinder werden sich alte Landkarten anschauen und versuchen, sich einen Berg aus gefrorenem Wasser vorzustellen. Sie werden versuchen, seine Beschaffenheit zu verstehen. Tausend Meter dickes Eis, das ganze Täler ausgefüllt hat. Sie werden im Geiste Linien zwischen den Gipfeln ziehen, sich eine Eisschicht vorstellen, die so dick ist, dass die höchsten Türme der Welt im Vergleich dazu verblassen. Sie werden in die Luft zeigen und sagen: Dort war das Zeltcamp. Da oben, direkt unter den Wolken, haben sie bei ihrer Hochzeitsreise gezeltet. Im Geiste werden sie ein Schneemobil über den Himmel fahren sehen, das singende Skiläufer hinter sich herzieht. Wir wissen nicht, was noch alles auf der Welt geschieht, und können unmöglich sagen, welche Wörter und Begriffe einmal für unsere Zeit benutzt werden. Das hängt von uns ab und davon, was genau wir jetzt tun.

## DIE GLETSCHER DER WELT

Im Himalaya gibt es 46 000 Gletscher zwischen den höchsten Bergen der Welt, von denen viele über 8000 Meter hoch sind. Die Gletscher verteilen sich über das gesamte Gebirgsmassiv, verstecken sich in Tälern und Bergkesseln an steil abfallenden Hängen. Die Gesamtfläche der Himalaya-Gletscher ist nur viermal größer als die der isländischen Gletscher. Sie bedecken ein Gebiet von 40 000 Quadratkilometern und haben ein ähnliches Volumen wie alle isländischen Gletscher zusammen, etwa 4000 Kubikkilometer.[45]

Viele isländische Gletscher reichen bis auf Meereshöhe, und man könnte meinen, sie seien empfindlicher gegenüber Klimaveränderungen als die Gletscher in den himmelhohen Bergen des Himalaya. Neue Untersuchungen haben jedoch gezeigt, dass Gletscher in großer Höhe, wo der Winter ewig zu sein scheint, sich in ähnlichem Ausmaß zurückgezogen haben wie die Gletscher in Island. Die Ausdehnung eines Gletschers erzählt nur die halbe Geschichte, weil die Gletscher bis zu einem Meter jährlich dünner werden. An Gletscherstirnen im Himalaya haben sich hinter schwachen Endmoränen instabile Gletscherstauseen gebildet. Diese Moränen brechen und lösen schwere Überflutungen aus, denen die Bewohner von Städten und Dörfern in der Nähe von Gletscherflüssen zum Opfer fallen.

Während sich die isländischen Gletscher zurückziehen, verstärkt sich die Strömung der Gletscherflüsse. Das ist auf kurze Sicht eine gute Nachricht für die Energiefirmen, bis sich die Strömung wieder verringert und dem Niederschlag anpasst. Die Gletscher beeinflussen die Wettersysteme und ziehen Niederschläge an, die dann hauptsächlich auf der Südseite der großen isländischen Gletscher fallen und sich wahrscheinlich nach

Norden verlagern, wenn die Gletscher verschwinden. Für den Himalaya gilt dasselbe, und man geht davon aus, dass die Strömung der Gletscherflüsse sich in den kommenden Jahrzehnten verstärkt. Während die meisten isländischen Flüsse schnell und frei ins Meer fließen, bilden die Flüsse im Himalaya von den Bergdörfern bis zu den Mündungen die Lebensadern für Milliarden Menschen und die Basis für eine vielfältige Biosphäre. Wenn es aufgrund von Gletscherschmelze mehr Wasser gibt, kann das einen falschen Wohlstand erzeugen, als würde man eine Bank plündern oder den Heuvorrat schon vor dem Winter aufbrauchen. Das Brutale ist, dass sich die Strömung vorübergehend verstärkt, dass Lebensqualität, Ernteerträge, Grundwasserspiegel und Stromerzeugung steigen – und dann Millionen Menschen der Boden unter den Füßen weggezogen wird. Wenn die Gletscher verschwunden sind, folgt ein anderes, schwierigeres System mit einem Überfluss von Wasser in der Monsunzeit und Wassermangel in der Trockenzeit. Die Gletscher leisten einen kostenlosen Dienst, und die Menschen beginnen zu verstehen, warum sie im Himalaya als heilig galten.

Lonnie Thompson, Professor für Paläoklimatologie an der Ohio State University, ist vermutlich der Mensch, der den besten Überblick über die Hochgebirgsgletscher der Welt, ihre Geschichte und ihre mögliche zukünftige Entwicklung hat. Die Informationen, die er in den letzten Jahrzehnten gesammelt hat, liefern uns Daten, auf denen Klimaforscher ihre Prognosen aufbauen. Er hat auf der ganzen Welt Eisbohrkerne analysiert und über sechzig Expeditionen in sechzehn Ländern geleitet. Wenn er von Expeditionen spricht, dann meint er keine kurzen Gletschertouren, sondern monatelange Aufenthalte auf entlegenen Eisschilden. Er hat Bohrkerne aus Gletschern in bis zu 7000 Meter Höhe genommen. In den Tropen ist es keine leichte Aufgabe, das Eis von den höchsten Gipfeln hinunterzubringen und durch Urwälder bis in ein Forschungslabor in den USA zu transportieren, ohne dass es schmilzt.

Gletscher sind gefrorene Handschriften, die Geschichten erzählen, so wie Baumringe oder Sedimentschichten; aus ihnen kann man Informationen ableiten und ein Bild von der Vergangenheit erstellen. Gletscher bewahren die Historie von vulkanischer Tätigkeit, sie bewahren Pollen, Regenwasser und Luftblasen, die uns etwas über die chemische Zusammensetzung der Atmosphäre vor Tausenden von Jahren verraten. Sie sind wichtige Quellen über Vegetation und Niederschläge in der Vergangenheit.

Schaut man sich die letzten Jahrtausende an, dann haben die Gletscher sich nicht immer in dieselbe Richtung entwickelt. Die Südhalbkugel und die Nordhalbkugel befanden sich nicht im Gleichtakt, in bestimmten Gegenden sind Gletscher gewachsen, während sie andernorts je nach lokaler Witterung und lokalen Schwankungen geschrumpft sind. Heute ziehen sich hingegen fast alle Gletscher überall auf der Welt gleichzeitig zurück.

»Ich hätte nie geglaubt, dass ein Gletscher sich so schnell zurückziehen kann …«, sagt Lonnie. »… innerhalb von zehn Jahren. Wenn mir jemand eine so schnelle Gletscherschmelze prophezeit hätte, ich hätte ihm nicht geglaubt.«

Auf der tibetischen Hochebene wurden 680 Gletscher untersucht. 95 Prozent von ihnen hatten sich zurückgezogen. In Alaska waren 98 Prozent der Gletscher rapide geschrumpft, aber dort gab es auch dreizehn Gletscher, die aufgrund von verstärktem lokalem Niederschlag gewachsen waren. Diese Gletscher waren für Leugner des Klimawandels der Beweis dafür, dass gar nichts Schlimmes passierte. »Meldungen« über »wachsende Gletscher« wurden überall verbreitet. Man bezog sich auf Ausnahmen und behauptete, die Welt werde nicht wärmer, sondern kälter, und die Medien kolportierten wissenschaftlich nicht belegte Informationen leichtfertig als »Nachrichten«.

»Die Gletscher kollabieren fast überall auf der Welt, aber die Menschheit verschließt die Augen vor den Folgen. Heute leben Millionen Menschen an Orten, die in wenigen Jahrzehnten so gut wie unbewohnbar sein werden.«

Lonnie sagt mir, dass die Lebensdauer fast aller Gletscher außerhalb der Arktis in diesem Jahrhundert enden wird, wenn sich die Prognosen bewahrheiten. Er hat, so wie die meisten führenden Wissenschaftler der Welt, seine Hundstage erlebt und wurde als Verschwörungstheoretiker, Kommunist und Extremist hingestellt. Politiker, besonders in den USA, schienen seine Aussagen und Daten weder zu verstehen noch deren Wichtigkeit zu erfassen, obwohl sie die Grundlage unseres Lebens und die Existenz von Millionen Menschen betreffen. Lonnie hat gesehen, wie sich Politiker mit Leuten umgeben, die auf den Gehaltslisten von Ölfirmen stehen. Selbsternannte Experten haben Behauptungen aufgestellt, die nichts mit Wissenschaft zu tun haben: »Ein erhöhter $CO_2$-Gehalt in der Atmosphäre ist gut für die Vegetation.« Aber es gibt auch Politiker, die zuhören und die Informationen anscheinend verstehen, aber trotzdem nichts tun.

»Und was wird passieren?«

»Das Wasser verschwindet nicht. Der Meeresspiegel steigt, wir müssen mit ein bis zwei Meter Anstieg rechnen. Dabei werden Städte und Agrarflächen überflutet. Zur gleichen Zeit werden Menschen, die in den Anden, im Himalaya und an anderen Orten vom Gletscherwasser abhängig sind, unter Wassermangel und Missernten leiden. Es gab auch früher Gegenden in der Welt, die unbewohnbar wurden, sodass die Leute weiterziehen mussten, aber da hatten wir noch keine sieben, bald acht oder sogar neun Milliarden Menschen auf der Welt. Die Erde ist überfüllt; dort, wo die Menschen hinziehen oder hinflüchten, waren immer schon andere vor ihnen da, und durch diese Völkerwanderungen entstehen Konflikte. Wenn man die nächsten hundert Jahre betrachtet, ist die Wahrscheinlichkeit hoch, dass der Klimawandel Chaos auslösen wird, dass Regierungen gestürzt werden, dass es Anarchie oder ›gescheiterte Staaten‹ geben wird. Wissend, dass drei Atommächte an den schmelzenden Gletschern des Himalaya liegen, ist das nicht gerade beruhigend.«

»Und wie sehen Sie die Zukunft?«

»Ich sehe gewaltige Herausforderungen, uns an diese Veränderungen anzupassen. Zum einen die Herausforderungen, die mit großen Völkerbewegungen einhergehen – die Aufnahme von Flüchtlingsfamilien, die Integration in andere Kulturen –, zum anderen das Widerstreben der Umweltverschmutzer, die ihr Business am Laufen halten wollen, vor allem die Verfechter einer fortgesetzten Ölförderung.«

Für einen Wissenschaftler kommt mir Lonnie beunruhigend pessimistisch vor.

»Gibt es gar keine Hoffnung?«

»Ich kann nur hoffen, dass das Leid nicht zu groß wird. Die Leute wissen ja Bescheid, aber sie reagieren zu spät. Ich glaube an die internationale Zusammenarbeit, ich weiß, dass Menschen zusammenarbeiten können. Ich habe in 7000 Meter Höhe monatelang mit Menschen unterschiedlicher Nationalitäten zusammengearbeitet. Trotzdem befürchte ich, dass die Menschheit erst etwas tun wird, wenn sie mit dem Rücken zur Wand steht. Erst dann wird sich zeigen, was in ihr steckt. Der Zweite Weltkrieg hat gezeigt, dass die Menschen ihre gesamte Energie bündeln und die Wirtschaft innerhalb eines bestimmten Zeitraums auf ein einziges Ziel ausrichten konnten. Ich hoffe, dass es nicht zu spät sein wird, wenn wir es schließlich anpacken. Aber ich fürchte, wenn wir endlich aufwachen, werden bereits viele unschuldige Menschen gelitten haben, und das hätten wir verhindern können.«

## ABSCHIED VON EINEM WEISSEN RIESEN

In der Zukunft wird ein Gletscher ein exotisches Phänomen sein, so selten wie ein Bengal-Tiger. Wer die Zeiten der weißen Riesen miterlebt hat, dem wird ein märchenhafter Glanz anhaften, als hätte er einen Drachen gestreichelt oder das Ei eines Riesenalks in der Hand gehalten. Zwar wird es in der Arktis, in Grönland und in der Antarktis noch einige tausend Jahre Gletscher geben, aber in den Alpen, im Himalaya und in Island größtenteils nicht mehr. Die Leute werden fragen: Wie hat man Gletscher am Anfang des 21. Jahrhunderts beschrieben?

Ich kannte mich mit Gletschern nicht so gut aus wie meine Großeltern, ich hatte sie von Weitem gesehen und im Winter den Snæfellsjökull bestiegen, aber ein Wintergletscher ist etwas ganz anderes als ein Sommergletscher, und Gletscherzungen sind anders als Inlandeis oder Kargletscher.

Jetzt planten wir eine Tour über den Skeiðarárjökull, eine breite Gletscherzunge, die sich vom Vatnajökull nach Süden zieht. Es war Ende Juli, der Schnee vom letzten Winter war geschmolzen, und alle Spalten und Formen waren überdeutlich zu sehen. Es war unser zweiter Versuch, den Gletscher in Angriff zu nehmen. Ein paar Jahre zuvor waren wir in einen Platzregen geraten und hatten auf einer kleinen Kiesfläche unsere Zelte aufgeschlagen. Als wir am nächsten Morgen aufwachten, hatten sich unter den Zelten Bäche und sprudelnde Quellen gebildet – fast so, als hätte jemand die Erde mit einem Zauberstab angetippt, worauf aus kleinen blubbernden Augen Wasser quoll. Wir wachten klatschnass in tiefen Pfützen auf und mussten umkehren.

Diesmal war der Plan, am Rand des Gletschers zu zelten, ziemlich weit oben, und die Gletscherzunge in einer langen Tagesetappe zu überqueren, eine Strecke von insgesamt etwa 25 Kilometern. Danach wollten wir auf einem grünen Podest zelten, einem der schönsten Zeltplätze des Landes, und von dort eine weitere lange Tagestour nach Skaftafell machen.

Wir wachten bei Sauwetter auf, unsere Zelte wurden vom Wind geschüttelt. Im Schlafsack war es warm, aber sobald man hinauskroch, wurde einem eiskalt. Hastig packten wir alles zusammen und machten uns trotz schlechter Sicht auf den Weg. Am Rand des Gletschers trafen wir drei Franzosen, die in der Nacht den Gletscher überquert hatten, ein Vater mit seinem Sohn und einem Freund. Sie waren ausgekühlt und völlig fertig, wie paralysiert nach den nächtlichen Strapazen. Sie waren vom Weg abgekommen und auf eine unüberwindbare Gletscherspalte gestoßen, die sie in die Irre geführt hatte, sodass sie zu weit unten in einem Labyrinth aus abgrundtiefen Spalten gelandet waren. Bei Nebel und Regen waren sie immer wieder in Sackgassen gelaufen und in die Dunkelheit geraten. Aus einer zehnstündigen Wanderung waren zwanzig Stunden geworden. Sie hatten Todesangst gehabt und, als sie endlich vom Eis herunter waren, total erschöpft ihre Zelte aufgeschlagen.

Wir tasteten uns durch den schmierigen Matsch am Gletscherrand, dort, wo das Eis auf festen Grund trifft, und versuchten, Stellen mit Treibsand zu umgehen, der sich bildet, wenn Eisschollen unter dem Sand schmelzen. Das erste Stück des Gletschers war schwarz vom Sand, mit merkwürdigen Gebilden, flachen Steinen auf dünnen Eissäulen, wie Kunstwerke von einem fremden Volksstamm. Allmählich klarte es auf, und der Gletscher vor uns verwandelte sich in eine endlose Fläche aus kleinen Buckeln, unzählige weiße Schildkrötenpanzer, so weit das Auge reichte.

In der Mitte der Berghänge beiderseits des Gletschers sah man helle Streifen, die markierten, wo sich seine Oberfläche noch vor wenigen Jahren befunden hatte. In den Mulden lag an vielen Stellen sogenanntes Toteis, Eisfelder, die noch am Fels kleben, nachdem der Gletscher abgeschmolzen ist. Es ist eine Herausforderung für das Gehirn, sich die Gletscheroberfläche dreißig Meter über dem eigenen Kopf vorzustellen, so hoch wie ein zehnstöckiges Gebäude, sie dann im Geiste auseinanderzuziehen wie eine Kuppel, bis zum Gletscherrand und noch einen ganzen Kilometer über den Sander hinaus.

Wir setzten unseren Weg fort, und nun sah jeder kleine Buckel aus wie eine Schuppe und die Gletscherzunge wie der Schwanz eines weißen Drachen. Wir erreichten etwas, das aussah wie eine schwarze Pyramide, und dann kamen immer mehr davon, bis wir mitten auf dem Gletscher in einem Wald aus schwarzen Pyramiden standen. Durch die Verdunstung auf dem schwarzen Sand entstanden Nebelschleier, dazwischen rieselten kleine Bäche und bildeten eine Miniaturlandschaft, wie eine Bonsailandschaft mit kleinen Bergen und kleinen Flüssen und kleinen Städten. Wie hypnotisiert von den Formen und der Schönheit gingen wir weiter. Zwischen den Pyramiden flossen Bäche, die aussahen wie kleine Wasserrutschen. Es wäre verlockend gewesen, darauf hinunterzurutschen, aber wenn man ihnen mit dem Blick folgte, endeten sie in wirbelnden, abgrundtiefen Löchern. Diese Strudel waren weiße Löcher, wurden dann zu blauen Löchern und schwarzen Löchern, die bis zu dreihundert Meter in die Tiefe reichten und die man vorsichtig umgehen musste. Es war eine albtraumartige Vorstellung, auszurutschen und in solch einem Loch zu versinken – sie kamen mir vor wie die Grube des wurmartigen Ungeheuers Sarlacc in *Star Wars*.

In dem Science-Fiction-Roman *Solaris* von Stanislaw Lem schweben Raumfahrer um einen geheimnisvollen Planeten und versuchen, seine Natur zu ergründen. Sie mutmaßen, dass er über eine Intelligenz verfügt, die das menschliche Verständnis weit übersteigt. Auf der Oberfläche des Planeten befindet sich eine Art Meer aus gelbem Schaum, das vertraute Formen annimmt, und die Raumfahrer versuchen, sie zu interpretieren und zu verstehen. Sie überlegen, ob der Planet ihnen Nachrichten übermitteln will.

Ich versuchte, die Formen auf dem Gletscher zu interpretieren. Der Pyramidenwald öffnete sich zu einem Streifen auf der Gletscheroberfläche, der einer zweispurigen Schnellstraße ähnelte. In der Mitte der »Straße« war eine schwarze Linie, wie eine Fahrbahnmarkierung. Die Oberfläche war ganz glatt, und man hätte mit hundert Stundenkilometern darüberbrettern können, immer weiter. Instinktiv schaute ich nach rechts und links, bevor ich die »Straße« überquerte, und überlegte, ob der Gletscher mir ein Zeichen geben wollte. Vielleicht sagte er mir, dass irgendwo zwischen den Pyramiden und der Schnellstraße etwas schiefgelaufen war.

Ich kniete mich auf das kalte Eis und legte das Ohr auf eine schmale Spalte, die unendlich tief wirkte, obwohl sie nur ein paar Zoll breit war. Das Eis in der Wunde war kristallklar. Ich betrachtete die Adern und Luftblasen in der Eismasse, die sonderbar dreidimensional wirkten. Ich hörte das Wasser weit unten in der Tiefe des Gletschers gluckern wie ein dunkler Bass, tanzendes Wasser irgendwo tief unter mir, wie ein gigantisches Xylophon, eine Steinharfe, eine Eisharfe. Der Schwanengesang des Gletschers.

Jetzt, wo sich der Gletscher schneller verändert als je zuvor, spüre ich einen inneren Widerspruch. Mein Aufenthalt auf dem Gletscher beruht auf Fortschritt und Technik, auf Produktion und Nutzung der natürlichen Ressourcen. Seit wir in der Lage sind, Gletscher zu überqueren, Brutgebiete von Reptilien zu zählen und den Gesang von Buckelwalen zu studieren, sind wir so stark und einflussreich geworden, dass das, was wir jetzt messen und verstehen können, vor uns zurückweicht.

In Dokumentarfilmen ist die Gletscherschmelze ein dramatisches Schauspiel, riesige Eisklötze kalben krachend und klatschen ins Meer. Dabei ist ein sterbender Gletscher nicht dramatischer als der Frühling. Eis, das in der Wärme und der Sonne schmilzt, wird zu rauschenden, hüpfenden Bächen. Eigentlich ist ein sterbender Gletscher ein trauriger und schwacher Anblick, er verschwindet schweigend und leise. Auf Englisch ließe sich dieser Zustand als »silent spring« bezeichnen – stummer Frühling –, wenn Rachel Carson diesen Begriff nicht bereits in ihrem Buch über den Einfluss von Insektiziden auf die Natur verwendet hätte. Und nach dem Frühling kommt der Sommer.

Die Ortsnamen am Vatnajökull erinnern an die Veränderungen in der Natur. Breiðamerkursandur bedeutet »Breiter-Wald-Sand« und erinnert an den Wald, der einstmals auf diesem großen Sander stand. Unter dem Sand, und sogar unter dem Gletscher, fand man dreitausend Jahre altes Birkenholz aus der Zeit, als das Klima im Norden noch wärmer oder genauso warm war wie heute. Nach dem Voranschreiten der Gletscher in der Kleinen Eiszeit zwischen 1400 und 1900 wurde der »breite Wald« zu einer Ödnis. Heute verbreiten sich wieder selbstaussäende Birken, und der Breiðamerkursandur wird wahrscheinlich erneut zu einem Wald. Auf dem Skeiðarársandur entsteht der größte eigenständige Birkenwald Islands. Aber kann man den größten Wald Islands Skeiðarársandur nennen – nach dem Gletscherfluss Skeiðará, den es nicht mehr geben wird, und einem schwarzen Sander, der unter dem Waldboden verborgen sein wird?

Dort, wo Eis, Geröll und Sand unter dem Gletscher hervorkommen, liegt neues Land, das viele hundert Jahre gefroren unter einer schweren Last lag. Am Gletscherrand darf man nur ganz vorsichtig auftreten – es ist, als wäre das Land weder Eis noch Wasser, noch Sand, sondern alles zugleich. Die Transformation befindet sich in einem Zwischenstadium: Chaos. So wie es in der *Völuspá*, der »Weissagung der Seherin«, über den Beginn der Schöpfung heißt: *Die Sonne wusste nicht, wo sie ihren Saal hatte, die Sterne wussten nicht, wo ihre Heimstatt war, der Mond wusste nicht, was er an Kraft besaß.*[46]

Das Chaos beschränkt sich nicht auf den Gletscherrand. Niemand weiß, wie die Dinge wieder ins Gleichgewicht kommen sollen, wenn die Gletscher der Welt durch unsere Lebensweise zu Wasser, wenn die heutigen Küstenlinien zu Meer und die Ackerflächen zu Wüsten geworden sind.

Wenn ich neunzig bin, werde ich meinem dreißigjährigen Enkelkind Fotos vom Skeiðarárjökull zeigen, einem Gletscher, den drei Generationen kennenlernen durften, bevor er aufhörte zu existieren. Den Gletscher zu fotografieren ist, wie den Gesang einer alten Frau aufzunehmen, um ihn zu bewahren. In tausend Jahren werden die Leute die Fotos wie alte Handschriften studieren und versuchen zu verstehen, was wir gedacht haben.

## DEUS EX DAMPFMASCHINE

*»Nimm ein Haar aus meinem Schwanz und leg es auf die Erde. Daraus wird ein großes Feuer, und niemand kommt darüber weg außer einem Vogel im Flug.«*
Búkolla, die magische Kuh
(isländisches Märchen)

Nun könnte man meinen, ich wollte die Leute in eine Sekte locken – die Hüter der heiligen Kühe. In einer Zeit, in der wir Geräte, Technik, Mode und Markennamen verehren, gibt es tatsächlich allen Grund, sich zusammenzutun, um die Mutter Erde, die Vögel, die Wälder und das Meer anzubeten. Dabei könnten wir dieses kleine Gebet aufsagen:

Mutter unser
du bist die Erde
heilig ist dein Wasser
ich bin ein Teil deines Reiches
und werde am Ende mit dir eins
in einem mächtigen prächtigen Kreislauf
in Ewigkeit …

Doch unglücklicherweise bin ich keine Frucht der Erde, und wir sind nicht mehr siebzig Prozent Wasser. Wir sind neunzig Prozent Öl. Als es uns gelang, Kohle und Öl zu fördern, was uns Superkräfte verlieh, gab es siebenhundert Millionen Menschen auf der Erde. Wir reden uns ein, dass unsere Gesellschaft auf politischen Ideologien basiert, doch letztendlich ist die Grundlage von allem die Energie. Heute sind wir sieben Milliarden, wir haben das System betrogen und uns in uralte Sedimentschichten aus längst gestorbenen Organismen hinuntergegraben. Wie Exorzisten haben wir ihre Ruhe gestört, indem wir sie wieder an die Oberfläche pumpten, Feuer entfachten und hundert Millionen Jahre alten Sonnenschein bändigten, der in den Tiefen der Erde schlummerte. Wir unterwerfen das Feuer unserem Willen. Wir lassen Schiffe gegen den Sturm fahren und schaufeln Fische aus dem Meer, wir dreschen Korn, bauen Städte und fliegen in stählernen Drachen durch die Luft, alles durch die Kraft des Feuers.

Auch wenn Oppenheimers Atombombe ein naheliegender Bezugspunkt für die Markierung eines neuen erdgeschichtlichen Zeitalters ist, könnte man die geologische Wende auch weitaus früher ansetzen und das Anthropozän, das durch Erderwärmung, Gletscherschmelze, Anstieg des Meeresspiegels, Versauerung der Ozeane und Aussterben von Tierarten gekennzeichnet ist, unmittelbar auf James Watt zurückführen, der 1736 im schottischen Greenock geboren wurde.

Watt war Instrumentenmacher und fertigte Messgeräte für die Universität von Glasgow. 1765 entwickelte er die Dampfmaschine weiter und übernahm somit offiziell die Fackel des Prometheus. Watts versteckte das Feuer in einem Metallzylinder, in dem Wasser bis zum Siedepunkt erhitzt wurde. Es gelang ihm, mit der dabei entstehenden Energie einen Kolben zu drehen, der Maschinen antrieb, die Wasser pumpten, Kohle und Eisenerz schaufelten, wodurch noch größere und mächtigere Maschinen gebaut werden konnten, die wiederum noch größere Maschinen bauten. Mit ihnen konnte man sich tiefer in die Erde graben, über ganze Kontinente Eisenbahnschienen für kreischende Lokomotiven legen und Dichter dazu inspirieren, die neuen Zeiten zu preisen.

Öl wurde erstmals 1860 gefördert, kurz danach entstand der Verbrennungsmotor. Wir lernten das Fliegen und gelangten ins Weltall, und so wurde die Menschheit in den letzten 250 Jahren immer mächtiger.

Watt ermöglichte es uns, das Feuer zu zähmen, und schrittweise lernten wir, die Flammen immer besser zu verstecken, die Hitze, den Rauch und den Ruß zu isolieren, bis das Feuer unter den blankpolierten Motorhauben klimatisierter Autos, die mit gepolsterten Sitzen und voll aufgedrehter Musik durch die Welt rasen, gänzlich unsichtbar wurde.

Das Feuer, das Watt entzündete, ist zu einem gigantischen unaufhaltsamen Inferno geworden, größer als jeder Waldbrand, der je auf der Erde tobte. Alles in allem haben wir Hunderte Milliarden Tonnen Kohle verbrannt und dachten, dieser Kohleberg wäre einfach verpufft und hätte sich in Luft aufgelöst. Doch so ist es nicht. Die Kohle und das Öl wurden zu Kohlendioxid, $CO_2$, und heute können Wissenschaftler dessen Menge in der Atmosphäre messen und mit Bohrkernen aus der Antarktis und dem Grönlandeis vergleichen. Dies zeigt uns, wie der Kohleberg im Vergleich zu den letzten 800 000 Jahren aussieht.

Als Watt die Dampfmaschine einschaltete, lag der Anteil des Kohlendioxids in der Atmosphäre bei 280 ppm, heute hat er 415 ppm erreicht, der höchste Wert seit drei Millionen Jahren.[47] Und die Vulkanausbrüche?, fragen manche. Sind wir Menschen nicht Winzlinge im Vergleich zu vulkanischer Tätigkeit? Dem ist leider nicht so. Die Vulkane der Erde setzten schätzungsweise etwa zweihundert Millionen Tonnen $CO_2$ pro Jahr frei, die Menschheit im gleichen Zeitraum etwa 35 Milliarden. Das menschengemachte Feuer ist fast zweihundertmal größer als die gesamte vulkanische Tätigkeit auf der Erde.[48] Trotzdem bekommen wir in unserem Alltag kein Feuer und keinen Rauch zu Gesicht. Wir sehen und spüren Vulkane, ihre Grausamkeit und Raserei, erkennen aber nicht, dass wir der größte Vulkan der Erde sind.

Als 2010 der Eyjafjallajökull ausbrach und den Flugverkehr in Europa für sechs Tage lahmlegte, betrug der Ausstoß des Vulkans etwa vierzig Prozent der täglichen $CO_2$-Emissionen des europäischen Flugverkehrs: circa 150 000 Tonnen.[49] Der Vulkan verminderte die $CO_2$-Verschmutzung um die Hälfte und war somit der erste umweltbewusste Vulkan der Geschichte. Hinter allem, was wir tun, brennt Feuer, der Verkehr wälzt sich wie glühende Lava vorwärts. Der $CO_2$-Ausstoß weltweit ist so hoch, als würden ganzjährig Tag und Nacht sechshundert Eyjafjallajökulls ausbrechen. Könnten wir die Emissionen der USA in Vulkantätigkeit verwandeln, würden dort jeden Tag und jede Nacht hundert Eyjafjallajökulls ausbrechen, in jedem Bundesstaat etwa zwei.[50]

Wir sind der Vulkan, aber wir sehen keine Flammen, wenn wir in den Spiegel schauen; alles ist perfekt designt, unsichtbar. Wenn die Autos auf unseren Hauptverkehrsstraßen ihr Feuer vorzeigen würden, wäre der Flächenbrand, den wir entfachen, um zur Arbeit zu kommen, offensichtlich. Wir sähen einen deutlichen Unterschied zwischen Elektroautos und Benzinern, wobei hinter Elektroautos auch Feuer und Abgase stecken: das Feuer bei der Produktion und die Flammen des Schiffes, auf dem die Autos von Land zu Land transportiert werden. Wenn aus den Motorhauben Feuer lodern würden, sähen unsere Autobahnen im dunklen Winter aus wie Lavaströme. Wir sehen Waldbrände und brennende Hochhäuser. Wenn in den Nachrichten Bilder auftauchen, die einen in Flammen aufgehenden Tankwagen oder eine brennende Ölbohrstation zeigen, bedenken wir nicht, dass all dieses Öl sowieso verbrannt werden sollte, nur nicht alles am selben Ort. Wir realisieren unsere tagtäglichen Katastrophen nicht.

Wir sehen kein Feuer und nur selten Kohle oder Öl. Wir fliegen regelmäßig, haben aber keine Ahnung, welch großes Signalfeuer man mit zwanzig Tonnen Flugbenzin entfachen könnte. Wir kaufen Flugtickets im Internet, ohne die Ölfässer miteinzuchecken, die uns in die Welt hinausbringen. Ich habe kein Gefühl für die Größe des Ölfasses, das ich mir gekauft habe, um zu einem zweitägigen Lyrikfestival nach Litauen zu kommen, aber ich kann es ausrechnen. In ein Barrel Öl passen ungefähr 160 Liter, und jeder Passagier verbrennt auf einem Flug innerhalb Europas etwa ein Barrel. Das Öl wird zu $CO_2$, einem unsichtbaren, geruchlosen Gas. Doch in der Natur löst sich nichts auf. Das Öl ist verbrannt, aber es ist nicht verschwunden oder weniger geworden, im Gegenteil. Ein Barrel Öl wird zu 2,3 Tonnen $CO_2$. Aus 160 Litern werden 350 Kilogramm $CO_2$. Ungefähr fünfzig Tonnen $CO_2$ für hundertfünfzig Passagiere. »Guten Tag, kann ich Ihnen behilflich sein?« – »Wir müssen den Flug übers Wochenende nach London canceln, können Sie mir stattdessen nicht zwei Barrel Öl verkaufen? Wir möchten ein bisschen feiern und im Garten ein großes Lagerfeuer veranstalten.«

Ich betanke mein Auto mit Benzin und könnte es genauso gut mit Daten füllen; die Literzahl und der Preis rollen übers Display. Doch das ist nicht der wahre Preis – ich bezahle dafür, dass das Öl aus der Erde gepumpt wird und dass die Ölfirma Profit macht, aber ich bezahle nicht für die Folgen des vielen Kohlendioxids in der Atmosphäre oder für 400 000 Quadratkilometer Land, die in diesem Jahrhundert untergehen könnten. Jemand muss dafür bezahlen, all dieses $CO_2$ zu entfernen – durch das Anpflanzen von Bäumen und durch die breite Entwicklung neuer Techniken. Nicht bezahlen ist keine Option. Sonst bezahlen die kommenden Generationen mit der Biosphäre der Erde und mit ihrem eigenen Leben gleich mit.

Das Feuer ist unsichtbar und wird zu »nichts«, der Rauch verdampft einfach. Es wäre interessant, wie die Welt aussähe, wenn jeder die Ölfässer, die er verbraucht, lagern müsste. Unsere Auslandsreisen der letzten zehn Jahre mit der Familie beliefen sich auf hundert Ölfässer. Ich stapele sie im Geiste vor meinem Haus und stelle mir die Berge von Fässern vor, wenn jeder hundert Fässer im Garten stehen hätte. Ich stelle mir eine Gesellschaft vor, in der diese Berge Statussymbole wären, der eindeutige Beweis, dass man ein PS-starkes Auto besitzt und die meisten Trips nach Bali gemacht hat. Wer mit seinem Familienauto 100 000 Kilometer gefahren ist, hat 7500 Liter verbrannt, ungefähr fünfzig Barrel Öl. Eine fünfköpfige Familie mit zwei Autos verbraucht in zehn Jahren zweihundert Barrel.

Die Fässer würden Platz benötigen, zusätzlich zu den Autos. Etwa die Hälfte des städtischen Raums besteht aus Straßen und Parkplätzen. Man könnte Wolken auf die Fässer malen, um uns daran zu erinnern, dass das Öl zwar verbrennt, aber nicht verschwindet. Die Fässer sollten schwarz sein wie Gewitterwolken.

Der Berg ist groß, aber wie groß ist das Feuer? Im Oktober 2018 betrug die weltweite Ölförderung erstmals tausend Milliarden Barrel pro Tag. Zur gleichen Zeit warnten die Vereinten Nationen in ihrem Klimareport vor den katastrophalen Folgen einer Erderwärmung von zwei Grad Celsius und betonten, wie wichtig es sei, dass der Anstieg unter 1,5 Grad Celsius bleibt.[51]

Würde man das Öl aus hundert Millionen Fässern in einen Fluss umwandeln, betrüge seine Wasserführung etwa 185 Kubikmeter pro Sekunde. Das ist genauso viel wie die durchschnittliche Wasserführung des isländischen Flusses Jökulsá á Fjöllum mit dem mächtigen Wasserfall Dettifoss. Watt steckte die Fackel des Prometheus in eine Dampfmaschine, und die Folgen manifestierten sich 250 Jahre später: ein endlos strömender kohlschwarzer Wasserfall, der das ganze Jahr, Tag und Nacht über die Felsklippen stürzt. Schließen Sie die Augen und stellen Sie sich den Wasserfall vor. Zünden Sie ihn dann an und schauen Sie zu, wie die Flammen in den Himmel lodern.

Die weltweiten Emissionen stammen nicht nur aus der Verbrennung von Erdöl, sondern auch von Gas und Kohle. Jährlich werden vier Milliarden Tonnen Kohle verbrannt, ungefähr sechshundert Kilogramm pro Erdbewohner. Zwölf Milliarden Tonnen Kohlenstoff-Energie, die wir jährlich aus Erdöl, Erdgas und Kohle verbrennen, werden zu rund 36 Milliarden Tonnen $CO_2$, 36 Gigatonnen.[52]

Man kann sich das als Motor vorstellen, der mit einem ganzen Fluss aus Öl angetrieben wird. Sehen Sie die Kraft des Motors, die Zylinder und Abgasrohre? Das ist unser Lebensmotor. Das ist die Arbeitswelt. Die Gesamtheit der Benzinmotoren dieser Welt wirkt wie ein zerstörerischer Todesstern. Das ist leider eine Tatsache. Die Party ist aus dem Ruder gelaufen und muss so schnell wie möglich beendet werden. Nach neuesten Berichten der Vereinten Nationen müssen wir all diese Feuer vor dem Jahr 2050 löschen, sonst wird es böse ausgehen.[53] Wir suchen verzweifelt nach einem Weg, in Eintracht mit der Erde weiterleben zu können, damit sie uns nicht abschüttelt. Wir müssen Energiequellen nutzen, die in Harmonie mit der Sonne, den Wellen und dem Wind sind.

Zu sagen, dass wir in mythischen Zeiten leben, ist keine Übertreibung. Führende Politiker der Welt treffen sich und *reden übers Wetter*. Es ist geradezu revolutionär, dass sie sich treffen, um darüber zu sprechen, wie sie das Klima beeinflussen können. Sie reden über Orkane, Blitz und Donner, den Meeresspiegel, Wüsten und die Zukunft der Gletscher. Sie diskutieren darüber, ob die Temperatur der Erde um 1,5 oder zwei Grad Celsius oder völlig unkontrolliert weiter ansteigen soll. Das ist tragisch, denn unsere Wettergötter sind schwach und menschlich wie die Götter in den griechischen Tragödien. Die Verbündeten des schwarzen Goldes flüstern ihnen ins Ohr und führen sie auf Abwege. Eine Tragödie, denn Kassandra hat bereits erkannt, wohin wir steuern und was getan werden muss. Die Prophezeiung ist deutlich, aber die Verfechter des Öls sagen: »Was ist mit unseren Geschäften? Mit Profit, Wirtschaftswachstum und dem Markt? Was ist mit der Partei, dem Konzern, dem Arbeitsmarkt, mit Wahlkampfgeldern, Investitionen und Rendite? Wenn du dich gegen das Öl stellst, dann suchen wir uns Anführer, die das Feuer verehren.« Und wenn die Leute ihr gesamtes Hab und Gut durch Überschwemmungen, Dürren und Waldbrände verlieren, dann stürzen sie ausgerechnet den, den sie vorher gewählt haben, und immer so weiter.

Trotzdem sollte man kein zu düsteres Bild malen. Wir dürfen nicht vergessen, dass wir dankbar dafür sein müssen, dass das Öl uns Superkräfte verschafft. Die Energie in einem Barrel Öl entspricht ungefähr der zehnjährigen Arbeit eines gesunden Men-

schen. Wie lange brauchte ich, um ein zwei Tonnen schweres Auto, in dem meine ganze Familie sitzt, nach Akureyri zu ziehen? Wie lange brauchte ich, um die Wiese zu mähen, einen Graben auszuheben oder den Acker zu pflügen? Mit fünfzig Liter Öl ist das kein Problem. Öl erleichtert uns die Hausarbeit und entlastet uns. Es erledigt im Nu die Arbeit von hundert Menschen und schippert uns über die Ozeane. Öl ist für uns das, was für den isländischen Priester Sæmundur, den Gelehrten, der Teufel war. Sæmundur konnte den Teufel durch seine magischen Kräfte dazu bringen, ihm das Leben zu erleichtern, seine Wäsche zu waschen, das Gras zu mähen und sich sogar von ihm in Gestalt eines Seehunds trocken übers Meer von Frankreich nach Island bringen zu lassen. Doch am Ende dieser Volksmärchen sitzt Sæmundur stets in der Klemme, denn der Teufel verlangt seinen Lohn: Sæmundurs Seele oder sein ungeborenes Kind.

Das Öl hat die Menschen von Strapazen und Mangel befreit, zuerst in den westlichen Ländern und in den letzten Jahrzehnten in vielen anderen Regionen der Welt. Das goldene Zeitalter des Menschen. Öl steht für Arbeit, Bildung, bessere Gesundheit, höhere Lebenserwartung, Lebensmittelsicherheit, Fernsehen rund um die Uhr und Sommerferien. Heute führt jeder Arbeiter in den westlichen Ländern ein komfortableres Leben als die Monarchen im 17. Jahrhundert. Ludwig XIV. konnte nicht nach Teneriffa fliegen, sein Teenie-Sohn hatte kein Smartphone mit Kamerafunktion und GPS in der Tasche. Er hat nie eine Kiwi probiert oder mit einem Freund in China geskypt. Wenn wir krank werden, gibt es eine Chance auf Heilung. Die Energie hat unsere Bevölkerungszahlen gesteigert und Hungersnöte verringert, und trotz Ölkriegen gibt es weniger militärische Auseinandersetzungen auf der Welt.[54] Das Öl hat es uns ermöglicht, schöne Dinge zu erschaffen. Als mein Großvater und seine Geschwister in die Arbeiterwohnung in der Ásvallagata zogen, empfanden sie tiefe Dankbarkeit für den ersten Herd, den Luxus eines Wasserklosetts und einer Dusche, ein Extrazimmer, um eine Dunkelkammer einzurichten. Sie hatten sogar noch überschüssige Energie für Hobbys, Sport und Reisen. Milliarden von Menschen erleben das auch heute noch. Das Problem ist nicht, dass Menschen die Armut überwinden, sondern dass wir uns in exzessiven Konsum und Verschwendung gestürzt haben. Dass wir in einem System leben, in dem ein Großteil dessen, was wir erschaffen, denken und tun, zu verbranntem Kraftstoff oder Abfall wird. Die Erde erträgt das viele Feuer und den vielen Konsum nicht und erstickt im Müll.

Im Jahr 2018 sah die weltweite Verbrennung so aus: China war mit etwa 28 Prozent des weltweiten $CO_2$-Ausstoßes der weitaus größte Verschmutzer, die USA folgten mit etwa 15 Prozent, Indien mit circa sechs Prozent. Deutschland war für circa zwei Prozent und die größeren europäischen Länder und Brasilien jeweils für circa ein Prozent des weltweiten Ausstoßes verantwortlich.

Aus welchen Sektoren stammen diese Emissionen? 27 Prozent kommen aus Kohlekraftwerken, Gebäudeheizung und Stromproduktion, 24 Prozent aus Lebensmittelproduktion, Abholzung und Bodennutzung und 21 Prozent aus der Industrie. Der Verkehr verursacht insgesamt 14 Prozent der Emissionen; es gibt etwa eine Milliarde Pkws auf der Welt. Unter den Industriezweigen hat die Zementproduktion mit sechs Prozent der gesamten weltweiten Emissionen den größten $CO_2$-Ausstoß. Im Bereich Verkehr stammen 2,5 Prozent aus dem internationalen Flugverkehr. Überall, wo wir uns aufhalten, gibt es verborgene Feuer und Emissionen: von unseren Autos, von unseren Computern, an unserem Arbeitsplatz und am Esstisch. Unser Beefsteak brennt.

China ist der größte Verschmutzer, aber die weltweit größten Pro-Kopf-Verschmutzer sind die USA mit 16,5 Tonnen $CO_2$ pro Person. Ein Isländer verursacht jährlich 14 Tonnen $CO_2$.[55] Wir gehören damit zu den größten Pro-Kopf-Verschmutzern, trotz unserer »sauberen« Energie aus Erdwärme und Wasserkraft, von der wir nur ein Fünftel für unseren täglichen Bedarf brauchen.

Während ein Inder nur ein Zehntel vom $CO_2$-Volumen eines

Isländers ausstößt, hat China viele westliche Länder mit seinen $CO_2$-Emissionen überholt. Die Chinesen nähern sich den Deutschen an und stoßen pro Kopf mehr $CO_2$ aus als die Spanier, die Schweden, die Franzosen und die Engländer.

Der Erdölverbrauch ist ein elementarer Faktor bei der ungleichen Verteilung der Güter auf der Welt. Die weltweite Erdölförderung betrug 2017 etwa 33 Milliarden Barrel, das sind etwa vier Barrel pro Erdbewohner. Dieses Erdöl ist extrem ungleich verteilt. Etwa ein Achtel der Menschheit hat keinen Zugang zu Öl oder Strom, und viele Nationen verbrennen Öl in erster Linie, um Waren zu produzieren, die in reichere Länder exportiert werden.

Nach dem OXFAM-Bericht von 2015 sind die reichsten zehn Prozent der Weltbevölkerung für die Hälfte aller $CO_2$-Emissionen verantwortlich. Die Überbevölkerung mag ein Problem sein, ein viel größeres Problem sind der Konsumwahn und die Verantwortungslosigkeit der wohlhabenden Nationen. Wer zu den reichsten ein Prozent der Weltbevölkerung zählt, verursacht wahrscheinlich genauso viel $CO_2$ wie 175 Menschen von den zehn Prozent der ärmsten Bevölkerung. Dabei treffen die Folgen des Klimawandels die Ärmsten am härtesten, denn sie können sich nicht wehren – oder gar wegziehen.[56] Erstmals müssen sich die Nationen der Welt mit dem Thema befassen, sie müssen festlegen, wer die Verantwortung und die Kosten für solche Schäden trägt. Wer soll die Einwohner von Bangladesch entschädigen, wenn ihr Land untergeht, obwohl sie diesen Untergang gar nicht verursacht haben?

Um die Vorgaben des Pariser Klimaabkommens einzuhalten und eine Erderwärmung von 1,5 Grad Celsius nicht zu überschreiten, müssen die $CO_2$-Emissionen bis zum Jahr 2050 bei null angelangt sein. Um dies zu schaffen, müssen wir auch Techniken entwickeln, die das $CO_2$ in demselben Umfang aus der Atmosphäre entfernen können, in dem es heute hineingestoßen wird. Das ist eine der größten Herausforderungen, mit denen die Menschen jemals konfrontiert waren. Es geht um eine beispiellose Kehrtwende im Energiemechanismus der Welt. 2050 liegt genauso weit in der Zukunft, wie 1990 in der Vergangenheit liegt. Seit 1990 sind die Emissionen von 22 Gigatonnen auf 36 Gigatonnen gestiegen. Das ist eine Zunahme von sechzig Prozent.

Den $CO_2$-Ausstoß innerhalb von dreißig Jahren auf null zu bringen klingt wie eine unlösbare Aufgabe – als wolle man eine Zeitmaschine bauen, die Schwerkraft abschaffen oder eine Wiedergeburtspille erfinden. Keiner weiß, ob es technisch möglich ist, dreißig Gigatonnen pro Jahr zu binden. Die Technik steht noch am Anfang, und keiner hat eine genaue Vorstellung davon, was wir alles erfinden müssen, um unser Ziel zu erreichen.

Selbst wenn wir die Emissionen um die Hälfte senken, wird unser Problem größer werden, solange wir nichts unternehmen, um das Kohlendioxid, das sich bereits in der Luft befindet, zu entfernen. Wenn wir das nicht tun, wird sich die Erde weiter erwärmen, die Gletscher werden weiter schmelzen, der Meeresspiegel wird weiter ansteigen und Städte und Küstengebiete überfluten.

Bei einem Ölpreis von sechzig Dollar beträgt der Marktwert von hundert Millionen Barrel Öl ungefähr sechs Milliarden Dollar. Wir verbrennen etwa 600 Milliarden Isländische Kronen pro Tag. Wer also glaubt, eine Energiewende wäre einfach und ohne Widerstand möglich, der hat etwas falsch verstanden. Öl ist die Grundlage ganzer Wirtschaftssysteme, und die Folgen einer Energiewende sind für Menschen und Unternehmer, die ihr Auskommen oder ihren Profit aus dieser Branche ziehen, gewaltig. So viel Geld gibt man nicht einfach kampflos aus der Hand. Es stehen nicht nur Millionen Arbeitsplätze auf dem Spiel, sondern auch gewaltige Summen für Profiteure, die direkten Einfluss auf politische Führungen haben.

Das Problem, das wir zu lösen haben, ist gewaltig, und wir sollten es nicht unterschätzen. Wenn es uns gelingt, es zu lösen, wenn Öl nichts mehr wert ist oder sogar verboten wird, dann ziehen wir ganzen Ökonomien den Boden unter den Füßen weg. Russland könnte die Muskeln spielen lassen, die kanadische Provinz Alberta wäre pleite, Saudi-Arabien und Katar könnten das nächste Syrien werden, und Norwegen würde in eine tiefe Rezession fallen. Wenn das passiert, dann ist das nicht nur das Problem dieser Länder, denn die Ölförderung dient in erster Linie westlichen Interessen. Es gibt keinen anderen Weg, als das Problem zu akzeptieren und daran zu arbeiten, aus diesem Teufelskreis herauszukommen. Man rechnet mit einem Anstieg der Weltbevölkerung von zwei Milliarden bis zum Jahr 2050; wir müssen von einer Zunahme des $CO_2$-Ausstoßes ausgehen, allein um diese Massen von Menschen ernähren und bekleiden zu können. Zweifellos ein Dilemma. Wenn wir das Feuer nicht löschen, gehen wir unter. Wenn wir es löschen, könnten wir untergehen.

Das bedeutet nicht nur, dass Himmel und Erde bedroht sind. Es bedeutet noch mehr: Himmel und Erde sind bedroht, und auch das Meer. Bei der Klimadiskussion ging es bisher kaum um das Meer, und man hoffte lange, der Ozean könne endlose Mengen an Kohlendioxid aufnehmen. Doch inzwischen haben wir die erstaunlich schnelle Versauerung der Meere registriert.[57]

Um eine Erwärmung von 1,5 Grad Celsius zu verhindern, hat die Menschheit wahrscheinlich noch ein Budget von maximal achthundert Gigatonnen $CO_2$-Ausstoß.[58] Bei einem jährlichen Ausstoß von 36 Gigatonnen ist unser Budget in 25 Jahren aufgebraucht. Danach darf es keine Emissionen mehr geben. So, wie es momentan aussieht, steuern wir jedoch auf drei bis vier Grad Celsius Erderwärmung am Ende dieses Jahrhunderts zu. Eine solche Erwärmung hat Folgen, die sich am ehesten mit einem nuklearen Winter vergleichen lassen. Der Temperaturanstieg verstärkt die Kraft von Wirbelstürmen und Unwettern, es wird mehr Wetterextreme mit starken Dürren und Überschwemmungen geben, bei denen Ernten zerstört und Ackerflächen weggespült werden. Es ist absehbar, dass Flüchtlingsströme aus nicht mehr bewohnbaren Regionen in Afrika, China, Indien und dem Nahen Osten zunehmen werden, dass in Amerika und Skandinavien Wälder abbrennen werden, dass der Permafrostboden in Sibirien tauen und Methangas freisetzen wird, welches das Tempo der globalen Erwärmung noch ankurbelt. Gegen Ende des Jahrhunderts wird die heutige Situation am Mittelmeer ein Klacks sein im Vergleich zu dem, was kommt, wenn hundert Millionen Klimaflüchtlinge losziehen. Also: Krieg, Tod und Vernichtung. Natürlich soll man keine Panik schüren. Aber das Paradoxe ist, dass wir die Probleme nicht lösen, wenn wir sie nicht als Probleme erkennen. Wir müssen in Angst und Schrecken versetzt werden und gleichzeitig daran glauben, dass wir unsere Lage verbessern können.

Gewiss kann man seine Hoffnungen auch ans Verleugnen knüpfen, daran, dass schon irgendwie alles gut werden wird, aber es gibt keine realistischen Untersuchungen, die darauf hindeuten. Wir können den von Menschen verursachten Klimawandel nicht leugnen, genauso wenig, wie wir glauben machen können, die Erde sei eine Scheibe. Sicherlich unterliegt die Erdatmosphäre Veränderungen, und natürlich hatten gigantische Vulkanausbrüche Einfluss auf die Erdgeschichte, doch momentan eruptiert die Menschheit, und Eruptionen dieser Größenordnung haben schon immer zu Katastrophen geführt.

Man kann leicht in Hoffnungslosigkeit, Sarkasmus oder Resignation verfallen. Niemand konnte sich 1905 einen fliegenden Jumbojet vorstellen, 1940 einen Flug zum Mond oder 1985 die Heilung von Aids. Genauso wenig können wir uns heute eine Lösung unserer Umweltprobleme vorstellen. Die Feuer zu löschen ist unsere *wichtigste Aufgabe*. Es ist die Aufgabe unserer Generation und der unserer Kinder, der schwarzen Sonne den Hahn abzudrehen und uns wieder mit der Erde und der brennenden Sonne über unseren Köpfen zu verbinden, denn das Leben auf der Erde und das Leben unserer Nachkommen stehen auf dem Spiel.

Mir bleibt nichts anderes übrig, als zu glauben, dass eine Lösung möglich ist. Doch das würde voraussetzen, dass sich die Menschen so sehnlich eine Lösung wünschen, wie sie sich wünschten zu fliegen, auf den Mond zu gelangen oder Aids zu heilen. Laut Experten brauchen wir für die Entwicklung eines neuen globalen Energiesystems in den nächsten Jahrzehnten Investitionen von zwei bis 2,5 Prozent des weltweiten Bruttoinlandsprodukts. Dabei geht es um die Umstellung auf Elektromobilität, um Energieeinsparung, um einen Energiewandel bei der Gebäudeheizung, um den Bau von Windrädern und die Nutzung von Solar- und Wärmekraft.[59] Diese Prozentzahl kommt einem angesichts dieser großen und wichtigen Aufgabe verschwindend gering vor. Zum Vergleich: Die Briten brachten die Hälfte ihres Bruttosozialprodukts für das Bestreiten des Zweiten Weltkriegs auf. Wenn das Meer und die Welt auf dem Spiel stehen, sind 2,5 Prozent des BIPs so gut wie nichts. Um vier Leute zum Mond zu schießen, investierten die Amerikaner in einem Zeitraum von zehn Jahren 2,5 Prozent ihres Bruttosozialprodukts.[60] Die durchschnittlichen Verteidigungsausgaben liegen weltweit bei 2,5 Prozent des Bruttosozialprodukts – es gibt also Beispiele. Aber keine Armee kann ihr Land gegen die größte Gefahr schützen, die ihm droht: eine menschengemachte Klimakatastrophe.

Es ist unfair, James Watt in einen derart negativen Zusammenhang zu stellen und ihn auch noch mit den Niederlagen der Menschheit in Verbindung zu bringen. Er ist unser aller Vater. Wir verdanken ihm unser Leben: Er hackte Mutter Erde, klickte sich in ihr System ein, verlinkte uns mit der schwarzen unterirdischen Sonne und ließ uns schwarze Milch aus dem Erdinneren saugen. Wir fliegen hoch auf Millionen Jahre alter Fotosynthese, entkoppeln uns von den Jahreszeiten und leben im ewigen Sommer. Wir bekommen das ganze Jahr über frische Erdbeeren und kaufen Produkte, die darauf angelegt sind, schnell kaputtzugehen, damit die Nachfrage nach ihnen konstant bleibt. Die Erde hat lange stillgehalten, sie hat sich nicht provozieren lassen, aber jetzt rührt sie sich und versucht, uns abzuschütteln. Öl ist unser Leben. Es ist unser Tod.

Als ich fünfzehn war, befand sich das Wettrüsten der Supermächte auf dem Höhepunkt, und meine Generation hatte schreckliche Angst vor einem Atomkrieg. Ich dachte, ich müsste bald sterben. Waren diese Ängste unbegründet? Oder führten die Ängste einer ganzen Generation dazu, dass die Welt eben nicht unterging? Wenn wir uns die Effekte des verbrennenden Öls anschauen, dann können wir Oppenheimers Zitat aus der Bahgavad Gita auch auf uns anwenden: *Have we become Death, the destroyer of our world?*

Sind wir der Tod? Der Zerstörer unserer Welt?

## NOCH EIN PAAR WORTE

Wir müssen in den nächsten dreißig Jahren alle $CO_2$-Emissionen stoppen. Wenn uns das gelingt, könnten wir verhindern, dass die Erde, gemessen an der Durchschnittstemperatur in vorindustrieller Zeit, mehr als 1,5 Grad Celsius wärmer wird. Wie hoch ist die Wahrscheinlichkeit, dass die Menschheit sich auf ein Ziel einigt?

Ein Charakteristikum unserer Zeit ist der Kampf um Wörter, um die Macht, die Welt und die Wirtschaft zu definieren, um die Macht, Nachrichten zu formulieren und zu verbreiten. Bei diesem Kampf geht es darum, zu bestimmen, wie unsere Welt definiert wird. Wörter erschaffen die Realität, und der Besitz von Wörtern und Medien, um sie zu verbreiten, ist immens wichtig.

Kurz nach meinem Interview mit dem Dalai Lama wurde ich zu einem Literaturfestival nach China eingeladen. Auf dem Flug zwischen Chengdu und Peking, den Städten, die das Festival ausrichteten, schaute ich mir den Film *Social Network* über das Leben und den Aufstieg des Facebook-Gründers Mark Zuckerberg an. Es war ein merkwürdiges Gefühl, in einer Maschine einer staatlichen Fluglinie eines Landes, in dem Facebook verboten ist und Statusmeldungen oder »Daumen hoch«-Symbole als Bedrohung der Sicherheit gelten, einen Film über eine so selbstverständliche Sache wie Facebook anzuschauen. In einer Schlüsselszene des Films schreibt Zuckerbergs Freund mit einem Filzstift einen Algorithmus auf eine Fensterscheibe und erfindet schließlich den Like-Button, als ginge es um die Relativitätstheorie. Bis zu diesem Zeitpunkt war mir nicht klar gewesen, dass der Like-Button ein Geniestreich unserer Generation ist. Er hat unseren inneren Kern gespalten, indem er sich in das menschliche Ego gehackt und eine nie gekannte Energie freigesetzt hat.

Ich fand es bemerkenswert, dass Facebook in China verboten war, denn für mich war die Webseite eine Bastion der Freiheit. Mir war nicht bewusst, dass Facebook mich dazu verleitet hatte, alle möglichen Informationen über meine Hobbys und meine politischen Ansichten preiszugeben. Ich ließ Facebook meine Reisen und Lesevorlieben mitverfolgen und sogar Stichworte aus meinen Privatchats abhören. Zu allem Überfluss wurden diese Informationen wie auf einem Büfett-Tisch an den Meistbietenden verkauft. Meine Präsenz auf Facebook untergrub meine Mediennutzung und meine literarische Kreativität. Ich teilte Nachrichten, die mich glücklich oder wütend machten, und das Programm förderte mein Verhalten, indem es mir hauptsächlich Dinge zeigte, die diese Emotionen bestärkten. Ich lebte in einer Welt, in der die Wörter an der Oberfläche gewaltig waren, und erlaubte einem undurchsichtigen System, mein Verhalten zu analysieren, damit Firmen mir Dinge verkaufen konnten, von denen ich nicht gewusst hatte, dass ich sie brauchte. Oder noch schlimmer: Ich erlaubte undurchsichtigen Akteuren, Meinungsmache zu betreiben.

In China wurde die öffentliche Meinung so offensichtlich durch ein System gesteuert, dass man Gefahr lief, die Freiheit in unserer eigenen Welt zu überschätzen. Als Island 2019 den Vorsitz im Arktischen Rat übernahm, stellten die USA sich gegen eine Formulierung in einem Bericht über den Einfluss des Klimawandels. Die amerikanische Regierung verfolgt offiziell den Kurs, den Klimawandel zu leugnen und Verweise auf Wörter aus diesem Bereich aus offiziellen Unterlagen und von Webseiten öffentlicher Institutionen zu entfernen. US-Außenminister Pompeo sprach vom Schmelzen der Pole als »neue Geschäftsmöglichkeiten«: Schifffahrtsrouten könnten um bis zu zwanzig Tage verkürzt werden.[61] Man leugnet den Klimawandel und bejubelt gleichzeitig den Profit, den man durch diese rasanten Veränderungen erzielen würde.

Die weltweiten Erdölgewinne betragen um die sechshundert

Milliarden Isländische Kronen pro Tag. Um ihre Interessen zu verteidigen, führt die Ölindustrie seit über dreißig Jahren einen Propagandakrieg gegen die Klimaforschung. Ölfirmen kaufen Politiker und veranstalten »Denkfabriken«, um die Öffentlichkeit in die Irre zu führen – wobei sie dieselben Methoden anwenden wie diejenigen, die die Schädlichkeit des Rauchens bezweifeln. Verwirrende Informationen und falsche Fakten werden systematisch in Umlauf gebracht, nicht ohne Erfolg. Ein Präsident, der wissenschaftliche Fakten bestreitet, ist in den USA an der Macht. Durch das Verbreiten von Skepsis und Irrglaube bei Klimathemen wird die Debatte gezielt verschleiert und ausgebremst.[62]

Die Leute streiten sich über Formulierungen, darüber, wer die Realität in den Medien erschaffen darf und wer weiß, ob die Wörter, die Gedanken und Meinungen formen, dem Individuum oder anderen Interessen dienen. Manchmal werden bestimmte Wörter »ausgeschaltet« und finden kein Gehör. In einem neuen Bericht der U. S. Energy Information Administration (EIA) gibt es eine Prognose über die Entwicklung des amerikanischen Energiesektors bis zum Jahr 2050. In diesem Bericht kommen weder die Begriffe »global warming« und »climate change« vor, noch werden die Ergebnisse des Zwischenstaatlichen Ausschusses für Klimaänderungen der Vereinten Nationen (IPCC) diskutiert, die fordern, alle Emissionen vor 2050 einzustellen. Stattdessen geht man davon aus, dass Kraftfahrzeuge 2050 größtenteils benzinbetrieben und die USA 2020 eine Exportnation für Öl und Gas sein werden.[63] Das Phänomen »globale Erwärmung« wurde systematisch aus allen offiziellen Schriftstücken des Weißen Hauses entfernt, ebenso wie von den meisten staatlichen Websites und Informationsseiten über Klimathemen in den USA.[64] Die Profiteure der Ölindustrie haben sich Facebook und Fake News zunutze gemacht, um eine Nation zu lähmen, die stets als Hüterin der Freiheit und Aufklärung galt. Wir rasen mit Vollgas auf den Abgrund zu, und anstatt zu bremsen, treten wir das Gaspedal durch und entfernen den Tacho. Oder wie George Orwell es formulierte: Unwissenheit ist Stärke.

Das, was der Dalai Lama mir gesagt hat, darf in China niemand hören. Wer in Tibet mit einem Bild oder einer Schrift von ihm erwischt wird, kommt ins Gefängnis. In Peking unterhielt ich mich mit einem Mann über die Ereignisse auf dem Platz des Himmlischen Friedens im Jahr 1989. Er beschrieb die Hoffnung, die damals entflammt war, und das Blutbad, als die Proteste brutal niedergeschlagen wurden. Als ich einen anderen Mann, der nicht vor Ort gewesen war, darauf ansprach, versicherte er mir, bei den Protesten sei es nur um die Unzufriedenheit mit den Studiengebühren gegangen. Die Studenten hätten auf dem Platz gezeltet, aber da es dort keine öffentlichen Toiletten gibt, sei die Polizei gekommen und hätte die Demonstranten gebeten, wieder zu gehen – und sie seien gegangen.

»Und da ist niemand gestorben?«, fragte ich.

»Nein, es ist niemand gestorben.«

Ich fragte eine junge Chinesin nach der Situation in Tibet, und sie erklärte mir die Sache ausführlich: Die Tibeter würden unterdrückt und geknechtet und lebten in einer religiösen Diktatur. Sie fragte mich, ob ich gern in einem Land leben würde, das von einem mittelalterlichen Papst oder Geistlichen regiert würde, so wie im Iran. Das konnte ich natürlich nicht bejahen. Außerdem wollte ich mich lieber nicht auf eine Diskussion über Demokratie einlassen, denn unsere eigene Demokratie befand sich zu diesem Zeitpunkt in einem kritischen Zustand. Mir war bewusst, dass mir ein bestimmtes Weltbild eingeimpft worden war. Mein China-Bild bestand aus einer Mischung aus fernöstlicher Exotik, Kalter-Krieg-Propaganda und einer alten, tief verwurzelten Abneigung gegen China. Aber es war auch von multinationalen Großkonzernen geprägt, die Menschenrechte und Umweltschutz vernachlässigen, um möglichst billige Waren zu produzieren.

Das Erste, was ich am Pekinger Flughafen sah, war ein schwarzer Range Rover, der mir einen Schauer über den Rücken jagte, denn diese Fahrzeuge waren in Island die Symbole des Bankencrashs. In China, das noch vor wenigen Jahrzehnten bettelarm gewesen war, standen an jeder Ecke benzinfressende Luxuskarossen. Der größte Bauboom der Menschheit war in vollem Gange, überall Kräne und Wolkenkratzer, die in den grauen Smogwolken verschwanden.

Dennoch konnte ich mir vorstellen, länger in China zu bleiben. Ich fand das Land ausgesprochen freundlich und schön. In den öffentlichen Parks blühten Kirschbäume und alte Frauen machten Qigong-Übungen, während andere Grüppchen Gesellschaftstänze übten. Die Chinesen, denen ich begegnete, waren angenehm salopp, ähnlich wie meine Landsleute.

Wir fuhren in ein Bergdorf im Kreis Huidong, und am Abend erklang Musik aus den Lautsprechern und die Bewohner tanzten auf dem Dorfplatz einen Kreistanz, was mich ein bisschen an das Volksfest Ólafsvaka auf den Färöer Inseln erinnerte. Das Dorf war ziemlich modern, und wir besuchten ein Museum über die Yu, eine Volksgruppe, die in einer Art Runenalphabet geschrieben, Ringkämpfe veranstaltet und Schafe verehrt hatte. Alles sehr vertraut. Ich besuchte eine Schule und las den Kindern vor, und sie lasen mir im Chor vor. Das war sehr schön, die Kinder waren fröhlich. Ich erfuhr, dass die meisten bei ihren Großeltern lebten, während ihre Eltern in Fabriken in den Städten arbeiteten. Im Dorf sah ich Kinder mit neuen Fahrrädern und Tüten mit Süßigkeiten. Die Atmosphäre war geprägt vom neu gewonnenen Wohlstand. Die meisten Kinder waren Einzelkinder, und es war seltsam, sich vorzustellen, dass es ein ganzes Land gab, in dem die Wörter Bruder und Schwester kaum existierten.

Wir quälten uns durch den dichten Verkehr in Chengdu und fuhren über eine der größten Straßenüberführungen, die ich je gesehen hatte, ein gigantisches Bauwerk, genau dort, wo vorher der historische Stadtkern gewesen war. Ich hatte gehofft, China würde zweihundert Jahre in die Zukunft denken. Doch es schien so, als würden die Chinesen sämtliche Fehler des 20. Jahrhunderts in einem noch größeren Umfang wiederholen, indem sie eine Wegwerfgesellschaft erzeugen, die dazu verurteilt ist, sich in alle Naturreservate und Krokodilgebiete hineinzufressen, die es noch auf der Erde gibt. Die Wohnblöcke, die in den Himmel wuchsen, schienen eher entworfen worden zu sein, um den Interessen der Bauunternehmer zu dienen, als den Menschen, die sie einmal bewohnen sollten. Auf dem Flughafen unterhielt ich mich mit einem Mann von einer Firma, die U-Bahnen baut, und fragte ihn nach Chengdu – warum es in der Stadt so viel Verkehr und so große Schnellstraßen, aber kein gutes U-Bahn-Netz gebe.

»Die Chinesen sind auch nur Menschen«, antwortete er. »Bauunternehmer und große Ingenieurbüros, die in den westlichen Ländern keine Straßenüberführungen mehr bauen dürfen, haben China ins Visier genommen, zusammen mit Vertretern der Autoindustrie. Hier ist *Potenzial*. Produzenten westlicher Luxusgüter sehen in China einen neuen Markt. In Chengdu gibt es mehr Lamborghinis als in Europa.«

Der chinesische Bauboom verschlang 2010 die Hälfte der weltweiten Rohstoffproduktion. Das Kárahnjúkar-Kraftwerk wurde auch deshalb in Rekordzeit gebaut, um diese Nachfrage zu erfüllen, dafür nahm man in Kauf, dass die stillegeschwängerte Kosmosweite in Kringilsárrani unterging. China hat seit 2004 in jeweils drei Jahren mehr Zement verbraucht als die USA im gesamten 20. Jahrhundert – eine Statistik, die man sich kaum vorstellen kann. Wir fuhren ewig lange an halbfertigen Häusern vorbei, Block für Block für Block, vierzig Stockwerke hohe Türme, die auf den Ruinen der historischen Pekinger Viertel standen. Der Fahrer erzählte uns, die Wohnungen standen leer. Die Leute würden sie als Investition kaufen, aber lieber nicht vermieten, weil die Miete zu niedrig sei, und eine nagelneue Wohnung lasse sich nun mal leichter weiterverkaufen als eine »benutzte«. Hundert Quadratmeter große Sparbücher. Nach Schätzungen standen in China 2018 etwa fünfzig Millionen Wohnungen leer.[65]

Genug, um alle Einwohner Deutschlands und Frankreichs unterzubringen.

In Peking fuhren wir durch ein Wohngebiet, das sich noch im Bau befand, mit einem Shoppingcenter im Disney-Stil mit McDonalds und Pizza Hut. Das Logo für das Neubaugebiet zeigte ein Kind, das mit einer Geige in der Hand auf einem kleinen Steg stand, der in einen See ragte. Die einzelnen Viertel hießen La Grande Villa, Palm Beach und Shadow Lake – der Traum vom Einfamilienhaus am Wasser, Luxusvillen im Las-Vegas- und Dubai-Stil inmitten von vierzigstöckigen Wolkenkratzern. Die Shadow-Lake-Villen lagen in der Mitte, umgeben von Golfplätzen und Teichen, und waren eigens erbaut, um den Immobilienwert der Wohnungen in den umliegenden Hochhäusern zu steigern. Das Problematische an Häusern am See in Peking ist: Es handelt sich um eine der trockensten und am dichtesten besiedelten Gegenden Chinas, wo der Grundwasserspiegel ein bis drei Meter jährlich sinkt und die größte Wasserversorgungsanlage der Welt Wasser aus 1500 Kilometer Entfernung in die Stadt pumpt. Eine weitere Wasserleitung aus Tibet ist in Planung. Alles wirkte so, als hätte man nicht weiter gedacht als bis morgen. Ich hatte oft gehört, die kommunistische Regierung handele vernünftig und nachhaltig, aber hier schien die gute alte Gier die Triebkraft zu sein. Baufirmen zogen möglichst schnell Wohnblocks hoch, um mit dem Gewinn milliardenschwere Villen an künstlichen Seen zu erwerben.

Die gute Nachricht ist, dass es nirgendwo auf der Welt so viele Studenten der Natur- und Ingenieurswissenschaften gibt wie in China; hoffentlich wachen die Bevölkerung und die Partei auf, bevor die Situation untragbar wird. China ist jetzt schon Vorreiter in Photovoltaik und Windenergie, und vielleicht kann die Welt erst gerettet werden, wenn die Chinesen etwas Grünes auf die Beine stellen, das sich mit den Dimensionen der Chinesischen Mauer vergleichen lässt. Eine Milliarde Bäume zu pflanzen dauert nur einen Augenblick, wenn alle Chinesen mit anpacken.

Vielleicht wird es eines Tages sechzig Millionen Windräder zu viel im Land geben.

Wissenschaftler sagen, dass sich die globale Wirtschaft in den nächsten paar Jahren ändern muss, um eine Erderwärmung von zwei, drei oder sogar vier Grad Celsius zu verhindern. Die Vorstellung, dass die Menschheit sich hinter einer Idee versammelt, liegt wohl nirgends so fern wie in Israel, wo Ereignisse aus grauer Vorzeit und Texte in alten Handschriften die Menschen in unvereinbare Gruppen und Allianzen spaltet. Bei einem Dokumentarfilmfestival in Tel Aviv lernte ich einen jungen Mann und eine junge Frau kennen, die mir die Stadt zeigten. Ein großer Teil war im Stil des Funktionalismus gebaut, von Architekten, die zur selben Zeit studiert hatten wie Gunnlaugur Halldórsson, der die Arbeiterwohnung in der Ásvallagata entworfen hatte, in die mein Großvater seinerzeit gezogen war. Während wir uns unterhielten, erwähnten die beiden, dass sie unpolitisch seien. Im selben Moment flogen fünf Militärhubschrauber über unsere Köpfe hinweg in Richtung Palästina. Ich fragte mich, was es bedeutete, an einem solchen Ort zu leben und zu behaupten, man habe keine Meinung. Womöglich war es das Radikalste überhaupt, unpolitisch zu sein.

Ich fuhr nach Jerusalem und ging die Via Dolorosa hinauf. Dabei versuchte ich, mir die Geschichten aus der Bibel ins Gedächtnis zu rufen, und fühlte mich ziemlich respektlos, weil ich einfach nur als Tourist hergekommen war. Eigentlich hätte ich mich mental darauf vorbereiten sollen, über die Straße zu laufen, auf der Jesus das Kreuz auf den Hügel Golgatha getragen hatte. Ich versuchte, an die Leiden Jesu zu denken, während mein Blick über die Schaufensterauslagen der Andenkenläden entlang der Straße wanderte.

Direkt an der Via Dolorosa befindet sich die Klagemauer, das Einzige, was noch von dem Tempel übrig ist, der sechzig Jahre nach Christus zerstört wurde. Mir war nicht klar gewesen, dass die Klagemauer eigentlich ein altes Podest für den Tempel war;

dort, wo einst der Tempel stand, ist heute der Felsendom, der als eine der drei heiligsten Stätten des Islam gilt.

Ich kannte diese Orte aus Zeitungen und Büchern, hatte mir aber vorher nicht bewusst gemacht, um welch einen zentralen Punkt es sich handelt. Die Erdoberfläche misst 510 Millionen Quadratkilometer, und der heiligste Ort der Christen und Juden und einer der drei heiligsten Orte der Moslems befinden sich auf ein und demselben Quadratkilometer. Er ist das religiöse Zentrum für vier Milliarden Menschen, die sich wiederum in Glaubensgemeinschaften aufteilen, die nach der Meinung vieler nichts miteinander gemein haben. Jeder interpretiert die Worte auf seine Art, so ist es seit vielen Hunderten oder Tausenden von Jahren. Selbst die Kirche auf dem Hügel Golgatha wird von fünf oder sechs Religionsgemeinschaften geteilt, und die Frage, wer auf dem Tempelberg das Sagen hat, führt zu ständigen Spannungen.

Sieht man jedoch einmal von Religion und Politik ab, so scheinen die Menschen doch in vielen anderen Dingen übereinzustimmen. Sie laufen in den gleichen Nike-Schuhen durch die Gegend. Sie tragen die gleichen Samsung-Handys mit sich herum, haben im Wohnzimmer die gleichen Sony-Fernseher stehen, über deren Bildschirme die gleichen Filme flimmern. Sie benutzen die gleichen Rührmaschinen, vermessen das Universum mit denselben Maßen, haben dieselbe Musik im Ohr, rasen in den gleichen Airbus-Maschinen und Daimler-Bussen durch die Welt, essen Pizza und Hummus beim Fußball, das nach ein und derselben internationalen Regel gespielt wird. Vielleicht ist es ja möglich, unser momentanes Energiesystem und unsere materielle Realität zu verändern, selbst wenn wir uns weiter in politische Parteien, Religionsgemeinschaften und Fußballfangemeinden aufspalten.

Die von den Reisegefährten meiner Großeltern damals durchgeführten Messungen ermöglichen es heute Experten an vielen großen Universitäten der Welt, auszurechnen, wie sich die Gletscher in Zukunft entwickeln werden. Naturwissenschaftler formulieren die Situation inzwischen sehr deutlich: Wir müssen den Ausstoß von Treibhausgasen reduzieren, sonst wird es für die Erde übel ausgehen. An denselben Universitäten lenken Wirtschaftswissenschaftler, Marketingexperten und Ingenieure die Weltproduktion in die entgegengesetzte Richtung. Sie prognostizieren Wachstum und Konsumsteigerung unter positiven Vorzeichen. In dem einen Universitätsgebäude werden die ernsten Folgen von endlosem Wachstum auf einem endlichen Planeten berechnet, während in einem anderen Gebäude derselben Institution Wissen vermittelt wird, das genau die entgegengesetzte Absicht verfolgt.

Die Aluminiumindustrie, eine der energieintensivsten Industrien der Welt, setzte sich das Ziel, die weltweite Produktion von 1998 bis 2020 zu verdreifachen. Dabei wusste bereits 1998 jeder, dass die Fundamente unserer Ökosysteme wackelten. 2005, als die weltweite Aluminiumproduktion 32 Millionen Tonnen jährlich betrug, war es offensichtlich, dass die Menschen der Erde zu stark zugesetzt hatten. Und welchen Kurs schlug man nun ein? Man beschloss, innerhalb von fünfzehn Jahren etwas zu verdoppeln, das die Erde in den letzten hundert Jahren stark in Mitleidenschaft gezogen hatte. Dieses Wachstum fordert gigantische Naturopfer, und das Gebiet, in dem Helgi Valtýsson die stillegeschwängerte Kosmosweite Gottes fand, ist eines davon. Die Alcoa-Aluminiumschmelze, für die man Kringilsárrani flutete, produziert 340 000 Tonnen Aluminium jährlich. Die stillegeschwängerte Kosmosweite liefert 0,5 Prozent der weltweiten Aluminiumproduktion von sechzig Millionen Tonnen.

Die Aluminiumindustrie stößt weltweit durchschnittlich etwa acht $CO_2$-Äquivalente pro Tonne produziertes Aluminium aus, das macht etwa fünfhundert Millionen Tonnen jährlich, ungefähr zwei Prozent der weltweiten Emissionen. Die weltweite Stahlproduktion ist seit 1990 um eine Milliarde Tonnen angewachsen. Dabei werden für jede Tonne Stahl etwa zwei Tonnen $CO_2$ ausgestoßen. In den letzten Jahren ist die Weltproduktion in allen Bereichen gestiegen, das gilt auch für die Kunststoffindustrie, die Papierindustrie, die Textilindustrie, die Autoindustrie, den Energiesektor in seiner Gesamtheit, die Bauindustrie und die Fleischproduktion, um nur einige zu nennen.[66]

Es hat den Anschein, als wären diejenigen, die die Welt über Geld, Industrie und Produktionskapazitäten definieren, davon verschont geblieben, sich ein Verständnis für Biologie, Geologie oder Ökologie anzueignen. Sie berechnen ihre Konjunkturdaten und sind optimistisch. Alles, was für die Erde tödlich und für die Zukunft nicht nachhaltig ist, verpacken sie in Phrasen wie *positive Signale für die Wirtschaft*. Gesteigerte Erdölförderung und Verdoppelung der Aluminiumproduktion sind positiv für die Wirtschaft. Wirtschaftswachstum macht keinen Unterschied zwischen nachhaltig und nicht nachhaltig. Das ist so, als würde es keinen Unterschied machen, ob wir stärker oder nur fetter werden, oder zwischen dem Wachstum eines Babys im Mutterleib und dem Wachstum eines Tumors. Wachstum ist immer gut, und es gibt keinen Unterschied zwischen bösartigem und gutartigem Wirtschaftswachstum.

In Island gilt es als positives Signal, wenn die Zahlen für den Autoimport steigen. 2014 wurde eine Straße durch das Lavafeld Gálgahraun gebaut, das der berühmte isländische Maler Kjarval in seinen Gemälden verewigt hat. Man rechnete mit einer Verkehrszunahme von 4000 auf 20 000 Autos pro Tag. Diese Prognose nahm man einfach so hin, in einem Land, in dem die Gletscher schneller als überall sonst auf der Welt schmelzen. Warum sollen die aufstrebenden Ökonomien in China oder Indien aus den Fehlern der westlichen Länder lernen, solange wir uns nicht an wissenschaftlichen Fakten orientieren, die Grundlage für wichtige Entscheidungen über unsere Zukunft sein müssten?

Mit dem Wunschbild vor Augen scheint man die Fehler in einem noch größeren Umfang zu wiederholen.

Als Guðrún und Valur, die Geschwister meiner Großmutter, geboren wurden, rief man einen Pfarrer anstatt eines Arztes, und sie starben. Jetzt, wo die Erde in Gefahr ist, soll man da einen Ökonomen oder einen Ökologen rufen?

## DAS MEER SO BLAU

*»Die berserkerhafte Brandung zu beschreiben übersteigt mein Vermögen. Die Wörter scheinen mir kraftlos zu Boden zu fallen wie kleine Vögel mit gebrochenen Schwingen.«*
Jón Trausti

Wann kennt man das Meer? Ich habe das Gefühl, es nicht zu kennen, dabei lebe ich auf einem Planeten, dessen Oberfläche zu siebzig Prozent aus Meer besteht, und auf einer Insel, die vom stürmischen Ozean umgeben ist. Unter meinen Vorfahren gab es einige Seemänner, Opa Jón arbeitete auf einem Küstenwachschiff und Opa Björn auf einem Heringskutter, aber ich bin nie zur See gefahren. Ich habe zweimal im Sommer an Segelkursen teilgenommen und mit vierzehn in den Sommerferien in der Krabbenverarbeitung gejobbt. Nordische Seespinnen, eine Krabbenart, wurden in großen Bottichen lebend an Land gebracht, gekocht und entbeint, damit man das bräunliche Fleisch herausquetschen konnte. Wir pulten die Schale vom Rumpf, spülten Kiemen und Eingeweide mit Wasser ab und zermatschten den Rumpf zu weißem Hack. Außerdem habe ich mal Kabeljau aus dem Breiðafjörður gefischt, als wir mit Freunden auf der Insel Flatey waren. Als wir den Fisch ausnahmen, war sein Magen voller Seespinnen. Ich konnte den Experten spielen und erklären, dass die männlichen Tiere einen dreieckigen Hinterleib haben, während er bei den weiblichen Tieren größer und runder ist, damit die befruchteten Eier genug Platz haben.

Island ist 103 000 Quadratkilometer groß, die isländischen Hoheitsgewässer sind jedoch viel größer und bilden eine 200-Seemeilen-Zone von insgesamt 758 000 Quadratkilometern. Somit kann man sagen, dass Island zu 87 Prozent aus Meer besteht. Als ich einmal ein Buch über die Fische Islands las, war ich überrascht, wie wenige Arten ich kannte. In meiner Kindheit mussten wir die Namen der wichtigsten Berge lernen, aber die Tiefen des Meeres kamen im Schulunterricht kaum vor. Das isländische Bildungssystem legt keinen großen Wert auf marine Ökosysteme, wahrscheinlich wurde es nach dänischem Vorbild konzipiert, als Island noch eine Schutzzone von vier Seemeilen hatte. Bei einem beliebten TV-Wissensquiz, bei dem fortführende Schulen gegeneinander antreten, gab es letztens eine Fischfrage. Es wurden Bilder von Schellfisch, Seewolf, Kabeljau und Rotbarsch gezeigt, und die klugsten Schüler des Landes kannten die gängigsten Speisefische nicht, obwohl wir Tausende Tonnen von ihnen exportieren. Schellfisch kommt filetiert auf den Tisch, sodass die Kinder den Fleck und den schwarzen Streifen gar nicht sehen. Sie hören nicht mehr die Geschichte, wie der Teufel versuchte, den Schellfisch zu fangen, und einen Fingerabdruck und Kratzspuren auf seiner Haut hinterließ, als der Fisch sich freizappelte.

Wenn man an all die Fische denkt, die im Ozean rund um Island leben, an die dämonisch anmutenden Tiefseefische, die Seehunde, die Delphine, die Schweinswale, die Kapelan-Schwärme und die Wale, die größten Lebewesen der Welt, dann müssten sich doch alle isländischen Kinder für das Meer begeistern. Jedes zehnjährige Kind müsste davon träumen, Meeresbiologe oder Meeresbiologin zu werden, denn ein großer Teil der Tiefsee ist noch unerforscht und unkartiert. Doch wir sind fast mit einer Abneigung gegenüber dem Meer aufgewachsen, Abneigung gegenüber Walen, die uns »alles wegfressen«, und Seehunden, die abgeschossen werden, sobald sie sich in der Nähe von Flussmündungen blicken lassen, weil die Lachsfischer ihre Interessen wahren möchten.

Von dort, wo ich wohne, kann ich das Meer nicht jeden Tag sehen, aber die Sommer verbringen wir auf der Halbinsel Melrakkaslétta, wo wir einen kleinen verlassenen Bauernhof besitzen. Wir merkten schnell, wie viele Verbindungen ein einzelner Strand mit der großen weiten Welt hat. Die Küstenseeschwalben brüten zwischen Treibholz aus Sibirien; eine Seemine aus dem Zweiten Weltkrieg, ein rostiges Ölfass mit Wehrmacht-Aufdruck und eine russische Lauschboje aus dem Kalten Krieg liegen herum. Ein Küstenseeschwalbenjunges schlüpft aus dem Ei und fliegt acht Wochen später nach Südamerika. Am Strand liegen ein Ajax-Kanister, eine braune Flasche mit einem undefinierbaren Gebräu, ein gut erhaltener rechter Schuh und ein an Land gespülter Arbeitshelm eines philippinischen Seemanns namens R. Marquez. Dadurch lernte ich, dass es auf den Philippinen eine spanische Namenstradition gibt.

Nicht weit von unserem Hof befindet sich ein Seehundplatz, wo die Tiere ihre Jungen zur Welt bringen und sich auf den Felsen sonnen. Meine Töchter singen ihnen lustige Lieder vor, und manchmal kommen zehn oder mehr Tiere zu einem Konzert zusammen. Von der Seehundbucht aus sieht man ab und zu Basstölpel vom Kap Rauðinúpur herüberfliegen – majestätische Geschöpfe, die dicht gedrängt auf steilen Felsklippen brüten. Mit dem Fernglas kann man beobachten, wie sie über dem Meer kreisen und sich dann urplötzlich wie Kampfjets ins Wasser stürzen. Von Ornithologen weiß ich, dass sie bis zu zwanzig Meter tief tauchen können.

Früher sammelte Oma Dísa auf der Kiesbank Eiderdaunen, während wir Kinder im Treibgut nach Schätzen suchten. Einmal fanden wir einen Puma-Fußball, auf dem der Name Jonatan mit einer Telefonnummer stand. Wir riefen bei der Nummer an, und es stellte sich heraus, dass der Fußball in 1300 Kilometer Entfernung in Sørvær, dem nördlichsten Dorf Norwegens, im Meer gelandet war. Er war ein Jahr unterwegs gewesen und in einem perfekten Zustand, sodass wir ihn mit der Post zurückschickten. Einmal fand ich eine Flaschenpost auf dem arktischen Zirkel beim Hof Rif. Sie stammte von einem Mann aus Oswestry in England. Sein Name war Andrew, mein Name ist Andri, und vor ein paar Jahren trafen wir uns am St. Andrew's Day. Im Film wäre daraus eine kitschige Liebesgeschichte geworden, aber in Wirklichkeit ist Andrew jetzt mein inoffizieller Manager auf den Britischen Inseln und hat dort Lesereisen für mich organisiert. Treibgut kann also immer noch kostbar sein.

Heute würde man sagen, der Strand ist voller Plastikmüll, aber für uns Kinder war das nie Abfall oder Umweltverschmutzung. Auf wundersame Weise verwandelte sich alles, was an Land gespült wurde, in etwas Natürliches, meistens zerbeult und verwittert, mit Seepocken und Tang überzogen. Doch das Plastik am Strand ist sichtbar und unschön und kann der Biosphäre erheblich schaden. Vögel und Fische verheddern sich in Resten von Netzen, und wenn Plastik zu Mikroplastik wird, kann es in die Nahrungskette gelangen. Müll ist in erster Linie ein Symbol für unsere Geringschätzung der Erde und zeigt, wie stark wir uns vom natürlichen Kreislauf abgekoppelt haben. Überreste und Tierkadaver waren immer Nahrung für andere Arten, aber wir sind die erste Art, die Reste hinterlässt, die giftig, nutzlos und gefährlich für die Natur sind.

Plastik treibt im Wasser, und dort, wo verschiedene Meeresströmungen aufeinandertreffen, bilden sich Müllteppiche. Der Müllteppich im Pazifik ist doppelt so groß wie die isländischen Hoheitsgewässer. Plastik verschmutzt zwar das Meer, verändert aber nicht dessen Beschaffenheit, weder die Temperatur noch den pH-Wert, den Salzgehalt, die Strömungsstärke oder die Häufigkeit von Orkanen. Auf alle diese Faktoren haben wir den größten und schlimmsten Einfluss durch die Verbrennung fossiler Brennstoffe, gleich einem mächtigen Wasserfall, der Tag für Tag kontinuierlich lodert und fließt. Diese Effekte sind weniger sichtbar als der Müll, der ins Auge sticht. Wir können das Problem nicht beheben, indem wir »aufräumen«.

In den reichsten Regionen der Erde hat der Lebensstil einen größeren Einfluss auf den pH-Wert und die Temperatur des Meeres als in den ärmeren Regionen. Dort, wo äußerlich alles sauber aussieht, ist die Situation am schlimmsten und der $CO_2$-Ausstoß pro Person am größten. Auf den Müllkippen der reichen Länder landen viel mehr Wertgegenstände als in ärmeren Ländern, wo der Dreck sichtbarer ist.

Als ich einmal mit dem Schiff von Norwegen nach Island fuhr, bekam ich ein Gefühl für die Entfernung und die Weite, die unsere Vorfahren überwinden mussten. Wenn ich über die Reling blickte, kam mir der Ozean vor wie ein zugeklapptes Buch, obwohl ich mich auf dem offenen Meer befand – eine raue, angsteinflößende Wasseroberfläche und darunter ein geheimnisvoller 3000 Meter tiefer Abgrund. An diese Reise auf dem Schiff von japanischen Friedensaktivisten erinnere ich mich oft. An Bord lernte ich Masaki Hironoka kennen, der mir von seiner Kindheit erzählte. Es war der 6. August 1945 und der fünf Jahre alte Junge spielte gerade draußen, als die Atombombe über Hiroshima explodierte und ein brauner Wind ihm die Füße wegriss. Er irrte durch die Ruinen auf der Suche nach seinem Vater und fand ihn schließlich zu Hause in der Dunkelheit. Sein Vater hatte in der Straßenbahn gesessen, als die Fensterscheibe geplatzt und in seinen Rücken geschmolzen war. Masaki sollte seinem Vater die Glassplitter mit einer Zange aus dem Rücken ziehen, traute es sich aber nicht zu und versteckte sich, bis sein Vater starb. Der alte Mann musste weinen, als er mir die Geschichte erzählte, aber er sprach darüber, weil er verhindern wollte, dass sich eine solche Tragödie wiederholte.

Nach zwei Tagen Überfahrt tauchte am Horizont eine Ölplattform auf. Der Anblick des Bauwerks in dieser gigantischen Weite auf offener See hatte etwas Surreales, und es war schwer zu verstehen, warum eine solche Bohrplattform eine Bedrohung für den mächtigen Ozean sein sollte, nicht durch einen Ölunfall, sondern durch ihren normalen professionellen Betrieb. Sie pumpte die schwarze Zauberflüssigkeit nach oben, die uns die Superkräfte verlieh, mit denen wir unser Schiff und die Flugzeuge antrieben, die über unseren Köpfen Streifen in den Himmel malten. Bei der Verbrennung von Erdöl, Erdgas und Kohle entsteht Kohlendioxid. Die Weltmeere haben früher etwa dreißig Prozent des von Menschen verursachten Kohlendioxids aufgenommen, in den letzten zehn Jahren waren es nur noch 23 Prozent. Etwas weniger als ein Drittel werden von Pflanzen aufgenommen und teilweise im Boden gespeichert, aber 44 Prozent verbleiben in der Atmosphäre. Dort absorbiert das Kohlendioxid Wärme, die sonst ins Weltall abgegeben werden würde, und trägt zur Erderwärmung bei. Das Kohlendioxid verschiebt das Energie-Gleichgewicht so, dass mehr Energie auf der Erde verbleibt. Die daraus erfolgende Erwärmung und Versauerung sind eine unmittelbare Bedrohung für das Meer. Die Ozeane nehmen etwa neunzig Prozent der Wärme auf, die mit der globalen Erwärmung einhergehen, und man schätzt, dass der Anstieg der Meerwärme pro Sekunde der freigesetzten Wärme von vier Hiroshima-Bomben entspricht.[67] Die Folgen dieser Erwärmung sind bereits an Korallenriffen in der ganzen Welt zu sehen.

Ich habe nur einmal ein Korallenriff erlebt, das Tobago-Cays-Korallenriff vor Union Island im Karibischen Meer. Man hatte mich eingeladen, auf der »Activ of London«, einem Dreimastschoner, von der Insel Trinidad vor Venezuela aus mitzusegeln. Der dänische Kapitän und Expeditionsleiter Jonas Bergsøe träumt davon, zusammen mit einer interdisziplinären Forschungsgemeinschaft aus Wissenschaftlern und Künstlern auf dem Schiff in entlegene Gebiete zu fahren. Das Schiff ist wie ein lebendiges Wesen, Jonas hält es am Leben, indem er möglichst viel damit segelt, denn sobald es liegt, beginnt es zu verrotten.

Segelschiffe haben etwas Archaisches mit ihren Baumwollsegeln, ihren Eichenplanken und ihren drei Masten, die aussehen wie riesige Bäume. Wir mussten das Deck wässern, damit es nicht einreißt, alle Taue haben einen Namen und einen Zweck und sind das Ergebnis von tausendjähriger Entwicklung und Erprobung. Vor circa hundert Jahren wurden die meisten

Schiffe auf der Welt noch mit Wind bewegt, die Menschen entdeckten durch sie neue Länder, betrieben Piraterie und Sklavenhandel. Jetzt umschwammen Delphine unser Schiff und spielten mit dem Bug.

Unser Plan war ursprünglich gewesen, den Orinoco in Venezuela hinaufzufahren. Ich wollte Forscher besuchen, die mit John Thorbjarnarson an der Rettung von Krokodilen gearbeitet hatten, aber die politische Lage war unsicher, und das Land stand am Rande eines Bürgerkriegs. Wer sich zu nah an die Küste heranwagte, lief Gefahr, von Piraten überfallen zu werden. Deshalb nahmen wir Kurs nach Norden, zu den Inseln und Schären, die zu St. Vincent und den Grenadinen gehören: Carriacou, Petit St. Vincent, Petite Martinique, Union Island und von dort zu den Tobago Cays. Auf dem Rückweg ging es nach Bequia und Tobago, und am Ende sollte in Chacachacare, einer verlassenen Insel zwischen Trinidad und Venezuela, geankert werden.

Nach einer Woche Fahrt erreichten wir kurz vor Einbruch der Dunkelheit die Tobago Cays, ein hufeisenförmiges Riff um fünf kleine, unbewohnte Inseln herum; die nächste Siedlung befindet sich auf Union Island.

Wir waren vorher schon einmal zu einem kleinen, weißen Sandriff gekommen, an dessen Brandungsseite sich etwas aufhäufte, das wie verbranntes Treibholz aussah. Bei genauerem Hinsehen entpuppte es sich als handgroße Korallenstücke, die bei einem Wirbelsturm an Land gespült worden waren. Die Korallenstücke ließen darauf schließen, dass sich direkt vor der Küste ein großes Korallenriff befand oder befunden hatte, aber ich kannte mich nicht gut genug aus, um hinzuschwimmen.

In Naturfilmen hatte ich Korallenriffe gesehen und stellte mir Korallen aus irgendeinem Grund als weiche, schwammartige Geschöpfe vor, dabei ähneln sie eher Seepocken oder Seeigeln. Korallen sind keine Pflanzen, sondern Nesseltiere, die in einer komplexen Gemeinschaft leben und aus dem Kalk im Meerwasser Kalkskelette bilden.

Dass Korallenstücke abbrechen und an Land gespült werden, gehört zum natürlichen Kreislauf. Korallenriffe bilden sich auf den Skeletten ihrer Vorfahren, Korallen werden an Land gespült, zerbröseln dort und werden zu schneeweißem Sand, der das Riff und die weißen Inseln umrandet, die die Küstenlinie vor den Wellen schützen. Die Stücke zeigten deutlich, welch ein beeindruckendes geologisches Phänomen Korallen mit ihrer Kalkbildung sind, denn der Kreislauf basiert auf dem Gleichgewicht von Tod und Erneuerung. Stärkere Orkane und steigende Meerestemperaturen haben das Gleichgewicht gestört. Die Korallenbleiche ist eine Reaktion der Tiere auf Stress und ungünstige Umweltbedingungen. Die Koralle trennt sich von Algen, mit denen sie in einer Symbiose gelebt hat, verliert dabei ihre Farbe, und ihre Zweige werden geisterweiß. Korallen können sich wieder erholen, aber mehrmalige Bleiche führt dazu, dass das Tier langsam verhungert und stirbt.

Wir ankerten vor dem Korallenriff und sahen, wie die Wellen überall an den äußeren Rändern des Riffs brachen. Das Wasser war strahlend blau und der Meeresboden weiß. Wir schwammen auf die nächstgelegene Insel zu und begegneten Schwärmen von exotischen Fischen. Ich wusste nicht, was mich nach den Meldungen über die massive Korallenbleiche der letzten Jahre erwarten würde.

Doch meine Sorge verschwand, als wir in eine Landschaft aus einer anderen Welt eintauchten. Da waren Felder von sogenannten Hirnkorallen, deren Oberfläche aussieht wie ein menschliches Gehirn oder ein Labyrinth, ihr wissenschaftlicher Name lautet *Diploria labyrinthiformis*. Sie können klein sein, wie faustgroße Gehirne, aber viele waren mehr als klafterbreit, grünbraun und gewölbt, wie große Moospolster. Ich musste sofort an das moosbewachsene Lavafeld Eldhraun im Süden Islands denken. Das Hirnkorallenfeld erstreckte sich, so weit das Auge reichte, und ich schwebte über ein Labyrinth nach dem anderen, wie in einem surrealistischen Traum. Dazwischen waren Geweihkorallen und Seefächer, und ich schwamm durch Schwärme von bunten Fischen. Aus dem Augenwinkel sah ich einen Stechrochen schlängelnd vorbeigleiten, und dann kamen ein kleiner Hai und ein paar drollige Clownfische, bis ich ein Stück tiefer zu einem weißen Sandboden mit grünem Seegras gelangte. Große weißgraue Seesterne lagen in regelmäßigen Abständen auf dem Grund, als hätten die Spiegelneuronen des Lebens den Himmel reflektiert.

Ich schwamm weiter und erblickte kurz darauf riesige Grüne Meeresschildkröten (*Chelonia mydas*). Wie grüne Kühe fraßen sie in aller Ruhe Seegras und stießen zwischendurch zum Luftholen an die Oberfläche, während ich über sie hinwegschwebte wie eine Wolke am Himmel. Eine Schildkröte glitt durchs Wasser, gefolgt von einem Schwarm seltsamer, länglicher Fische mit langen Schnauzen, und ich folgte ihnen durch ein Labyrinth aus verschieden geformten Korallen. Sie waren bunt und tasteten nach Nahrung. Da ich keinen Vergleich hatte, wusste ich nicht, ob ich hier nur noch den Schatten einer früher farbenfrohen und großen Unterwasserlandschaft sah, aber die Schönheit war dennoch vollkommen. Wie hypnotisiert stieg ich aus dem Wasser, setzte mich an den Strand und zog meine Schwimmflossen aus. Ganz in der Nähe hockten pechschwarze Seeschwalben kreischend auf einem Ast.

Kapitän Jonas erzählte uns, wie er mit zwanzig allein auf einer winzigen Nussschale über den Atlantik gesegelt war. Eines Nachts wachte er auf und beobachtete einen phosphoreszierenden Finnwal, der dem Schiff ein gutes Stück folgte, was wir kaum glauben konnten. Doch nach Sonnenuntergang, als der Himmel sternenhell war, bemerkten wir ein merkwürdiges Leuchten im Wasser. Ich blickte nach unten und sah, dass die hin und her flitzenden Fische phosphoreszierten, als wären sie radioaktiv. Als ich mit der Angel eine Linie ins Wasser zog, war es, als hätte ich ein Bild von unterseeischen Nordlichtern gemalt. Wir sprangen im Dunkeln ins Wasser, und um unsere Körper bildeten sich leuchtende, phosphoreszierende Hüllen: Das war Meeresleuchten, Biolumineszenz von *Noctiluca*, Licht erzeugenden Einzellern. Als ich die Hand hob, war meine Haut mit unzähligen winzigen selbstleuchtenden Punkten übersät.

Auf der Insel Petite Martinique trafen wir auf ein paar Männer, die Schalentiere aus riesigen Schneckenhäusern lösten und diese an der Flutlinie auf einen Haufen warfen.

»Where you from, man?«, fragte einer der Schneckentaucher.

»Iceland«, antwortete ich.

Er nahm ein großes weißes Schneckenhaus und gab es mir.

»Give this to Gylfi Sigurðsson, the football player!«

Das Dorf auf der Insel war heruntergekommen, aber auf der anderen Seite der Meerenge gab es Yachten und Luxusvillen. Der durchschnittliche Jahreslohn auf Petite Martinique hätte kaum für eine Nacht in einer solchen Villa gereicht. Die Einwohnerzahl war gesunken, die Leute suchten auf den größeren Inseln ihr Glück oder zogen nach Grenada, Großbritannien oder Amerika. Der Hauptarbeitszweig bestand darin, die Träume reicher Leute von einem Leben im Paradies zu erfüllen.

Wir gingen in Tobago an Land, der Regenwaldinsel und kleinen Schwester von Trinidad, die nur dreihundert Quadratkilometer misst, weniger als fünf Prozent der Fläche des Vatnajökull. Wir besuchten die winzige Bucht Englishman's Bay, wo an einem halbmondförmigen Sandstrand eine kleine Hütte stand und Unmengen von Pelikanen auf dem Wasser schwammen. Über ihre Köpfe flogen Prachtfregattvögel, tiefschwarz mit gegabelten Schwanzfedern, wie mondäne Ausgaben der Küstenseeschwalbe – und sie heißen ja auch »Magnificent Frigatebird« (*Fregata magnificens*). Die Vögel tauchten elegant ins Wasser und kamen mit Nahrung wieder heraus, die es dort in großen Mengen zu geben schien. Vorsichtig wateten wir ins Meer, doch die Vögel blieben gelassen. Mit meiner Taucherbrille erspähte ich einen silbern glitzernden Schwarm kleiner Fische, die aussahen wie Sardinen oder Kapelane. Der Schwarm formte eine große Schleife, einen glänzenden Strudel im Meer. Ich tauchte durch den Silberstrudel und stieß direkt neben einem Pelikan (*Pelecanus occidentalis*) an die Wasseroberfläche. Er hatte einen strubbeligen grauen Kopf und ein archaisches Äußeres und schien mich gar nicht zu bemerken. Ich warf ihm einen kleinen Fisch zu, den er sofort hinunterschlang. Das Gesicht des Pelikans und die Flügelform des Fregattvogels, die an uralte Flugsaurier erinnerte, waren faszinierend und zeitlos, aber der Pelikan lebt ja auch schon seit vierzig Millionen Jahren auf der Erde.

Warmwasserkorallenriffe gibt es zwischen dem dreißigsten Grad nördlicher und dem dreißigsten Grad südlicher Breite an vielen Orten auf der Welt. Korallenriffe beherbergen ein vielfältiges Tierleben. Etwa 25 Prozent der marinen Arten findet man dort, weshalb Korallenriffe manchmal auch Regenwälder des Ozeans genannt werden. Ihre Gesamtfläche ist gemessen an der Größe des Ozeans klein, sie beträgt weniger als 0,1 Prozent. Das größte Korallenriff der Welt, das Great Barrier Reef vor der Küste von Queensland in Australien, besteht aus einer Kette unzähliger Korallenriffe mit einer Länge von über 2000 Kilometern und einer Breite von 200 Kilometern – eines der schönsten Juwelen des Ozeans mit einer weltweit einmaligen Artenvielfalt. Das Great Barrier Reef war 2016 und 2017 von einer starken Korallenbleiche betroffen, bei der große Flächen fast zu Wüsten wurden.[68] Korallen vermehren sich äußerst langsam, und ihre Erneuerung ist vielerorts um neunzig Prozent zurückgegangen.

Kaltwasserkorallenriffe sind weniger bekannt. Bei Korallen denken wir meistens an Palmen, aber vor der Südküste Islands gibt es Kaltwasser- und Tiefseekorallen. Biologen, die diese Korallenriffe untersucht haben, schwärmen von ihrer Vielfalt, als käme man von einer Wüste in einen Obstgarten. Seeleute berichteten früher von riesigen Zweigen in ihren Schleppnetzen, als hätten sie mit ihren Schiffen einen Unterwasserwald durchquert, und so wurde das üppigste Korallengebiet denn auch »der Rosengarten« genannt. Leider wurde ein Großteil der isländischen

Korallenriffe im 20. Jahrhundert durch unvernünftige Fangtechniken zerstört – symbolisch für eine Zeit, in der die Technik und die Stärke des Menschen seinem Wissen über die Natur weit voraus waren.

Korallenriffe reagieren empfindlich auf Störungen, Überfischung und Abwässer von Städten, Landwirtschaft und Mülldeponien. Ölverschmutzung und Inhaltsstoffe von Sonnencremes können ihnen schaden. Im Meer gibt es, genau wie an Land, Hitzewellen, und die haben innerhalb kürzester Zeit immensen Schaden angerichtet. Waldbrände und immer häufiger auftretende Orkane verstärken die Problematik. Steigende Temperaturen, sinkender pH-Wert und weniger Sauerstoff bringen Korallenriffe an ihre Belastungsgrenze, wobei heute alle diese Belastungen gleichzeitig auftreten. Genau wie die Gletscher sind Korallenriffe im Lauf der Jahrhunderte an manchen Orten gewachsen und an anderen abgestorben, doch heute müssen alle Korallenriffe der Welt gleichzeitig um ihre Existenz kämpfen. Man geht davon aus, dass 99 Prozent des größten japanischen Korallenriffs vor der Küste Okinawas von Bleiche betroffen war und jetzt nur noch ein Prozent des Riffs intakt ist. Die wichtigsten Informationen über den Konzentrationsverlauf von $CO_2$ in der Erdatmosphäre liefern uns Keelings kontinuierliche Messungen am Mauna Loa auf Hawaii, die bis ins Jahr 1958 zurückreichen, die sogenannte Keeling-Kurve. Die Messungen des Meereswissenschaftlers Jón Ólafsson, die in den Tiefen nördlich von Island gemacht wurden, reichen bis ins Jahr 1984 zurück. Es handelt sich um die zweitlängste Messreihe über den pH-Wert des Ozeans. Man sprach zwar damals noch nicht von der Ólafsson-Kurve, aber die Messungen zeigten deutliche und rapide Veränderungen von pH-Wert und Kalksättigung des Meerwassers.[69]

Lange hielt man es für positiv, dass der Ozean möglichst viel Kohlendioxid aufnahm, um die Erwärmung der Erdatmosphäre einzudämmen. Und wie bereits erwähnt, hat das Meer früher tatsächlich dreißig Prozent unseres $CO_2$-Ausstoßes absorbiert.

Inzwischen hat sich jedoch herausgestellt, dass dieses Kohlendioxid ebenso wenig verschwindet wie das $CO_2$ in der Luft. Mehr Kohlendioxid führt zu einer Versauerung des Ozeans, und bereits jetzt ist der pH-Wert des Meerwassers im Durchschnitt um 0,1 gefallen.

Was uns zur Sprache zurückführt. Der pH-Wert ist ein logarithmisches Maß, aber wir sind es gewohnt, linear in Kilometern, Gramm, Jahren und Grad zu denken. Ein logarithmisches Maß, bei dem jede weitere Einheit die Multiplikation mit zehn bedeutet, liegt uns nicht. Wenn Milch mit einem logarithmischen Maß bemessen würde – nennen wir es MUH –, dann wäre ein Liter Milch ein MUH, aber zehn Liter Milch wären zwei MUH und hundert Liter Milch drei MUH. Mit einem solchen Maß käme man schnell durcheinander und würde drei MUH Milch (hundert Liter) bestellen, anstatt 1,48 MUH Milch (drei Liter). Ein logarithmisches Maß ist etwas für Leute mit einem mathematischen Gehirn, aber für normale Menschen eher unpraktisch.

Wenn wir hören, dass der pH-Wert des Meerwassers von 8,1 auf 7,8 sinkt, kommt uns das nicht viel vor – 0,3 ist eine verschwindend geringe Zahl in Euro, Prozent, Metern und Jahren, selbst in Millionen Dollar ist 0,3 keine Riesensumme. 0,3 liegt bei den meisten Berechnungen innerhalb der Fehlermarge. Ein Kind mit 0,3 Grad Celsius Fieber wird in die Schule geschickt. Wenn man 0,3 auf eine ganze Zahl rundet, bekommt man 0. Ein logarithmisches Maß ist bei einem wichtigen Thema wie diesem wie eine Sprache ohne Adjektive. Das menschliche Blut hat beispielsweise einen bestimmten pH-Wert, der sich zwischen 7,35 und 7,45 bewegt. Bei höheren oder niedrigeren Werten wird der Mensch ernsthaft krank. Geht der Wert über diesen Referenzbereich hinaus, kann es zu Organversagen und Tod kommen. Für viele Tierarten ist der pH-Wert des Meerwassers genauso wichtig wie der pH-Wert des Blutes für unseren Körper. Tatsächlich ist die Veränderung, die diesen 0,3 pH zugrunde liegt, so ernst, dass die Adjektive in Großbuchstaben, Fettschrift und mit zwanzig

Emojis geschrieben werden müssten. 0,3 ist ein weiteres schwarzes Loch.

Eine Folge der Versauerung ist, dass sich die Kalksättigung des Wassers verringert und das Meer untersättigt wird. Einfach ausgedrückt könnte man sagen, dass ein übersättigtes Meer reich an Kalk ist, dieser Rohstoff demnach Lebewesen zur Verfügung steht, die Kalk benötigen – oder Aragonit, wie der Baustoff heißt, aus dem die Schalen der meisten Schalentiere bestehen.[70] Ein übersättigtes Meer versucht also, Kalk abzugeben, während ein untersättigtes Meer Kalk aufnimmt und dabei Muscheln und Korallenriffe auflöst. Faktisch kann man von grundlegenden Veränderungen der Beschaffenheit des Meerwassers sprechen, wobei die Auswirkungen bei kälterem Wasser größer sind als bei wärmerem Wasser. Der pH-Wert beeinflusst beispielsweise Flügelschnecken (*Thecosomata*), die bis zu vierzig Prozent der Nahrung des pazifischen Lachses ausmachen. Im Seemannsblatt *Víkingur* stand ein sehr schöner Artikel über die Rolle dieser kleinen geflügelten Tierchen in den isländischen Fischgründen:

> Kaum einer kann sich vorstellen, dass Schnecken mit Schneckenhäusern durchs Meer schwimmen. Doch die sogenannten Flügelschnecken verbringen ihr gesamtes Leben als Plankton und schlagen unablässig mit einer Art Flügel, damit sie nicht auf den Grund sinken. Die meisten dieser Tiere sind so winzig, dass man sie kaum oder gar nicht bemerkt. Die Kalkgehäuse, die sie mit sich tragen, stehen in ihrer Form und ihrer Schönheit den Gehäusen von größeren, auf der Erde lebenden Schnecken in nichts nach. Diese Kalkschalen sind jedoch hauchzart und fast durchsichtig, um ihre Besitzer nicht zu belasten. Alte Heringsfischer kennen vielleicht noch den sogenannten »Braunkrill«, den man manchmal im Hering fand. Dabei handelte es sich um nichts anderes als schalenumhüllte Flügelschnecken, deren zarte Gehäuse im Magen der silbernen Fische zerbrochen waren. Dies deutet darauf hin, dass Flügel-

schnecken in großen Mengen auftreten können, auch wenn sie ansonsten in der vielfältigen Gruppe, die wir Plankton nennen, eher unauffällig sind.[71]

Experimente mit Flügelschnecken haben gezeigt, dass diese, wenn die Bedingungen schlechter werden und das Meerwasser sauer wird, eine wesentlich dünnere Schale bekommen. Demzufolge haben sie schlechtere Abwehrkräfte, reagieren empfindlicher auf Erschütterungen und brauchen mehr Energie, um ihre Schale aufzubauen und zu erhalten. Dasselbe gilt für viele andere kalkbildende Lebewesen im Meer. Wenn Versauerung und Erwärmung den Lebenszyklus von Plankton beeinträchtigen, kann der Nahrungskreislauf im Ozean komplett zusammenbrechen. Plankton sind schwimmende Vitaminpillen für das Meer und bildet zusammen mit Krill die Grundlage der Biosphäre des Nordmeers.

Planktonalgen produzieren durch Fotosynthese sechzig Prozent des gesamten Sauerstoffs der Erde und werden durch globale Erwärmung und Versauerung des Ozeans negativ beeinflusst. Ersten Studien nach scheinen ausgewachsene Fische und selbst ausgewachsener Krill Veränderungen des pH-Werts relativ gut zu vertragen, im Larvenstadium reagieren Meerestiere jedoch empfindlich auf Temperatur, Salzgehalt, pH-Wert und Kalksättigung. Wenn alle diese Faktoren durcheinandergeraten, können Arten, die die Grundlage der Nahrungskette bilden, aussterben.

Die Versauerung des Ozeans ist eines der größten singulären geologischen Ereignisse, die die Erde in den letzten fünfzig Millionen Jahren durchgemacht hat. Dabei kommt ein weiterer Begriff ins Spiel, zu dem wir nur schwer einen Bezug herstellen können: *die Zeit*. Obwohl die Zeit als linear definiert wird, ist es schwer vorstellbar, dass der Ozean sich in den nächsten hundert Jahren mehr verändern könnte als in den letzten fünfzig Millionen Jahren. Die Besiedlung Islands ist noch gar nicht lange her, erst zwölfmal das Leben meiner Großmutter. Die Geschichte Islands ist die aneinandergereihte Geschichte von zwölf Frauen. Zwölf Mädchen, die geboren werden und ihr Leben leben, das in Windeseile vorbei ist. Zwölf alte Frauen, die wie bei der Wassergymnastik die Arme ausbreiten und sich an den Handflächen berühren. Ihre Augen leuchten, denn die Zeit vergeht so schnell, dass die Augen nicht wissen, dass sie bald hundert Jahre alt sein werden. Die Zeit vergeht so schnell, dass sie seit Jesu Geburt nur 21 Großmütter beträgt. Die würden zusammen mit den Großvätern in einen einzigen Bus passen. Die ältesten Erinnerungen des Menschen sind fünftausend Jahre alt, und das ist, als wäre es gestern gewesen. In Relation zur fünfzig Millionen Jahre alten Geschichte des Ozeans ist die Menschheit vorgestern erst aufgetaucht.

Der Begriff »Versauerung der Meere« ist vor 2009 in Island erst dreimal in gedruckter Form erschienen und in den meisten anderen Ländern wohl ähnlich selten. Als Jørgen uns die Freiheit schenkte, brauchten wir hundert Jahre, um dieses Wort gänzlich zu verstehen, aber Versauerung hätten wir schon vor dreißig Jahren verstehen sollen. Wenn der pH-Wert des Meerwassers 7,7 erreicht, könnten die Folgen schrecklicher sein, als sich mit *Worten* beschreiben lässt.[72] Man kann Zweifel am Klimawandel haben und auf kleine und große Eiszeiten verweisen, aber nicht auf die Versauerung der Meere. Für diesen Prozess, den wir gerade erleben, gibt es keine Entsprechung.

Ich habe meine Hoffnungen immer an das Pariser Klimaabkommen und an internationale Klimagespräche geknüpft. Ich bin davon ausgegangen, die Vereinbarungen der einflussreichsten Staatsoberhäupter der Welt, die globale Erwärmung auf unter zwei Grad Celsius zu halten, würden bedeuten, dass wir uns unterhalb des kritischen Limits bewegen. Dass alles darüber hinaus Gefahrenzone ist. Doch dann traf ich Wissenschaftler, die mir sagten, das sei keineswegs der Fall. Bereits bei zwei Grad Celsius Erwärmung käme es zu allen möglichen Katastrophen. Joni Seager sprach von *climate horrors*, Wüstenbildung und Wassermangel und damit verbundenen Kriegen. Ich war geschockt, als ich das hörte, denn ich hatte in meiner Naivität geglaubt, dass ich ein Verfechter der zwei Grad Celsius sein sollte. Zu allem Übel ist das Zwei-Grad-Celsius-Ziel noch nicht einmal in Sicht, und die Erde steuert mit rasendem Tempo auf einen Anstieg von drei oder sogar vier Grad Celsius zu. In der lebendigen Welt gibt es viele Unwägbarkeiten; Wissenschaftler bemühen sich, die komplexesten Systeme zu ergründen, die man sich nur vorstellen kann. Die größten Unwägbarkeiten sind die Kipppunkte. Man kann das mit einer Schneedecke an einem Berghang vergleichen, die so lange hält, bis eine einzelne Schneeflocke auf sie hinabfällt, das Gleichgewicht stört und eine Lawine auslöst. Die Schneemasse hält, bis der Kipppunkt erreicht ist, dann versagt sie, und alles ist anders.

Wasser ist ein gutes Beispiel für einen Stoff mit einem eindeutigen Kipppunkt. Wenn die Eistemperatur von –50 auf –10 Grad Celsius steigt, passiert kaum etwas. Wenn die Eistemperatur auf –5 oder –1 Grad Celsius steigt, passiert auch kaum etwas, obwohl sie um 49 Grad Celsius angestiegen ist. Doch ein Grad mehr verändert alles, und das Eis wird zu Wasser. Die Antarktis und Grönland sind die größten Eisschilde der Welt. Da wir nicht wissen, wie weit wir von den Kipppunkten entfernt sind, könnten die Prognosen über den Anstieg des Meeresspiegels um viele Meter danebenliegen. Der pH-Wert der Meere könnte um 0,1 oder sogar 0,2 fallen, ohne dass sich wesentliche Veränderungen messen ließen. Doch bei weiteren 0,001 pH könnte es zu einem unwiderruflichen Defekt kommen.

Ein anderer ungewisser Kipppunkt betrifft den Permafrostboden in Alaska, Kanada und Sibirien. Wenn Erdboden, der seit Jahrtausenden gefroren war, auftaut, werden Mikroorganismen aktiv, die Lachgas produzieren, Distickstoffmonoxid, ein dreihundertmal stärkeres Treibhausgas als $CO_2$. Dann wird Methangas freigesetzt, ein 25-mal stärkeres Treibhausgas als $CO_2$, gleichzeitig oxidiert der zuvor gefrorene Boden. Dabei wird $CO_2$ in einer Menge ausgestoßen, bei der Sumpfgebiete austrocknen. Diese Emissionen erwärmen die Erde und setzen noch mehr Methan und Distickstoffmonoxid frei. Wenn solche Prozesse in Gang kommen, wird die gesamte Diskussion über Ernährungswandel und Flugscham vollkommen lächerlich. Eine derartige Kettenreaktion könnte die Erde in eine Periode von totalem Klima- und Wetterchaos katapultieren. Dann bliebe uns nichts anderes mehr übrig, als Konserven zu hamstern und uns anzuschnallen.

Die UN-Klimakonferenz 2018 in Kattowitz setzte einen Notruf ab. Der Naturforscher David Attenborough betrat die Bühne und fand ungewöhnlich scharfe Worte:

> Wenn wir jetzt nicht handeln, stehen uns das Ende unserer Zivilisation und die Zerstörung eines großen Teils der Natur bevor.

Für die meisten war das nur noch mehr Rauschen, trotzdem schien sich ein gewisses Verständnis breitzumachen. Die Botschaft der Konferenz war eindeutig. Die Menschheit soll dafür sorgen, dass die globale Erwärmung nicht um mehr als 1,5 Grad Celsius ansteigt. Zwei Grad Celsius Anstieg bedeutet große Opfer, die niemand akzeptieren kann.

In Verbindung mit der Klimakonferenz verfolgte ich eine wissenschaftliche Tagung, die im Internet gestreamt wurde. Die Referenten verband, dass sie alle »gemäßigt« waren. Sie zeigten Emotionen nur innerhalb eines zumutbaren Rahmens, und wieder musste ich an Massenapathie und Massenhysterie denken. Ein Meeresbiologe betrat die Bühne und war besonders ermunternd. Er sagte, wir müssten das 1,5-Grad-Celsius-Ziel erreichen, weil dann *nur* siebzig bis neunzig Prozent der Korallen verschwinden würden und nicht alle, wie es bei einer Erwärmung von zwei Grad Celsius der Fall wäre. Er sprach so, als wäre das ein lohnenswerter Kampf. Trotz meines Interesses an diesen Themen war mir das nicht klar gewesen. Sagte er mir wirklich klipp und klar, dass bis zu neunzig Prozent der Korallen in der Welt ausstürben, wenn wir uns an das fast sowieso schon unmögliche Ziel, die Erderwärmung auf 1,5 Grad Celsius zu begrenzen, hielten? War das bekannt gewesen, als man das zwei-Grad-Celsius-Ziel anvisiert hatte? Gab es demnach eine Gruppe von Politikern, die diesem Ziel im Namen der Weltbevölkerung zugestimmt hatte? Die Meldungen der letzten Jahre schossen mir durch den Kopf, aber ich konnte mich nicht daran erinnern, dass das Fernseh- oder Radioprogramm unterbrochen worden wäre, als man dieses Ziel beschlossen hatte. Ich erinnerte mich nicht an Wahlen, bei denen die Bevölkerung ihren gewählten Vertretern die Vollmacht erteilt hätte, die Korallenriffe der Welt zu opfern. Meines Wissens wurden die Korallenriffe bei Vertragsverhandlungen nicht als Verhandlungsmasse ins Spiel gebracht: »Der Verband der Autoindustrie feiert den Sieg. Die Zeit der Korallenriffe ist vorbei.«

Man kann sich fragen, warum das kein »Ereignis« war. Ich weiß noch, wo ich mich befand, als die Zwillingstürme einstürzten und als Prinzessin Diana starb. Meine Mutter weiß noch, wo sie war, als Kennedy erschossen wurde. Wo waren Sie, als das Todesurteil der Korallenriffe unterschrieben wurde?

> Ich war an der Tankstelle, wollte mir gerade ein Jumbo-Sandwich kaufen, und plötzlich war alles ganz seltsam. Die Angestellten standen wie paralysiert da, und im Fernsehen hinter dem Tresen wurden diese merkwürdigen Fische gezeigt …
> »Was ist passiert?«, fragte ich.
> »Es ist vorbei«, sagte die Bedienung mit Tränen in den Augen. »Die Korallenriffe haben verloren.«

Dieser Meeresbiologe kannte Korallen definitiv besser als jeder andere, aber er raufte sich nicht die Haare und rief in den Saal: SCHLAFT IHR DENN ALLE? BEGREIFT IHR NICHT, WAS GESCHIEHT?

Wir sind die Generation, die entschieden hat, die Korallenriffe zu opfern, und sie machen nur einen kleinen Teil der Gesamtproblematik aus. Das Meer produziert etwa sechzig Prozent des Sauerstoffs der Erde dadurch, dass Phytoplankton in den oberen Wasserschichten Photosynthese betreibt. Wo dessen Kipppunkt liegt, weiß niemand, und das Risiko, diesen Punkt zu erreichen, dürfen wir nicht eingehen.

Als ich im Herbst 2018 einen Vortrag über die Zeit und das Meer hielt, wollte ich eigentlich einen Filmausschnitt von der Schildkröte in den Tobago Cays zeigen und berichten, was der Meeresbiologe über den Tod der Korallenriffe gesagt hatte. Ich wollte erzählen, dass ich mich von dieser Schildkröte verabschiedet hätte. Dass ihre 35 Millionen Jahre alte Geschichte zu Ende gehe, weil die Menschheit entschieden habe, dass ihr tote Dinge wichtiger seien als Korallenriffe. Meine elfjährige Tochter Filippía saß auch im Publikum, und auf einmal fand ich das alles unbeschreiblich traurig. Ich wollte das Leuchten in ihren Augen nicht zum Erlöschen bringen. Ich konnte den Film einfach nicht zeigen und erläutern, was auf diese schönen Tiere und ihren Lebensraum zukam. Ich wollte nicht vor einem vollbesetzten Saal die Fassung verlieren.

Kommende Generationen werden nach den Werten und Prioritäten der Unheilbringer fragen, die die Welt lenkten, als die Entscheidung fiel, die Korallenriffe zu opfern. Sie werden sich die Emissionszahlen anschauen und feststellen, dass die reichsten Länder der Erde es nicht für nötig hielten, Notstandsgesetze für Verschmutzung, Verbrennung und Verschwendung zu erlassen. Autos in westlichen Ländern verbrauchen im Schnitt zwei- bis dreimal so viel Energie wie die besten neuen Modelle und zehnmal so viel wie effizient geplante öffentliche Verkehrsmittel. Ein Kühlschrank verbraucht im Schnitt dreimal so viel Energie wie die besten neuen Geräte. Ein Rindersteak verursacht zehn- bis dreißigmal mehr Treibhausgas als eine vegetarische Mahlzeit. Kommende Generationen werden unsere Prioritätensetzung sehen und uns danach beurteilen. Die Fakten lagen bereits auf dem Tisch und es gab immer noch keine Beschränkung bei den Kurzflugstrecken. Es wurde kein Marshallplan für die Produktion von Windrädern und Solarzellen erarbeitet, es wurden keine Ingenieure bemüht, die es immerhin geschafft hatten, den ersten Mann zum Mond zu schießen. Man lässt den Menschen die Freiheit, nach Herzenslust ihre Umwelt zu verschmutzen und Treibhausgase freizusetzen. Der Natur werden keine Rechte eingeräumt, unberührtes Land wird als »ungenutzter Rohstoff« definiert, und es werden keine gesetzlichen Strafen für Ökozide eingeführt. Ökozid ist ein neuer Begriff, analog zu Genozid. Mit Ökozid-Gesetzen wäre es möglich, diejenigen zur Rechenschaft zu ziehen, die an der Vernichtung von Ökosystemen beteiligt sind.

Egal, welche Regierung an der Macht ist, links, rechts, liberal, kein Gesetz darf es ihr erlauben, Maßnahmen zu ergreifen, die kommenden Generationen großen Schaden zufügen und sie ihrer Reichtümer berauben würden. Es ist ein Trauerspiel für die Demokratie, wenn sie uns nicht ein paar Jahrzehnte vorausdenken lässt. Wirtschaftliche Interessen und Bequemlichkeit wiegen schwerer als der Ozean, die Erdatmosphäre und alle Enkelkinder dieser Welt für alle Zeiten.

In der nordischen Mythologie schlossen die Götter in Asgard einen Pakt mit den Riesen. Sie sollten ihnen eine Stadt bauen, doch dann weigerten sich die Götter, dafür zu bezahlen. Das kam ihnen teuer zu stehen, als die Reifriesen in Aktion traten. Heute schmelzen die Gletscher der Welt. Die Reifriesen lösen sich aus ihrem Bann und strömen weißschäumend von den Bergen hinunter, verwandeln sich in Meer und tosende Wellen, die Stadttore niederreißen.

Wenn wir die Korallenriffe retten wollen, müssen wir zurückspulen. Laut Experten gedeihen sie bei einem Klima von unter 350 ppm $CO_2$.[73] Wir haben diese Grenze weit überschritten und

415 ppm erreicht. Demnach müssten wir sofort die Notbremse ziehen und alle Emissionen der letzten 25 Jahre binden. Wenn wir vernünftige Geschöpfe sind und sehen, dass die Krone des Ozeans direkt vor unseren Augen stirbt, dann halten wir doch inne, oder etwa nicht? Und wenn die gefrorenen Kühe der Berge, die Könige des Tierreichs und die Agrarflächen der Welt gleichzeitig in Gefahr sind – was tun wir dann? Brauchen wir weitere Beweise?

Wann begreifen wir es endlich?

## VIELLEICHT WIRD ALLES GUT

Ich bin in den USA aufgewachsen und habe in dem Teich hinter unserem Haus Frösche und Kaulquappen gefangen. Dann zogen wir nach Island, ich war plötzlich im hohen Norden, wo Oma Dísa und Opa Jón den Sommer auf einem alten Bauernhof kurz unterhalb des Polarkreises verbrachten. Im Haus gab es keinen Strom, und wir mussten Treibholz hacken, um Wasser zu kochen, das wir mit Eimern aus einer Quelle an der Küste schöpften. Für mich war das eine neue Erfahrung, die sich schwer in Worte fassen lässt, eine Art Kulturschock. Das quirlige Leben unten am Strand übte einen faszinierenden Reiz auf mich aus: Schwärme von Küstenseeschwalben, ein Gewimmel von Eiderenten, Mantelmöwen, Jungvögeln, die um die Grashöcker sausten, und Seehunde, die draußen in der Lagune die Köpfe aus dem Wasser reckten. Doch dann merkte ich, dass es nicht das Leben war, was mich am meisten beeindruckte, sondern der *Tod*. Selbst bei einem kurzen Spaziergang stieß man bei jedem Schritt auf den Tod: die Brustknochen einer Möwe, an denen noch die Flügel hingen, ein toter Seewolf, ein auf dem Rücken liegendes, verrottendes Schaf, das nicht mehr auf die Beine gekommen war und in dessen Augenhöhlen sich Würmer ringelten, überall Skelette, Vogelschnäbel, Krebszangen und modernder Tang. Eine Mantelmöwe kreiste über den Brutplätzen der Eiderenten, stürzte sich hinab und flog mit einem zappelnden Jungvogel im Schnabel wieder hoch. Eine Große Raubmöwe tötete eine Eiderente weit draußen auf der Lagune. Wir fanden halbtote Jungvögel und versuchten, sie zu retten, aber sie starben in unseren Händen, und wir begruben sie auf einem kleinen Friedhof hinter dem Haus.

In der Stadt gibt es keinen Tod. In Zoos sind alle Tiere lebendig, der Tod ist unsichtbar, es sei denn, die Würgeschlange verschlingt vor unseren Augen ein Kaninchen oder eine Ratte. In öffentlichen Parks hat alles seine Ordnung, und selbst auf dem Land liegen keine Kadaver oder Skelette herum. Die Tiere sind hinter Zäunen, in Ställen und Boxen, alle ordentlich sortiert und sauber abgespritzt. Die Geschäfte sind voll mit Fleisch, aber das hat nichts mit dem Tod zu tun, und oft kann man kaum erkennen, um welches Tier es sich handelt.

Als ich zum ersten Mal auf der Sprengisandur-Piste quer durchs isländische Hochland nach Norden fuhr, wirkte die Landschaft leblos und gefährlich. Wir fuhren stundenlang durch Einöden und Sandwüsten, Gegenden mit geheimnisvollen, düsteren Namen: Víti – Hölle, Dauðagil – Todesschlucht, Ódáðahraun – Lava der Übeltaten. Auf den ersten Blick war alles grau und tot, dabei fiel hier gar nicht der Tod, sondern das *Leben* ins Auge. Die Kiesfläche, die so grau wirkte, war wie ein Blumengarten. Überall zwischen den Steinen wuchsen winzige Blümchen, als hätte ein einfühlsamer Gärtner sie dort hingepflanzt. Wie konnte eine Blume an solch einem Ort befruchtet werden, Wurzeln bilden und blühen? In einer Pfütze wuchs ein einzelner spitzer Halm, und unter der dünnen Eiskruste einer schmelzenden Schneewehe sah man neongrünes Moos sprießen.

In Geothermalgebieten gab es kochende Quellen mit einem seltsamen Schleim auf dem Grund und an den Rändern, blubbernde Schlammlöcher mit einem schmierigen Film, ähnlich einer Bakterienflora, wie die allerersten Lebewesen in der Ursuppe der Erde. Gegenden, die zunächst wie Symbole des Todes und der Verwüstung anmuteten, entpuppten sich als die besten Beispiele für die Kraft des Lebens. Im Urwald ist das Leben allgegenwärtig und selbstverständlich, doch hier war es nackt und schutzlos, jeder Grashalm ein kleines Wunder.

Am schönsten fand ich das Gebiet um den Vulkan Askja. Der Calderasee Öskjuvatn, der tiefste See Islands, ist nagelneu, er entstand 1875 und ist jünger als die Brooklyn Bridge in New York. Die Welt, die wir heute sehen und spüren, besteht aus Fragmenten von Orten, die früher ein ganz anderes Erscheinungsbild hatten. Wahrscheinlich war der Sprengisandur zur Besiedlungszeit mit Vegetation bewachsen, und diese Gegend, die mich heute so beeindruckt, wäre für jemanden, der sie vor tausend Jahren kannte, ein tragischer Anblick. An den Stränden der Halbinsel Melrakkaslétta wimmelte es damals von Riesenalken und Walrossen. All das ist heute verschwunden. Zweifellos wird die Landschaft auch in Zukunft Menschen faszinieren, selbst wenn sie sich noch einmal völlig verändert. Die Leute leben in ihrer Welt, sie gewöhnen sich an ihre Umgebung und können nicht ständig in Sehnsucht schwelgen, weil sich alles so sehr verändert hat. Wir besitzen die Fähigkeit, in fast allem etwas Schönes zu sehen, wir sehen etwas Schönes in der Vergänglichkeit und der Zerstörung, begeistern uns für Ruinen und Altertümer. Es gibt Menschen, die in der Wüste leben und die Ödnis als schön und tiefgründig empfinden, und Menschen, die an den eisigen Polen wohnen, wo man weder Bäume noch Blumen zu Gesicht bekommt.

Vor 20 000 Jahren war ganz Island von Eiszeitgletschern bedeckt, das Land schlummerte seit Tausenden von Jahren unter einer zwei Kilometer dicken Eislast, die nur selten von Vulkanausbrüchen aufgebrochen wurde. Unter den Gletschern waren Berge und Täler, doch das unerbittliche Eis tilgte eine einzigartige Landschaft aus der Zeit vor der Entstehung des Menschen. Vor der Eiszeit gab es in den Westfjorden Mammutbäume, Wälder mit Damwild und Strände mit Walrossen, in den Flüssen schwammen Fischotter, in den Baumkronen saßen Spechte, und vielleicht hörte man an Spätsommerabenden Grillen zirpen. Der Eiszeitgletscher erstreckte sich über Skandinavien, über fast ganz Nordeuropa, das gesamte Kanada und große Teile Nordamerikas. Im Central Park in New York gibt es heute noch Rundhöcker mit Gletscherschrammen. Der weiße Tod legte sich wie ein Albtraum über das Land und löschte alles aus. Heute findet man in Skandinavien kaum etwas Lebendiges, das älter als 13 000 Jahre ist. Vor 11 000 Jahren war der Eiszeitgletscher größer als Island, und mitten im Breiðafjörður gibt es uralte Endmoränen. Eiszeiten sind wie Ebbe und Flut, die Skala ist hier nur größer. Die Gletscher ziehen sich zurück, und wir können siedeln und Städte bauen, doch dann verschiebt sich die Achsneigung der Erde und ihr Orbit um die Sonne bringt uns ins Aphel, die Sommer auf der Nordhalbkugel werden kürzer und das Eis rückt wieder vor. Es dauert länger als eine Eiszeit, um einen wunderschönen Fjord auszuwaschen, es dauert Eiszeit um Eiszeit um Eiszeit, um die norwegischen, isländischen und grönländischen Fjorde zu formen. In den letzten 2,6 Millionen Jahren gab es Eiszeiten, und seit etwa einer Million Jahre kommen sie in Intervallen von 100 000 Jahren. Sie bauen sich 90 000 Jahre lang auf, schmelzen in 10 000 Jahren, und dann beginnt der Kreislauf von Neuem, wie die Atmung, saisonale Schwankungen auf einer geologischen Skala. Sommerjahrtausende und Winterjahrtausende. Für die Erde sind wir nur kleine Meerstrandläufer, die aufs Watt hinauseilen, um sich Nahrung zu beschaffen, bevor die Flut wieder kommt. Wir sind Zugvögel an Sommerplätzen, die zurück in den Süden fliegen müssen, wenn der Winter naht. Wir bauen Nester und ziehen ein paar Generationen von Nachkommen groß, doch dann kommt der eisweiße Radiergummi und vernichtet alles, ohne Erbarmen. Ein Gletscher dehnt sich aus und wird dicker, schluckt alles ohne Gewissensbisse, ohne Wirtschaftswachstum, Industrie, Raffgier, Umweltstudien oder internationale Konferenzen. Ein Gletscher schabt alles weg, wie ein Künstler, der sein Werk zerreißt, sobald es fertig ist. Wo waren die Küstenseeschwalben vor 15 000 Jahren? An der Küste der Normandie oder in Spanien? Wo waren die Basstölpel und die Alkenvögel? Wo waren die Seehunde und die Walrosse? Wie lange braucht ein Vogel, um sich zu einer Küstenseeschwalbe zu entwickeln, die von Südafrika bis in den Norden an den Rand des Polarkreises fliegt? Vor 15 000 Jahren wäre das nicht möglich gewesen. Hier oben im Norden gab es nichts, wo man hingewollt hätte, nur eine einzige Eisfläche von Island bis zum Nordpol.

Wann gab es ein paradiesisches Leben? Wann gab es einen vollkommenen Zustand, in dem die Tiere auf der Erde in Frieden und Harmonie lebten?

Vor 15 000 Jahren war der Meeresspiegel 120 Meter tiefer als jetzt. Damals war Großbritannien keine Insel, sondern ein Teil von Europa, wo Fellmammuts und Wollnashörner nahe der Eiskante umherstromerten und Höhlenbären und Eiszeitlöwen sich in Höhlen versteckten. Zweifellos gab es dort schon Menschen, und wahrscheinlich begannen sie schon damals, Arten auszurotten, wobei die meisten ohnehin nicht mit Veränderungen der Vegetation und Temperatur zurechtgekommen wären.

Es gibt keine endgültige Landschaft, es gibt keine Konstante in der Natur, ihr Kern ist die Veränderung. Wenn es kein Klima und keine vulkanische Tätigkeit und keinen Mond gäbe, der die Gezeiten steuert, wäre die Erde tot oder nur eine übelriechende Algenkugel. Die Natur ist wie die Göttin Kali, die zerstört, während sie gebiert, die liebt, während sie tötet, denn Erneuerung und Zerstörung finden gleichzeitig statt – die Natur zieht dazwischen keine Grenze. Wie weit wir die Zeit auch zurückspulen, die Natur hat immer recht, sie war immer wahrhaftig und richtig. Schöpfung ist Veränderung. Alles befindet sich in einem Prozess des Wandels. In der Natur formt ein Wasserfall nach und nach eine tiefe Schlucht oder bildet Stromschnellen, und ein Gletscher zieht sich entweder zurück oder löscht ganze Kontinente aus. Tektonische Platten kollidieren miteinander und formen himmelhohe Berge, während andere in glühender Lava versinken. Dies wird das Schicksal Japans in ein paar Millionen Jahren sein.

99,99 Prozent aller Tierarten, die es auf der Erde gab, sind ausgestorben. Eine nach der anderen verschwindet aufgrund natürlicher Ursachen, unterliegt im Konkurrenzkampf oder landet in einer evolutionären Sackgasse. Es kann 10 000 Jahre dauern, bis eine Art ausgestorben ist, aber manchmal reichen auch Großereignisse wie ein gigantischer Vulkanausbruch oder eine Kollision mit einem Asteroiden. Man geht davon aus, dass es etwa alle hundert Millionen Jahre fünf solcher Massenaussterben gab und dass das sechste durch den Menschen eingeläutet wurde.

Europa ist dicht besiedelt, und ein Großteil der vorherigen Fauna ist verschwunden. Die Weltbevölkerung steuert auf zehn Milliarden zu, und die Menschheit beutet alles aus, was auszubeuten ist. Noch gibt es in Afrika Herden von wilden Tieren, aber wenn die Weltbevölkerung bei zehn Milliarden angelangt ist, bleibt kein Platz mehr für weite Savannen mit Gazellen, Giraffen und Löwen, so wie es auf den amerikanischen Steppen keine Millionen Büffel oder in Frankreich kein umherziehendes Damwild und keine Wölfe mehr gibt. Stattdessen werden quadratische Ackerflächen angelegt, wenn nicht für Nahrung, dann für die Herstellung von Ethanol oder als Weideland für Vieh. Wildtiere werden in Refugien leben, in Zoos, kleinen Schutzgebieten, Reagenzgläsern und Samenbänken, während die wilde Natur denselben Weg gehen wird wie die Wölfe in Norwegen, die Bären in Deutschland, die Tiger in Nepal und der isländische Adler. Wir sind emotionale Wesen, und es wird schmerzhaft für uns sein, in Naturfilmen und -dokumentationen mitanzusehen, wie die sechste Ausrottung in Echtzeit voranschreitet. Wir hören täglich Meldungen über die sinkende Anzahl von Nashörnern, Elefanten, Giraffen und Zebras, dazwischen spektakulärere Schlagzeilen wie beispielsweise, dass zwischen 1970 und 2018 sechzig Prozent der Tier- und Pflanzenwelt der Erde verschwunden sind.[74] Man muss davon ausgehen, dass diese Zahl im Jahr 2060 auf achtzig Prozent und 2080 auf 95 Prozent ansteigen wird. Hühner sind bereits die häufigsten Wirbeltiere weltweit. Etwa fünfzig Milliarden Hühner werden jährlich von Menschen aufgezogen, um die Hälfte mehr als alle anderen Vögel. Mehr als alle Goldregenpfeifer, Albatrosse, Papageien und Pinguine, die langsam verschwinden, wenn in ihre Habitate eingegriffen wird und ihre Brutgebiete zurückgehen. Insgesamt ist die weltweite Vogelpopulation jedoch nicht gesunken, sondern gestiegen. Wir haben die Zahlen einfach durch mehr Hühner ausgeglichen. Kentucky Fried Planet.

Vielleicht können wir nichts anderes tun, als den Dingen ihren Lauf zu lassen und uns in Sarkasmus und Lethargie zu flüchten, eine Philosophie zu entwickeln, die uns mit all diesen Veränderungen aussöhnt. Wenn wir eine Eiszeit sind, müssen wir uns mit der Kälte arrangieren und im Einklang mit ihrer Expansion leben, anstatt uns an die Tiere der Vergangenheit zu klammern. Wir müssen die Manifestation dessen, was wir sind, begrüßen. Wir haben uns mit der schwarzen Sonne connected, wir sind die mathematische Folge von unverhoffter Energie, die in eine Gleichung eingefügt wurde, und das Ergebnis sind der schwarze Asphalt, der Plastikteppich, die endlosen Ackerflächen, die Müllberge und die Hähnchenexplosion. All dies sind die Hinterlassenschaften einer Primatenart, die die kohlschwarzen Adern der Erdkruste öffnete und ein paar hundert Jahre wie eine Algenblüte florierte, bis sie wieder unter Gras und neuen Sedimentschichten verschwand. Für jede Art, die ausstirbt, feiern wir begeistert eine neue Marke. Tiger. Apple. Amazon. Wir stellen uns in die Schlange und zelten vor dem Geschäft, wenn neue Nike-Schuhe auf den Markt kommen. So wie die romantischen Dichter das Eintreffen des Goldregenpfeifers im Frühling feierten. Und selbstverständlich sind Schuhe Natur, sie sind Teil der menschlichen Eiszeit. Der Mensch ist eine Tierart, und seine Erzeugnisse sind Natur. Mein Smartphone ist ebenso Natur wie ein Bienenstock oder eine Steinzeitaxt, seine Kanten wurden 60 000 Jahre lang mit zunehmender Sorgfalt gewetzt.

Auf diese Weise ist es möglich, die Welt zu verdrängen und die Angst um die Zukunft der Erde zu unterdrücken. Alles, was gelebt hat, wird sterben. Schönheit kann man überall finden, selbst dort, wo die schrecklichsten Gräueltaten stattfanden. Wir legen uns auf das weiche Moospolster im Lavafeld Eldhraun, ohne an die verheerende Zerstörung durch den Ausbruch der Lakikrater im 18. Jahrhundert zu denken. Wir fahren durch die weiten

Kornfelder Amerikas, wo früher indigene Völker und Büffelherden lebten. Wir verbringen angenehme Tage an der Küste der Normandie und spazieren durch die Straßen Hamburgs, wo 1943 nach Luftangriffen eine Feuersbrunst tobte, ohne die Schwere der Geschichte zu spüren oder in den Augen der Passanten Trauer auszumachen. Europa hat sich nach dem Zweiten Weltkrieg schnell erholt, und 1960 konnte man schon nicht mehr sehen, dass fünfzig Millionen Menschen umgekommen waren, dass jeder Überlebende einen Menschen verloren oder einen Menschen getötet hatte oder aus seiner Heimat geflohen war. Und vielleicht wird am Ende alles gut, was auch immer passiert. Wenn der Meeresspiegel angestiegen ist, werden wir das, was unter Wasser liegt, nicht mehr vermissen, genauso wenig wie wir um die alten Jagdreviere trauern, wo heute die Nordsee oder der Ärmelkanal ist. Das Wasser glättet die Trauer. Alles stirbt und wird geboren, immerfort, zur selben Zeit.

Dort, wo sich einst der Gletscher vom Himmel abhob, ist es immer noch schön. Die Welt muss nicht hässlich werden, selbst wenn sie sich verändert, wenn die Menschheit sich vervielfacht oder verringert. Ich merke, wenn ich meine Gedanken beruhige, wird am Ende alles gut sein, sogar, wenn das Schlimmste eintrifft. Zögernd lenke ich mein Denken in diese Richtung, spüre, wie kurz ich vorm Nihilismus bin, vor der Gleichgültigkeit. Das ist hypnotisierend, alles relativiert sich. Gedanken sind verführerisch, wie Sirenengesang, es ist verlockend, einfach loszulassen, das Universum ist Milliarden Lichtjahre groß, und wir sind nur ein kleiner Funke im Kontext dieser Jahrmilliarden, im Grunde nichts anderes als eine weitere Ascheschicht der Erdgeschichte.

Nichts wird gerettet, es vergeht, es vergeht.
Es zerfällt in sich selbst und ist nicht mehr.
So nichtig ist dein Leben, ein geringer Gewinn,
und am Ende ist es, als wäre nie etwas geschehen.

So dichtete Steinn Steinarr; das ist eine Art und Weise, den großen Zusammenhang zu betrachten. Ich bin Gras, und ich überwuchere unsere Fußabdrücke. Warum wählen gehen, warum morgens aufwachen, sich waschen oder ins Fitnessstudio gehen, warum Gedichte schreiben, jemanden lieben und ein Kind bekommen? Alle Liebe vergeht, und alles stirbt am Ende. Sprachen sterben, Bücher fallen auseinander, Lieder geraten in Vergessenheit, Gemälde verziehen sich, sämtliche Produkte werden irgendwann zu Müll. Das ist unausweichlich, und so wird die Sonne zu einem roten Riesen, der alles verschlingt.

* * *

Eines der letzten Tonbänder aus dem umfangreichen Audio-Archiv des Árni-Magnússon-Instituts wurde am Abend vor meiner Geburt aufgenommen, am 13. Juli 1973. Auf der Aufnahme hört man Umgebungsgeräusche von der Insel Grímsey vor der Nordküste Islands – ein Nebelhorn, Küstenseeschwalben und Wellenrauschen. Ein faszinierendes Klangbild. Helga Jónsdóttir und Jón Samsonarson reisten durchs Land und besuchten die letzten Zeitgenossen, die mit Rímur-Gesang aufgewachsen waren und diese uralte Tradition der Versrezitation noch beherrschten. Doch auf diesem Tonband hatten sie drei Minuten und fünfzehn Sekunden einer Sommernacht in Grímsey eingefangen. Eine kurze Momentaufnahme der Ewigkeit.

Ich habe mich immer über diese Aufnahme gewundert. War sie ein Versuch, die Schönheit einzufangen? Oder waren Helga und Jón so fanatische Sammler, dass sie alles bewahren wollten, selbst das Wellenrauschen auf Grímsey? Wollten sie die Welt konservieren? Oder war die Aufnahme eine Art Kapitulation?

Die beiden reisten durch Island, um das zu retten, was von einer im Verschwinden begriffenen Kultur noch da war. Sie erlebten oft, dass ein Greis, der ein bestimmtes Lied, ein Gedicht oder ein altes Volksmärchen kannte, gerade verstorben oder dement oder stumm geworden war, sodass unermessliche Quellen für immer verloren gingen. Ich stellte mir vor, dass diese Julinacht eine Art Aussöhnung mit der Welt und dem Lauf der Zeit war. Alles verrinnt, alles ist ewig und vergänglich, so wie das Wellenrauschen auf Grímsey, und der Versuch, etwas bewahren zu wollen, ist vergeblich.

* * *

Ich kann mir diese Philosophie zu eigen machen. Ich merke, dass sie mich ein klein wenig vor beängstigenden Informationen schützt, mir einen Raum bietet, der mich vorm Durchdrehen bewahrt. Es ist möglich, loszulassen und mit dem Strom zu schwimmen, aber ich habe Angst, dass kommende Generationen diese Einstellung verachten werden. Wer heute zwanzig ist, wird eine Person kennen und lieben, die im Jahr 2160 noch lebt. Und so wie die Welt heute aussieht, steuern wir auf eine derart massive Zerstörung zu, dass die nächste Generation unsere gesamte Existenz als lächerlich und dumm abtun wird. Sie werden uns für naiv und begriffsstutzig halten, so wie die Leute zu Zeiten von Jørgen, die das Wort Freiheit nicht verstanden und sich von einer kleinen, unbewaffneten Gruppe monopolistischer Kaufleute unterdrücken ließen. Kapitulation des Geistes wird zu einem weiteren Symbol unserer hemmungslosen Egozentrik werden. So wie Kunst, die Diktatoren schmeichelt, wird all unser kreatives Schaffen im Schatten dieser Zerstörung beurteilt werden, die wir durch unsere Lebensweise wissentlich verursacht haben. Die Schönheit der Korallenriffe und Regenwälder und die Würde ausgestorbener Arten wird man aufreihen neben all dem Krempel, nach dem wir gieren und den wir kurz benutzen, bevor er auf der Müllkippe landet. Man wird Hirnkorallen mit Autowracks vergleichen, mit den Klamotten, die wir tagtäglich containerweise wegschmeißen, mit dem Essen, das wir verschwenden, den Aluminiumdosen, die auf dem Müll landen, und dem

Öl, das wir zum Spaß verbrennen. Wenn wir nichts unternehmen, werden wir die Generation sein, die das Paradies geschenkt bekam und es ruinierte. Weil wir uns in ökonomische Interessen und Habgier verstrickten. All unsere Arbeit wird zur Lachnummer werden, weil nichts, was wir produzieren, sich auch nur annähernd mit dem Ozean messen kann, nichts so prachtvoll ist wie ein Gletscher, nichts so geheimnisvoll wie ein Regenwald bei Nacht. Nichts, was wir getan haben, wird man als bemerkenswert ansehen, wenn es impliziert, dass wir die Augen vor der Wissenschaft verschlossen und das Leben und das Glück kommender Generationen verspielt haben.

Wie kann man solche Dimensionen erfassen? Ein gigantischer Wasserfall aus Öl, sechshundert eruptierende Vulkane, hundert Millionen Barrel Öl pro Tag, hundert Millionen Autos, die über die Fließbänder rollen und sich wie Lavaströme die Straßen hinabwälzen. Alle zusammen könnten sie viermal die Erde umrunden, sich um sie wickeln wie eine Boa constrictor. Wenn man sie ins All schießen würde, könnten sie in tausend Kilometer Höhe zwei Saturnringe um die Erde bilden. Es wäre spektakulär, in den Himmel zu schauen und einen leuchtenden Autokreis zu sehen, ein Symbol unserer Stärke, bis er wie ein Meteorschauer auf die Erde stürzen würde. Die Weltbevölkerung bestand noch nie aus sieben Milliarden Menschen. Wir haben noch nie so viele Feuer gleichzeitig angezündet. Jetzt müssen wir anders denken und handeln als je zuvor. Wir haben das Werkzeug dafür, die Technik und das Wissen. Und wenn wir es nicht tun, dann enttäuschen wir sowohl unsere Vorfahren als auch unsere Nachkommen. Die Wörter wirbeln schon in das schwarze Loch hinein. Höchste Zeit für einen Besuch bei einem heiligen Mann.

## INTERVIEW MIT DEM DALAI LAMA IN SEINEM GÄSTEZIMMER IN DHARAMSALA

9. Juni 2010

Wir flogen nach Delhi, wo wir zwei Tage verbrachten. Ich war noch nie in Indien gewesen, noch nie in diesem Kulturkreis. Ich bin weder an Menschenmassen gewöhnt noch an Hitze, werde konfus und misstrauisch, verunsichert, ob die Leute mir helfen möchten, ums Überleben kämpfen, mich übers Ohr hauen wollen oder alles gleichzeitig. Bunt bemalte Tata-Lastwagen dröhnen vorbei wie reinkarnierte Nashörner. Überall wimmelt es von Menschen. Farbenprächtige Kleidung, schöne Gesichter, junge und alte. Ich bin fremd und blass, ich falle auf. Wir gehen an einem hinduistischen Tempel vorbei, und ich überlege, wie Island sich wohl entwickelt hätte, wenn wir nicht im Jahr 1000 Christen geworden wären. Unsere nordische Götterwelt ähnelte in ihrer Vielfalt zweifellos der hinduistischen. Da sind heilige Statuen, ein blauer Krishna, eine vielarmige Kali – die Göttin der Zeit, der Zerstörung und der Erneuerung –, dort ein Shiva-Linga, Kamadhenu mit den Himalaya-Beinen und der Elefantengott Ganesha mit einer blinkenden Lichterkette, Plastikblumen, Räucherstäbchen, ein altes Radio. Wir gehen weiter, eine blinde Frau streckt die Hand aus, gefolgt von einem Trauerzug. Auf einer Bahre liegt eine mit gelben Blumen bedeckte Frau. Ich erschrecke, mir wird unwohl beim Anblick des toten Menschen. Um uns herum ist das pulsierende Leben, aber auch der augenfällige Tod. Eine tote Ratte, ein toter Hund, ein todkrank aussehender Mann kauert an der Straße. Neben ihm eine Frau mit einem Baby an der Brust. Ein wildes Durcheinander, und ich spüre ein Kontinuum von Tausenden von Jahren. Alles Neue ist irgendwie auch alt, und nach einer Weile empfinde ich es nicht mehr als Chaos, sondern sehe, dass alle sich in einer Art Tanz oder Rhythmus bewegen. Bevor ich die Straße überquere, muss ich den Tanz lernen. Ich gehe vorwärts, ein Lkw-Fahrer bremst, dann mache ich den nächsten Schritt, ein Motorrad wird langsamer, und immer so weiter, Schritt für Schritt. Die Gesellschaft erscheint mir komplizierter und sensibler als in China, ein tief verwurzeltes Kastensystem, Glaube und Traditionen, die nicht durch einen Aufstand des Proletariats oder eine Kulturrevolution zunichte gemacht wurden. Hier leben eine Milliarde Menschen, die darauf warten, der Armut zu entkommen. Das erreicht man am schnellsten mit der vorhandenen Technologie, indem man mehr Kohlen aufs Feuer wirft, mehr Vulkane eruptieren lässt, die Strömung des Dettifoss verstärkt.

Wir fliegen mit einer Fokker-Maschine nach Dharamsala. In den Bergdörfern ist alles etwas ruhiger und weitläufiger, die Luft frischer. An den Straßenrändern liegt viel Plastik und Müll, alles ist ein bisschen heruntergekommen, aber dennoch faszinierend. Ausländische Traveller vermeiden den Augenkontakt und passen auf, dass kein Westler in ihre Fotos hineinläuft, damit sie zu Hause sagen können, sie hätten etwas Einzigartiges und Exotisches erlebt. Überall sieht man junge Männer in dunkelroten, knöchellangen Kutten, die Morgengebete skandieren, einige sitzen mit Handys in Cafés, während eine heilige Kuh in einem Müllcontainer herumschnuppert. Wir spazieren zum Klostergarten, von wo man Lärm, Rufe und Schreie hört, als würden sich Leute streiten, aber es sind Mönche, die zu zweit das Debattieren üben, was fast wie eine Kampfkunst anmutet. Der eine Mönch steht und stellt auf Tibetisch eine Frage zur Bodhisattva-Philosophie, und der andere sitzt und antwortet. Wenn die Antwort falsch ist, stößt der Fragende einen Schrei aus und versetzt dem Sitzenden einen imaginären Hieb.

Wir wandern an den Mönchen vorbei und nähern uns dem Sitz des Dalai Lama, wo er sich seit seiner Flucht 1959 mit der

Exilregierung aufhält. Nachdem wir den Sicherheitscheck passiert haben, empfangen uns Mönche und bringen uns in das Gästezimmer, das traditionell im Stil des tibetischen Buddhismus mit goldenen, blauen und gelben Farben dekoriert ist. Mandalas und Muster und Symbole, deren uralte Wurzeln in den Bergen Tibets liegen. Die Assistenten des Dalai Lama begrüßen uns, und dann kommt der Dalai Lama herein und legt mir einen weißen Schal um den Hals. Er sagt, er hätte in Island gern mehr Zeit gehabt, sich umzuschauen. Er würde gern wiederkommen.

Ich erzähle ihm, dass ich immer noch an einem Projekt über Auðhumla, die Zeit, die Gletscher und die heiligen Wasser arbeite.

*»Ah! Yes, the Magic Cow«, entgegnet er lachend.*

Ich füge hinzu, dass ich darüber schreibe, wie sich alles in der Welt zu verändern beginnt.

»Sie sind die vierzehnte Inkarnation des Dalai Lama seit 1391. Wenn man sich mit Ihrem Leben seit 1935 beschäftigt, hat man den Eindruck, als hätten Sie in diesem einen Leben zehn Leben gelebt.«

*»Ja, das könnte man so sagen. Ich kam in einem armen Dorf zur Welt und verbrachte dort die ersten fünf Jahre meines Lebens, dann brachte man mich nach Lhasa und ich wurde offiziell zum Dalai Lama und geistlichen Führer Tibets. Aber eigentlich war ich nur ein kleiner rastloser Mönch. Ich wollte lieber spielen als lernen. Das Lernen war eine schwere Last. Deswegen brauchte mein Lehrer eine Peitsche für diese kleinen rastlosen Mönche. Damals lernten wir gemeinsam, mein älterer Bruder und ich, und deshalb hatte der Lehrer zwei Peitschen. Eine normale Peitsche und eine goldene Peitsche, das war eine heilige Peitsche für einen heiligen Schüler! Ich war ein rastloser und unvernünftiger Schüler, und der Lehrer musste die Peitsche ziemlich oft benutzen.«*

Er beugt sich zu mir und lacht.

*»Aber mir bereitete die heilige Peitsche keine heiligen Schmerzen, sondern normale Schmerzen. Hu, ha! Also lernte ich aus Angst*

TIBET
ONE PEOPLE
fifty years

*vor ihr. Das war ein Zeitabschnitt. Als ich sechzehn war, drangen die chinesischen Kommunisten in mein Land ein, und ich verlor meine Freiheit. Dann begann ein anderes Leben, ein anderer Zeitabschnitt von neun Jahren.«*

»Sie unterhielten während dieser Zeit diplomatische Beziehungen zu Mao …«

*»Ja, natürlich. Ich traf Mao 1954 und 1955 mehrmals, und er behandelte mich wie seinen eigenen Sohn. Wir hatten ein enges Verhältnis, und ich bewunderte ihn. Am Anfang war ich ein bisschen misstrauisch, aber nachdem ich nach Peking gereist war und mich mit Mao und vielen anderen – wie soll man sie nennen … Freiheitskämpfer, Kommunisten – getroffen hatte, da vertraute ich ihnen. Das waren wundervolle Leute, die sich für das Wohl der Bevölkerung, besonders der Arbeiterschicht, einsetzten. Deshalb fühlte ich mich zum Sozialismus und Marxismus hingezogen. Ich fragte die chinesischen Machthaber sogar, ob ich der Kommunistischen Partei Chinas beitreten könne. So stark war meine Überzeugung. Als ich aus China zurückkam, war ich davon überzeugt, dass Tibet sich mit Hilfe der chinesischen Kommunisten unter der Führung von Mao weiterentwickeln könne. Dann kam der Aufstand im Jahr 1956. Ich schrieb dem Großen Vorsitzenden Mao. Er hatte mir versprochen: »Wenn du in Schwierigkeiten bist, dann schreib mir!« Ich schrieb ihm zwei oder drei Briefe, bekam aber nie eine Antwort. Dadurch schwand mein Vertrauen.*

*1956 besuchte ich Indien und traf mich mit Pandit Nehru. Wir hatten eine gute Verbindung und diskutierten über viele Dinge. Zu diesem Zeitpunkt war Tibet besetzt, und viele Tibeter rieten mir, nicht zurückzukehren. Das sei eine einmalige Gelegenheit, in einem freien Land zu leben, und ich solle lieber dort bleiben. Ich sprach mit Nehru, und er riet mir, nach Tibet zurückzukehren. ›Sie haben eine besondere Beziehung zur chinesischen Regierung, deswegen müssen Sie Ihren Kampf fortsetzen, innerhalb Tibets‹, sagte er.*

*Dann kam 1957 die Hundert-Blumen-Bewegung, und die Kommunistische Partei forderte das Volk auf, sich kritisch zu äußern.*

*Man wollte hundert verschiedene Meinungen hören, aber es endete fürchterlich. Intellektuelle und Nicht-Parteikonforme wurden verfolgt.*

*Mao pflegte immer zu sagen, Kommunisten müssten Kritik von innen und von außen annehmen, sonst wären sie wie Fische auf dem Trockenen. Er sagte das Eine, aber er tat genau das Gegenteil!«*

»Und wurde er dann wie ein Fisch auf dem Trockenen?«

*»Es gab Probleme, und Mao interessierte sich mehr für Macht als für Ideologie. Ich betrachte mich selbst als Marxisten, bin für gleiche Verteilung und gegen ein Profitdenken wie im Kapitalismus. Manchmal glaube ich, dass die edle Ideologie des Marxismus durch den Machthunger von Lenin und natürlich auch von Stalin und von Mao zerstört wurde. Am Anfang war Mao ein guter Kommunist, aber später hat die Macht ihn verdorben. Das ist meine Erfahrung. Ob das stimmt, müssen Historiker beurteilen.«*

»Und 1959 flohen Sie dann nach Indien?«

*»Neun Jahre lang habe ich versucht, die Lage zu befrieden, aber es ist mir nicht gelungen. 1959 gab es Proteste gegen unrealistische Reformen im östlichen Teil Tibets, der unter chinesischer Verwaltung stand, und auch in einigen chinesischen Provinzen, Gansu, Sichuan, Yunnan und Qinghai, und der Aufruhr breitete sich in ganz Tibet aus. Die Lage geriet außer Kontrolle, besonders ab dem 10. März 1959. Eine Woche lang gab ich mein Bestes, aber vergeblich. Ich verließ meinen Palast in Lhasa in der siebten Nacht und erreichte schließlich Indien. Damit begann im April 1959 ein weiteres neues Leben, das bis heute andauert. Ich war traurig. Ich war heimatlos. Aber ich sage den Leuten immer: Als Heimatloser fand ich ein neues glückliches Zuhause hier in Dharamsala. Die indische Regierung nahm uns herzlich auf und gewährte uns politisches Asyl. Und nicht nur das: Die indische Regierung gab den tibetischen Flüchtlingen Land und der jungen Generation Bildungsmöglichkeiten. Deshalb waren die letzten 51 Jahre als Flüchtling für mich persönlich eine sehr glückliche Zeit. Ich bin frei. Ich*

*kann reisen, wohin ich will, sogar nach Island. Ich kann frei sprechen, niemand kontrolliert mich, das liebe ich.«*

»Aber Ihr Ziel ist es, nach Hause zurückzukehren?«

*»Ja, das ist das Ziel aller Tibeter.«*

»Können Sie sich vorstellen, dass das geschieht?«

*»Ja, es ist möglich, weil das Problem ein politisches ist. Die jetzige Situation hat mit reeller Politik nichts zu tun, sondern beruht auf einem sehr engstirnigen, kurzsichtigen politischen Denken der kommunistischen Hardliner in China. Wenn sie ihre Meinung ändern, wenn sie realistischer werden, dann wird die Sache Tibets gelöst. Kein Problem. Mittlerweile gibt es in China bereits zweihundert Millionen Buddhisten. Und viele Chinesen nehmen einiges auf sich und kommen heimlich hierher, um sich in der buddhistischen Lehre unterweisen zu lassen.«*

»Sie wirken unbeschwert. Wie fühlten Sie sich mit sechzehn, als die gesamte Verantwortung für Tibet auf ihren Schultern lastete?«

*»Damals hatte ich keine Erfahrung und keine Ausbildung in weltlichen Dingen. Die Situation war so schrecklich, so schwierig, dass ich große Angst und Sorge hatte. Aber ich hatte gute Ratgeber, und ich bin ein Mensch, der mit jedem klarkommt. Bei schwierigen Themen habe ich oft die Leute, die den Palast fegten, um Rat gefragt. Sie waren sehr aufgeschlossen, vertrauenswürdig und vernünftig. Außerdem hörten sie alle möglichen Gerüchte von außerhalb und konnten mir Bericht erstatten. Das war manchmal sehr hilfreich!«*

Er schaut mich an und lacht mit dem ganzen Gesicht.

*»So erlangte ich eine gewisse Sicherheit, auch wenn es schwierig war. Ich konnte Entscheidungen treffen und dazu stehen. Selbst wenn ich Fehler machte, bedauerte ich es nicht, wenn ich mich vorher gründlich beraten lassen hatte. Außerdem haben wir Buddhisten gewisse geheime spirituelle Methoden der Erkundung. Das würden Sie nicht verstehen! Ha, ha! Ziemlich geheimnisvoll. Aber nach meiner Erfahrung, seit ich sechzehn war und bis heute, wo ich*

*auf die achtzig zugehe, haben sich viele dieser geheimnisvollen Erkundungen als richtig erwiesen. Deshalb habe ich volles Vertrauen in diese Methoden.«*

Ich bin neugierig auf diese geheimnisvollen Erkundungen.

»Könnten Sie mir einen Einblick geben? Wie kann ich die Zukunft erspüren und die richtige Entscheidung treffen?«

*»Das ist eine Art Wissenschaft. Erst nutzen wir unsere Intelligenz, unsere Fähigkeit, eine Situation gründlich zu analysieren. Dann holen wir Rat ein, und wenn alles auf dieselbe Lösung hindeutet, brauchen wir keine geheimnisvolle Erkundung. Aber wenn ich in einem Dilemma stecke, dann nutze ich diese Art der Erkundung.«*

»Ist das so etwas wie ein Orakel?«

*»Ein Orakel ist anders, mehr wie ein Ratgeber. Ich bitte das Orakel um Rat und frage nach seiner Meinung, bekomme aber kein endgültiges Ergebnis. Das endgültige Ergebnis bekomme ich von weiter oben, durch die geheimnisvolle Methode.«*

»Haben Sie einen Brief über Ihre Reinkarnation verfasst?«

*»Im vorherigen oder im nächsten Leben?«*

»Im nächsten Leben«, antworte ich.

*»Nein, nein. In jüngerer Zeit hat der Dalai Lama keinen solchen Brief verfasst, einige Lamas haben das gemacht, mit Angaben, wo sie wiedergeboren werden, manchmal auch die Namen der Eltern. Aber beim dreizehnten Dalai Lama und den vorherigen war das nicht der Fall, das ist nicht belegt.*

*Im Westen meinen manche Leute, die Institution des Dalai Lama sei sehr wichtig für den tibetischen Buddhismus, aber das stimmt nicht. Die Spiritualität des tibetischen Buddhismus wird weiterleben, solange die tibetische Nation weiterhin eine gewisse Freiheit hat. In den letzten sechzig Jahren gab es, die Kulturrevolution eingenommen, eine systematische Zerstörung, aber unsere Kultur wurde nie ausgelöscht. Wegen der Spiritualität. Wenn sie sich einmal im Herzen gebildet hat, kann keine Macht sie auslöschen. Inzwischen sind in Tibet und in China drei oder vier Ge-*

*nerationen groß geworden, und auch die uralten chinesischen Traditionen konnten nicht ausgemerzt werden. Aber die Institution des Dalai Lama, die ist irgendwann entstanden und wird vielleicht irgendwann zu Ende gehen. Das ist kein Problem. Wenn die Leute diese Tradition aufrechterhalten und die Verantwortung dafür tragen möchten, dann werden sie sie nach meinem Tod weiterführen. Dann werde ich von meiner mysteriösen Ebene aus mitverfolgen, was sie tun! Ha, ha! Ansonsten habe ich keine direkte Verbindung.«*

»Gegenüber dem Tod, sind Sie da ängstlich oder neugierig oder …?«

*»Manchmal neugierig. Nicht ängstlich. Ich mache mir nur Sorgen, dass Millionen Tibeter und viele meiner Freunde sehr traurig sein werden. Deswegen fühle ich mich manchmal …«*

Er überlegt einen Moment.

*»Andererseits ist es eine Tatsache, dass wir alle gehen müssen. Niemand kann dem Tod entfliehen, das ist die Realität. Der Tod ist Teil des Lebens, also: kein Problem. Wichtig ist, dass dein Leben, während du es lebst, bedeutsam und sinnvoll und von Nutzen für andere ist. Dann wirst du am Ende nichts bereuen.«*

»Millionen Tibeter warten auf Ihre Heimkehr. Wenn Sie diese geheimnisvollen Mächte befragen, gibt es da einen Hinweis, ob oder wann Sie nach Tibet zurückkehren können? Ob Sie irgendwann wieder nach Hause kommen?«

*»Ja, nicht nur bei meinen geheimnisvollen Erkundungen, viele andere geheimnisvolle Erkundungen deuten an, dass am Ende alles hell sein wird, das ist nur eine Frage der Zeit. Manche Prophezeiungen sind Jahrhunderte alt, und alle sagen, dass dieses Unglück nur vorübergehend ist. Sechzig Jahre sind doch keine lange Zeit, nicht wahr? Jedenfalls glaube ich, dass dieses engstirnige autoritäre kommunistische System keine Zukunft hat. Das ist klar.«*

»Es ist schwierig, über einen sehr langen Zeitraum engstirnig zu sein. Sechzig Jahre lang vielleicht …«

*»Sechzig Jahre sind schon vergangen, und schauen Sie sich die*

*Sowjetunion an, die hat siebzig Jahre überlebt. Alle ehemaligen Ostblockländer haben sich komplett verändert. In Italien, Spanien und Frankreich gab es bedeutende kommunistische Parteien, aber diese Länder haben sich ebenfalls verändert. Und China verändert sich heute auch, wegen zunehmender Bildung, wegen des Internets, all diese Dinge. Die Regierung kann nicht mehr alles komplett kontrollieren.«*

»Sie sind also optimistisch …«

*»Sehen Sie, die heutige Realität ist vollkommen anders als in den 1950er-, 60er- und 70er-Jahren. In China gibt es noch viel Armut auf dem Land, aber ansonsten hat sich viel geändert. Junge Chinesen folgen der neuesten Mode und imitieren den westlichen Lebensstil. Ein wichtiges buddhistisches Prinzip ist, dass die Dinge nie stillstehen, sich immer bewegen, sich immer verändern. Und wie ich bereits sagte, alles hängt zusammen, greift ineinander. Im Fall China schottete die politische Führung das Land in den 50er-, 60er- und sogar noch in den 70er-Jahren ab. Das hat sich heute komplett geändert. Früher glaubte man alles, was die Regierung sagte. Doch seit der Zeit Deng Xiaopings haben viele junge Chinesen im Ausland studiert, und viele ausländische Firmen sind in China aktiv. Viele Chinesen benutzen heute beide Augen und Ohren. Früher haben sie nur ein Auge und ein Ohr benutzt. Langfristig gesehen ist Wahrheit immer stärker als Zwang. Das ist meine Logik. Und die menschliche Natur ist viel stärker als künstliche Systeme. Die werden keinen Bestand haben.«*

»Sie glauben also trotz allem, dass die Welt auf einem guten Weg ist?«

*»1996 hatte ich eine Audienz bei der Mutter von Queen Elizabeth II. von England. Ich kannte sie schon als Kind von Fotos, und als ich sie traf, war sie 96 Jahre alt. Da sie ein ganzes Jahrhundert miterlebt hatte, fragte ich sie, ob die Menschheit oder die Welt besser oder schlechter geworden oder unverändert geblieben sei. Ohne zu zögern, antwortete sie: ›Besser.‹ Als Beispiel erwähnte sie, dass in ihrer Jugend Menschenrechte oder das Recht auf Selbstbestim-*

*mung keineswegs selbstverständlich gewesen seien, Dinge, die heute eigentlich fast überall selbstverständlich seien. Sie sagte, das weise darauf hin, dass die Welt besser würde. Was sie nicht sagte, aber was Realität ist: Großbritannien war in ihrer Jugend eine Kolonialmacht. Und später wurden alle Kolonien unabhängig! Die Demokratie wurde also zunehmend stärker!«*

»Meine Kinder werden im Jahr 2100 hoffentlich noch leben. Haben Sie versucht, sich die Zukunft vorzustellen?«

Seine Heiligkeit lehnt sich zurück und entgegnet:

*»Ich sage den Leuten immer, dass es meiner Überzeugung nach unmöglich ist, tausend Jahre in die Zukunft zu schauen. Aber wir können uns ziemlich sicher sein, dass die Menschheit zumindest in diesem Jahrhundert noch hier auf der Erde sein wird und dass das 21. Jahrhundert ein Jahrhundert des Friedens sein kann. Frieden bedeutet allerdings nicht, dass wir keine Probleme mehr haben werden. Probleme wird es immer geben. Aber in einem friedlichen Miteinander gehen wir anders mit den Problemen um und lösen sie anders. Früher war Gewalt immer die erste Reaktion. Das ist ein veraltetes Denken. Im 20. Jahrhundert haben die Leute bittere Erfahrungen mit Gewalt gemacht, zweihundert Millionen Menschen starben in Kriegen. Krieg ist kein Spiel, bei dem einer gewinnt und einer verliert. Wenn wir so denken, gibt es Krieg und Gewalt.*

*Ein Maximum an Gewalt auszuüben, sogar mit Atomwaffen, löst keine Probleme und wird uns nicht an unser Ziel führen. Wir haben gesehen, wie die Berliner Mauer gefallen ist und wie sich die autoritären Systeme in Osteuropa verändert haben – nicht durch Atomwaffen, sondern durch friedliche Protestbewegungen.*

*Deshalb bin ich mir sicher, dass das 21. Jahrhundert ein Jahrhundert des Friedens sein kann. Frieden durch Dialog. Obwohl die Welt in der zweiten Hälfte des 20. Jahrhunderts in ideologische und militärische Blocks unterteilt war, haben die Menschen einen Weg gefunden, friedlich zusammenzuleben. Jetzt sind die Diktaturen in Europa gefallen, aber in Asien gibt es sie natürlich noch.«*

»Was halten sie vom 21. Jahrhundert?«

»*Ich glaube, dass dieses Jahrhundert ein glücklicheres sein kann. Gewalt ist immer die falsche Methode. Mit Gewalt wird man nie sein Ziel erreichen. Am Anfang war es beispielsweise ein gutes Vorhaben, die Diktatur im Irak zu beenden, aber die Methode war falsch und die Folgen waren schrecklich. Die Menschen brauchen mehr Bildung. Der einzige realistische Weg, um ein Problem zu lösen, ist durch Dialog. Man muss sich die Ansichten des anderen anhören und dann versuchen, eine gemeinsame Lösung zu finden. Während der Irak-Krise sind Millionen Menschen auf die Straße gegangen und haben gegen den Krieg demonstriert. Das sind positive Zeichen. Deswegen bin ich optimistisch, was das 21. Jahrhundert angeht.*«

»Glauben Sie, dass es anders sein wird als das 20. Jahrhundert?«

»*Im 20. Jahrhundert gab es immense Entwicklungen, aber vor allem auf materieller Ebene. Ich glaube, dass es uns an innerer Entwicklung mangelt, weil wir uns der Wichtigkeit unserer Gefühle und unseres Denkens nicht bewusst sind. Immer mehr anerkannte Wissenschaftler bestätigen die Wichtigkeit von Emotionen in unserem Leben. Auch im Bildungsbereich erkennen die Leute, dass die Entwicklung des Gehirns allein nicht genügt. Bei meinen Reisen treffe ich immer mehr Pädagogen und Lehrer, die sagen: ›Wir brauchen eine Bildung des Herzens, einen Unterricht in Warmherzigkeit. Wie können wir das in unser modernes Bildungssystem integrieren?‹*

*Werteunterricht sollte nicht auf religiösem Glauben basieren. In modernen Schulen sollte man Moral und Warmherzigkeit auf einer säkularen Grundlage unterrichten, sonst kann man in multikulturellen, multireligiösen Gesellschaften wie beispielsweise in Indien Schwierigkeiten bekommen. Deshalb beruht die indische Verfassung auf Säkularismus. Säkularismus heißt nicht Respektlosigkeit gegenüber dem Glauben, sondern Respekt vor allen Religionen, auch vor Nichtgläubigen. Auf diese Weise können wir die*

*Menschen in Warmherzigkeit unterrichten. Ich glaube, das ist ein wichtiges Hoffnungszeichen für die Zukunft.«*

»Es ist leicht, den Schülern das Rechnen beizubringen, aber manchen Lehrern dürfte es schwerfallen, Warmherzigkeit zu lehren. Wie lehrt man Empathie?«

*»Empathie ist natürlich subjektiv und basiert auf persönlicher Erfahrung. Sie ist nicht mit einem Gerät messbar. Aber die neuesten Forschungen über die Hirntätigkeit haben gezeigt, dass Gelassenheit und positives Denken einen guten Einfluss auf den Körper haben, während Zorn und Hass das Immunsystem schwächen können. Früher war das ein subjektives Empfinden, aber heute ist es messbar. Und unser gesunder Menschenverstand sagt uns, dass liebevolle Familien glücklicher sind. Wenn der Vater oder die Mutter aggressiv ist und nur herumschreit, leidet die gesamte Familie darunter. Das ist offensichtlich, selbst bei Tieren: ein Hund, der die anderen Hunde ständig anbellt, bleibt isoliert.*

*Man kann mit Hilfe von Geld oder Macht Freundschaften schließen, aber das sind keine echten Freundschaften. Wir Menschen sind soziale Wesen, und für alle sozialen Wesen ist Freundschaft essenziell. Freundschaft beruht auf Vertrauen. Geld schafft kein Vertrauen, es führt zu Argwohn und Ausbeutung. Um Vertrauen aufzubauen, braucht es Offenheit, Transparenz, Wahrhaftigkeit und Ehrlichkeit. All das beruht auf Warmherzigkeit. Dieses Prinzip kann man anderen Menschen beibringen. Warmherzigkeit ist in unserem eigenen Interesse sehr wichtig, für unsere eigene Zukunft. Letztens habe ich eine Diskussion auf BBC gehört, bei der alles auf die Macht von Waffen hinauslief, auf wirtschaftliche Macht, Macht über die Wahrheit. Die Leute lieben Macht! Manche glauben, dass Waffen einem Macht verleihen. Wie der Große Vorsitzende Mao einmal gesagt hat: Kurzzeitig verleiht es einem große Macht, eine Waffe zu tragen.«*

Er zielt mit dem Finger auf mich.

*»So! Dann müssen alle zuhören! Aber langfristig ist das kontraproduktiv. Wenn du dich auf die Macht der Waffe verlässt,*

*zerstörst du Vertrauen und Freundschaft. Wenn du dich auf die Macht der Waffe verlässt, wird der Rest deines Lebens negativ sein. Deshalb müssen wir Waffengewalt abschaffen. Die Macht des Geldes mag vielleicht etwas länger andauern, aber sie bringt auch keine echte Freundschaft zwischen den Menschen. Aber die Macht des Mitgefühls und die Macht der Wahrheit bilden die Basis unseres Glücks. Und wenn man seinen gesunden Menschenverstand einsetzt, dann erkennt man, wie wertvoll die Macht des Mitgefühls ist. Die Macht der Wahrheit.*

*Ich glaube, dass Ihre Enkelkinder, wenn sie erwachsen sind, eine friedlichere Welt vorfinden werden. Und ich glaube, dass sie ein größeres Umweltbewusstsein entwickeln werden. Das sind positive Zeichen. Deswegen glaube ich, dass das 21. Jahrhundert glücklicher sein wird.«*

»Aber woher soll diese Empathie kommen?«

*»Aus unserer eigenen Erfahrung. Wir wurden von einer Mutter geboren. Wobei es am Anfang wohl eine Kuh war, laut Ihrer Theorie!«*

Seine Heiligkeit zeigt lachend auf mich.

*»Aber selbst wenn es eine Kuh war, dann war es eine sehr empathische Kuh! Wir haben überlebt durch das Mitgefühl der Mutter, die Liebe der Mutter. Von Geburt an erfahren wir ihre unendliche Liebe. Forschungen haben gezeigt, dass Menschen, die in früher Kindheit liebevoll aufwachsen, ein glücklicheres Leben führen werden. Kinder, denen es an Mutterliebe oder einer liebevollen Atmosphäre mangelt oder die schlimmstenfalls sogar missbraucht werden, können ihr ganzes Leben ein Gefühl von Unsicherheit haben.«*

»Wie ersetzt man Mutterliebe in einer Gemeinschaft von Mönchen, in der es keine Mütter gibt?«

*»Man wird erst im Alter von sieben Jahren Mönch und verbringt die Zeit davor bei seiner Mutter. Da gibt es kein Problem. Ich selbst wurde mit fünf oder sechs Jahren von meiner Mutter getrennt, aber sie war immer in der Nähe. Sie brachte jeden Tag ein spezielles Brot vorbei, das konnte sie perfekt backen. Wir standen uns sehr nahe,*

*auch nachdem ich nach Indien geflohen war, da war ich um die dreißig. Ich habe die Liebe meiner Mutter immer gespürt.*

*Wenn ich über die Wichtigkeit säkularer Ethik spreche, meine ich drei Dinge: gesunden Menschenverstand, gemeinsame Erfahrung und neueste wissenschaftliche Erkenntnisse.*

*In allen Religionen gibt es denselben gemeinsamen Ansatz des Mitgefühls. Die Wichtigkeit von Liebe, Vergeben und Toleranz, trotz unterschiedlicher Philosophien und Ansichten. Mitgefühl ist uns angeboren, und es ist an der Zeit, uns darauf zu besinnen, nicht nur irdische Dinge und das Gehirn fortzubilden, sondern auch das Herz zu fördern. Wenn sich Herzensmilde mit Weisheit vereint, kann die Gesellschaft glücklicher und warmherziger werden. Dann verschwinden die Probleme, und sollten sie wieder auftauchen, können wir sie gemeinsam lösen. Nicht durch Hass, Misstrauen, Drohungen oder Distanz zwischen den Menschen. Dann entstehen nur noch mehr menschengemachte Probleme. Das ist sehr traurig.«*

»Sollten wir unsere Empathie auch auf die Natur übertragen? So wie die Buddhisten, die bemüht sind, keinem Lebewesen zu schaden? In unserer komplexen Welt wissen wir ja nicht immer, welche Lebewesen wir durch unser Verhalten beeinflussen.«

*»Wir können kein Mitgefühl mit nichtfühlenden Lebewesen wie Bäumen oder Gras oder Pflanzen haben, weil bei ihnen die Fähigkeit zur Empathie nicht entwickelt ist. Aber Respekt ist nah verwandt mit Empathie. Alle Lebewesen haben ein Recht zu existieren. Pflanzen sind Teil der Natur, und vereinfacht gesagt sind wir auch Teil von ihnen. Ohne sie können wir nicht überleben. Aus buddhistischer Sicht sind Vögel und Tiere fühlende Wesen, denen wir Mitgefühl und Liebe entgegenbringen müssen.«*

»Die globalisierte Welt ist eng vernetzt. Kürzlich gab es in Island einen Vulkanausbruch, der maßgeblichen Einfluss auf die Blumenzucht in Südafrika hatte. Wurden auch Sie beeinflusst?«

*»Nein, zum Glück war ich nicht auf Reisen. Aber wenn ich auf Reisen gewesen wäre, hätte es mich natürlich beeinflusst. Dann hätte ich mich beschwert! Über Island!«*

»Für uns war es, als hätten wir endlich für einen kurzen Moment Macht erlangt. Die Welt wurde durch uns lahmgelegt.«

*»Aber eine Macht, die Sie nicht kontrollieren konnten! Wie schade!«*

»Ja, aber wir fühlten uns trotzdem für ein paar Wochen wie eine Supermacht!«

*»Das erinnert uns daran, dass wir letztendlich von der Natur abhängig sind, egal, wie hochentwickelt unsere Technik ist. Das dürfen wir nicht vergessen. Die globale Erwärmung kann außer Kontrolle geraten. Wir müssen so vorsichtig wie möglich sein. Die Zukunft von sieben Milliarden Menschen ist abhängig von der Natur. Das muss uns klar sein, das müssen wir akzeptieren. Manchmal führt uns unsere hochentwickelte Technik und Wissenschaft zu der Annahme, dass wir die Natur kontrollieren können. Aber das stimmt nicht. Wir können es bis zu einem gewissen Grad, aber wir müssen auch in Harmonie mit ihr leben.«*

»Was ist mit der Unabhängigkeit Tibets?«

*»Das Problem in Tibet ist menschengemacht, im Wesentlichen von unseren Nachbarn im Osten. Deshalb müssen wir dieses Problem gemeinsam mit ihnen lösen. So wie andere menschliche Probleme müssen wir es durch Dialog lösen. Das gilt nicht nur für Tibet, sondern auch für Palästina. Solche Probleme kann man nicht durch Härte lösen, indem eine Seite gewinnt und eine Seite verliert. Das hat nie zu echten Lösungen geführt.*

*Die tibetische Philosophie und Kultur basieren auf Frieden. Deshalb ist es wichtig, diese Kultur zu bewahren. Langfristig kann sie dabei helfen, China zu einer friedlicheren Gesellschaft zu machen. Unter Berücksichtigung diverser Fakten glauben wir an den Mittelweg und möchten uns nicht abspalten, sondern Teil der Republik China sein, mit gewissen Rechten, die in der Verfassung verankert sind, das Recht auf Religionsausübung und auf eine eigene Sprache. Wenn der chinesischen Regierung an Einheit und an einer harmonischen Gesellschaft gelegen ist, dann ist ihr Kurs völlig falsch. Man kann Einheit nicht mit Gewalt erzwingen. Das ist unmöglich!*

*Hundert Kühe kann man vielleicht mit einer Peitsche zusammentreiben, aber wir sind Menschen! Wahre Harmonie kommt von Herzen! Aber immer mehr Chinesen äußern ihre Sorge darüber. Sie spüren, dass der jetzige Kurs falsch ist. Das ist ein hoffnungsvolles Zeichen.*

*Unsere Einstellung ist: Was vorbei ist, ist vorbei. Die Vergangenheit spielt keine Rolle, wir möchten nach vorn schauen. Die Europäische Union wurde auch nicht auf Grundlage der Vergangenheit gegründet, sondern gemäß der neuen Realität und auf eine langfristige Zukunft ausgerichtet. Gleichermaßen möchten wir nicht an die Vergangenheit denken, sondern nur an die Zukunft.«*

»Halten Sie es für wahrscheinlich, dass Sie nach Hause zurückkehren werden?«

*»Ja, daran glaube ich. Wir haben in den letzten sechzig Jahren große Veränderungen bei den chinesischen Kommunisten gesehen. Ich spreche immer von vier Epochen: die Epoche Maos, Deng Xiaopings, Jiang Zemins und Hu Jintaos. Es gibt große Unterschiede in diesen Epochen, und das zeigt, dass die Kommunistische Partei sich mit ihrem politischen System an neue Bedingungen anpassen kann. Deshalb bin ich hoffnungsvoll.«*

»Möchten Sie zum Abschluss noch etwas sagen?«

*»Draußen auf dem Platz haben Sie zwei Mönche beim Debattieren gesehen, und der Satz, über den sie debattierten, war dieser: Wenn meine Wünsche nicht erfüllt werden, selbst durch den Besitz aller Dinge auf dieser Erde nicht, was wird mir die Wünsche dann erfüllen?*

*Ich sage den Leuten immer: Habgier ist unstillbar und wird einem niemals Zufriedenheit oder Glück bringen, aber mentale Entwicklung, mentale Gesundheit, die kann man unendlich fortentwickeln.«*

»Vielen Dank für das Gespräch.«

*»Ich danke Ihnen. Bis bald, vielleicht in Island, ich würde wirklich gern noch einmal kommen.«*

## AM MILCHIGEN FLUSS

An der Grenze zu Tibet, im nepalesischen Mustang, erhebt sich in etwa 6300 Metern über dem Meeresspiegel der Nhubine-Himal-Gletscher. Dort entspringt ein milchweißer Fluss mit dem Namen Kali Gandaki. Der Fluss ist sehr alt, älter als das Himalaya-Gebirge, das vor fünfzig Millionen Jahren entstand, als die indische und die eurasische Platte langsam aufeinander zudrifteten. Während die Berge sich in den Himmel hinaufschraubten, grub der Fluss sich nach unten. Heute fließt er durch die tiefsten Schluchten der Welt, wo der Flussgrund 2500 Meter über dem Meeresspiegel liegt und die höchsten Gipfel auf beiden Uferseiten über 8000 Meter hoch sind. Auf seinem langen Weg durch den Himalaya verbindet er sich mit anderen Bächen und Flüssen, die aus über tausend Gletschern entspringen.

Ich erreichte den Fluss sechshundert Kilometer unterhalb seiner Quelle, wo er als breiter, ruhiger Strom an sandigen Ufern und Schotterbänken entlang durch den Chitwan-Nationalpark in Nepal fließt. Er heißt dort Narayani und vereinigt sich weiter unten mit einem anderen Strom: Hier ist sein Wasser heilig und wird Ganga genannt, die Mutter Indiens. Ich kam das erste Mal in Kontakt mit dem heiligen Fluss, der aus Auðhumlas gefrorenen Zitzen im Himalaya fließt. Ursprünglich hatte ich vorgehabt, hinauf zum Kailash zu fahren und den Berg zu umwandern, entschied mich dann aber dafür, seine Heiligkeit zu achten. Es ist eine Unsitte, alles sehen und erleben zu müssen, manches sollte man auch einfach in Ruhe lassen.

Als ich über den Fluss fuhr, um zum Chitwan-Nationalpark zu gelangen, sah ich am sandigen Ufer einen Gavial liegen. Ich war sonderbar ergriffen, diesem alten Drachen mit dem eigenartigen schmalen Maul zu begegnen, das speziell dafür eingerichtet ist, im weißen Gletscherwasser Fische zu fangen. Von dieser Art leben noch etwa zweihundert Exemplare, und ihr Habitat bemisst nur noch zwei Prozent ihres ursprünglichen Lebensraums. Früher sonnten sich Gaviale zu Tausenden an den großen Flüssen Asiens. Ich entdeckte auch ein Sumpfkrokodil, das vertrauter aussieht, für Menschen ein bisschen gefährlicher ist und in kleinen Gruppen im Iran, in Pakistan, Indien und Sri Lanka lebt. In Burma und Butan wurde es ausgerottet. Am Flussufer sahen wir auffällige Spuren, und unser Guide meinte, wir sollten aufpassen, sie seien von Indischen Nashörnern, *Rhinoceros unicornis*. Panzernashörner.

Kurz darauf sahen wir sie im Schilf, zwei Nashörner mit einem Kalb, riesige Tiere, die etwas Archaisches ausstrahlen. Das Männchen kann bis zu zwei Tonnen schwer und zwei Meter groß werden, nicht unbedingt ein Tier, dem man auf einsamen Pfaden begegnen möchte. Seine Haut ist dick und faltig, so wie ich mir als Kind Dinosaurier vorgestellt habe, einen *Stegosauraus* oder einen *Triceratops*. Doch Nashörner sind wesentlich jünger als Dinosaurier, erst zehn Millionen Jahre alt. Heute leben in Nepal und Indien in einem Gebiet von der doppelten Größe des Vatnajökull nur noch 2500 Exemplare. Im Fluss badete eine Herde Elefanten, und wir folgten ihnen in den Urwald, wo es Tiger gab. Ich sah keinen, aber Tigerspuren, ungefähr so groß wie meine Fußabdrücke, Schuhgröße 45, beileibe kein kleines Kätzchen. In Nepal leben noch etwa zweihundert Königstiger. Ich war hin- und hergerissen, ob ich traurig sein sollte über die Überbleibsel aus dem einstigen Garten Eden unserer Erde oder mich freuen sollte, dass die Population der Nashörner und Tiger sich in dieser Gegend in den letzten Jahren erholt hat. Als unser Guide Champo uns gerade zu unserer Beruhigung erklären wollte, Angriffe seien selten, stieß mein Reisegefährte einen Schrei aus und zeigte auf den Boden vor seinen Füßen. Der Pfad war mit vierblättrigen Kleeblättern bedeckt. Ich strich mit der Hand über den Klee, und drei kleine Blutegel saugten sich an meinem Handrücken fest. Tigerspuren, Panzernashörner, vierblättrige Kleeblätter und Blutegel an einem heiligen Fluss. Es wäre interessant, diesen Traum zu deuten, wenn es ein Traum gewesen wäre.

Der weiße Sand am Ufer des Narayani war fein wie Asche und bestand tatsächlich zu einem Teil aus der Asche von Toten: In der Ferne sahen wir Flammen und eine Familie, die einem Verwandten durch eine Feuerbestattung das letzte Geleit gab. Die Sonne sank, feuerrot in der Dämmerung, Vögel flogen tief über dem spiegelglatten Wasser und nachtaktive Vögel erwachten. Es war offensichtlich, warum dieser Fluss als heilig angesehen wurde. Und wie alles miteinander verbunden war. Heilige weiße Gletscherflüsse, die aus den Himmelsbergen Tibets fließen, Quell des Lebens für Menschen, Krokodile und Panzernashörner.

Nach dem Interview mit dem Dalai Lama fuhren wir mit dem Auto nach Amritsar und von dort mit dem Zug nach Delhi. In der Stadt hatten wir einen freien Abend, und irgendjemand kannte einen, der einen kannte, der uns zu einer Party einlud. Wir wurden mit einem schwarzen Range Rover abgeholt, und als wir losfuhren, sagte eine Stimme von der Rückbank: »Nach rechts! Nach links!«

Der Chauffeur saß hinten und beschrieb den Weg. Der Besitzer des Wagens saß am Steuer, war aber selbst noch nie durch Delhi gefahren. Wir rollten durch die Dunkelheit, in den schlecht beleuchteten Straßen wimmelte es von Menschen, und am Straßenrand lagen Kühe. Wir passierten einen Slum, wo Familien auf Verkehrsinseln und unter Brücken zu leben schienen. Eine Horde Kinder rannte mitten in der Nacht über die Straße, als wäre Dickens' *Oliver Twist* ein zeitgenössischer Roman. Wir fuhren durch ein gut gesichertes Tor, eine Einfahrt hinauf, an der jede Menge Luxuskarossen parkten, und gingen dann durch einen Säulengang in ein nagelneues Haus, das aussah wie die Disney-Version von *Tausendundeine Nacht*. Wir betraten die Eingangshalle, neben der sich rechts ein prunkvoller Raum mit riesigen

Gemälden und einem Kronleuchter auftat. Drei Männer saßen an einem Tisch und spielten Poker. »Ich kann ganz gut pokern«, sagte unsere Bekannte und fragte, ob sie mitspielen dürfe. Der Einsatz sollte hunderttausend Dollar betragen. Wir gingen wieder raus, in Richtung der Musik, und stießen zu der Party im Garten. Dort amüsierte sich die junge Delhi-Elite, ein DJ legte dröhnenden Techno auf, während achtzehn Köche und Kellner köstliches Essen servierten. Der Gastgeber, ein ziemlich cooler Typ, begrüßte uns. Er hatte lange in London und Dubai gelebt und wohnte jetzt in Neu-Delhi. Auf seinem T-Shirt prangte der Slogan *Will Fuck for Coke*. Im Garten gab es einen großen Pool, und irgendwann wurde die Musik voll aufgedreht und alle sprangen mit Klamotten ins Wasser. Auf der anderen Seite der Gartenmauer befand sich ein Stadtviertel, in dem es zwischen den Einwohnern mit ihren Flaschen und Töpfen zu Handgreiflichkeiten kommt, wenn der Tankwagen einmal in der Woche Wasser bringt. Ich fühlte mich eindringlich an die Worte Mahatma Gandhis erinnert, dass die Erde die Bedürfnisse aller Menschen, aber nicht die Gier aller Menschen erfüllen kann. »Earth provides for every man's need. But not for every man's greed.«

Vielleicht war die ungleiche Verteilung dort besonders prägnant, weil nur eine einfache Mauer diese gegensätzlichen Welten voneinander trennte. Bittere Armut auf der einen Seite, totaler Exzess auf der anderen. Das machte es leicht, solche Missstände anzuprangern. Aber spielt es eine Rolle, ob die Armut auf der anderen Seite der Mauer, der Stadt, der Berge, der Grenze oder des Meeres ist? Ich wusste zumindest, auf welcher Seite der Mauer ich selbst stand.

Als mein Großvater Árni in Island zum armen vaterlosen Halbwaisen wurde, war es die soziale und politische Einstellung, die einer mittellosen Witwe zur modernsten Wohnung der Stadt verhalf. Das rettete ihm womöglich das Leben. Leider leben wir immer noch in einer Welt, in der Kinder wie er auf der Straße landen.

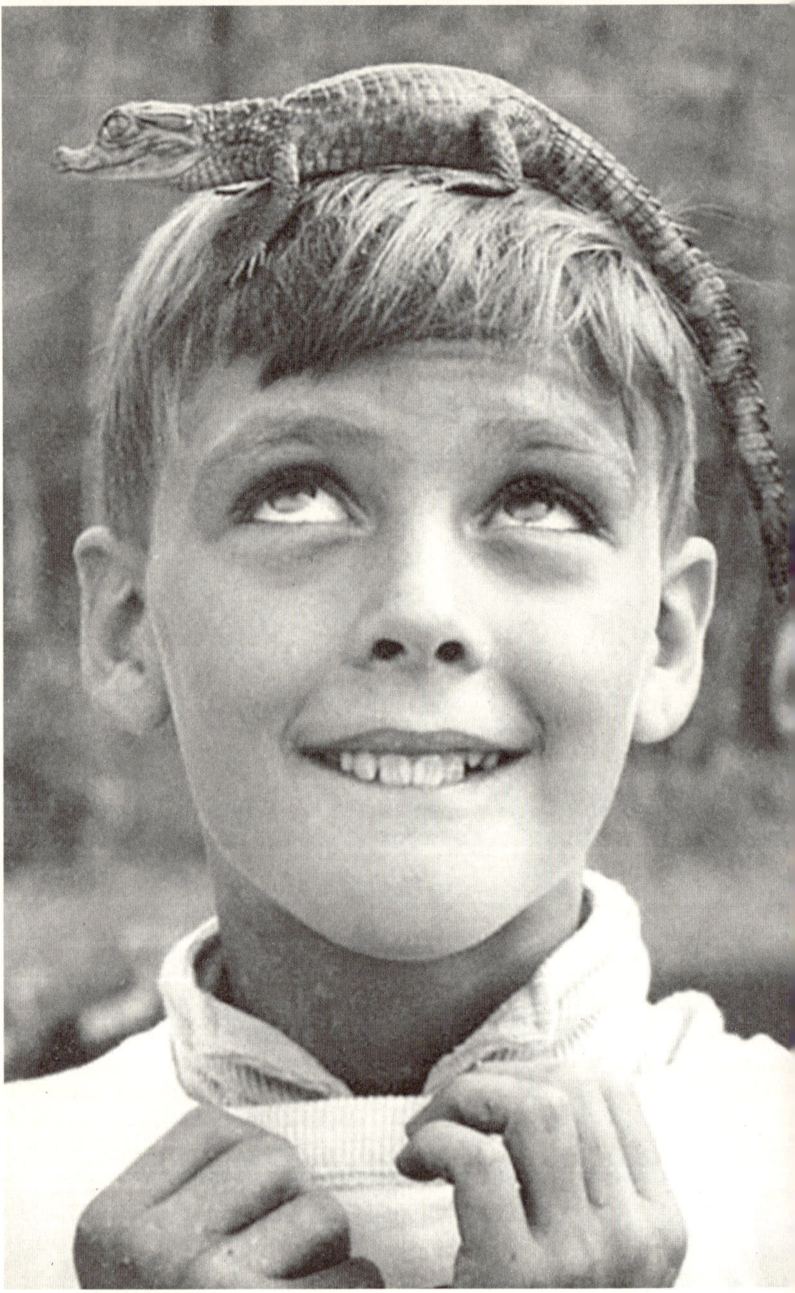

*Crocodylus niloticus* *Crocodylus thorbjarnarsoni*

## CROCODYLUS THORBJARNARSONI

Mein Onkel John Thorbjarnarson starb in Neu-Delhi an Malaria, seine Asche wurde im Marschland von Florida inmitten von Alligatoren, Schildkröten und Flamingos ausgestreut. Wenn die Erde ein Bewusstsein oder einen Willen hätte, müsste sie Menschen wie ihn eigentlich beschützen. Die wilde Natur, Sumpfgebiete und weniger populäre Tierarten haben leider viel zu wenige Fürsprecher. John war erst 52 Jahre alt und hätte mit seiner Arbeit noch viel bewirkt.

Auch wenn mein Onkel tot ist, wird seine Arbeit von einer großen Gruppe Wissenschaftler, die gefährdete Krokodile in dreißig Ländern schützen und erforschen, mit Leidenschaft und Sachverstand fortgeführt. Ich habe wissenschaftliche Fachliteratur gelesen, in der auf Johns Hilfestellung in Uganda, China, Brasilien, Venezuela, Indien und weiteren Ländern verwiesen wird. In einem Nachruf im *Economist* steht, sein burmesischer Spitzname sei Kyunpatgyi, nach einem mythischen Riesenkrokodil, das laut mündlicher Überlieferung um eine Insel im Meinmalha Kyun Wildlife Sanctuary streift. Durch den Schutz von Krokodilen werden Sumpfgebiete erhalten und somit auch die Lebensräume einer Vielzahl anderer Tierarten. Feuchtbiotope bilden einen natürlichen Hochwasserschutz und binden Kohlenstoff. Alles ist miteinander verflochten: Die Lebensräume von Wildtieren haben unmittelbaren Einfluss auf unsere Zukunftsperspektiven. Biologische Vielfalt ist das Nabenloch, das den Nutzen des Rads bestimmt, wie Lao-Tse sagte:

So bringt Seiendes Gewinn
doch Nichtseiendes Nutzen.

Am Lake Turkana in Kenia analysieren Forscher seit Jahren Sedimente, die Auskunft über den Ursprung des Menschen geben. Man fand dort Überreste von Tierarten, die vor über fünfzig Millionen Jahren lebten. 2012 untersuchten Forscher aus Cincinnati die Schädel einer unbekannten Krokodilart, die man in Sedimenten aus dem Pleistozän gefunden hatte.[75] Durch genauere Untersuchungen fand man heraus, dass es sich angesichts der Größe und Form der Schädel vermutlich um die größte Krokodilart aller Zeiten handelte. Ein ausgewachsenes Tier brachte es auf fast acht Meter Länge und war somit das größte Raubtier in der Region. Dieses Krokodil war ein wahrer Drache, womöglich gehörten unsere Vorfahren zu seiner Beute. In Gedenken an John Thorbjarnarson bekam diese Art den wissenschaftlichen Namen *Crocodylus thorbjarnarsoni*. Man könnte also sagen, dass mein Onkel als prähistorisches Krokodil wiedergeboren wurde. Ich schätze, damit sind die Kindheitsträume eines Jungen, der verrückt nach Krokodilen war, fast wahr geworden.

John hat mir gezeigt, dass es möglich ist, der Welt einen Schubs zu geben. Dass die Welt nicht nur aus einem unkontrollierten, ziellosen Strom von Veränderungen besteht, sondern dass man sie beeinflussen und in die richtige Richtung lenken kann. Es ist unsere Bestimmung, nützlich zu sein, etwas zu bewirken, Wissen zu vermehren und die Welt in die richtige Richtung zu steuern, wenn sie vom Kurs abgekommen ist. Johns Kollegen in Uganda halten das Gedenken an meinen Onkel aufrecht; die Erforschung der Lebensräume des kleinwüchsigen Nilkrokodils wird fortgesetzt. Eine seiner Nachfolgerinnen ist Carol Bogezi, eine junge Frau und Pionierin in Sachen Tierschutz und Frauenrechte in Uganda. Sie musste nicht nur mit Vorurteilen gegenüber Krokodilen, sondern auch mit Vorurteilen gegenüber Frauen kämpfen. Bogezi leitete ein Forschungsteam von Männern, die es anfangs als herabwürdigend ansahen, Anweisungen von einer jungen Frau entgegenzunehmen. Sie fungierte als Vermittlerin zwischen Wildtieren und Menschen und untersucht zurzeit, wie man Farmer im US-Bundesstaat Washington dazu bringen kann, Wölfe zu tolerieren und mit ihnen zu leben. Als sie in einem Interview gefragt wurde, wann bei ihr der Wunsch aufgekommen sei, mit Wildtieren zu arbeiten, antwortete sie, sie habe diesen Traum schon als Kind gehabt.

John, der als Kind nur Krokodile im Kopf hatte, ist ein glänzendes Beispiel dafür, wie früh bei manchen Menschen der weitere Lebensweg geprägt wird. Als Kind schaute er sich einen Dokumentarfilm über gefährdete Krokodile an und zehn Jahre später begann er, an ihrem Schutz zu arbeiten. Zwanzig Jahre später hatte er maßgeblich zur Rettung einer ganzen Tierart beigetragen. Das scheint mir der Definition des Dalai Lama von einem sinnvollen Leben sehr nahe zu kommen.

## 2050

*»Nun haben die Menschen begonnen, Rache zu nehmen. Mit Feuer, des Wassers schlimmstem Feind, treiben sie ihre Schiffe gegen Sturm und Strömung, durch Sturzwellen und Schären, und wer weiß, wann sie sich über die Brandung erheben und zum Himmel hinaufsegeln?«*

Fjölnir, 1. Ausgabe 1835

Im Jahr 1919 die Zukunft für die nächsten hundert Jahre zutreffend vorherzusagen wäre vollkommen unmöglich gewesen ... sich eine Weltbevölkerung von sieben Milliarden Menschen vorzustellen, die Gründung der Vereinten Nationen, so viele Menschen zu ernähren, zu bekleiden, auszubilden und unterzubringen, die Welt durch Telefone und Computer zu vernetzen, Energiequellen, Fahrzeuge und Arbeitsplätze für eine riesige Menschenmenge bereitzustellen, Tausende Symphonieorchester zu gründen und unheilbare Krankheiten zu heilen. Wir sind noch weit davon entfernt, dass es allen gleich gut geht, dennoch sind ganze Kontinente in erstaunlich kurzer Zeit der Armut entkommen.

Zu Beginn des 20. Jahrhunderts hatte der Mensch die Prinzipien der Aeronautik noch nicht gänzlich verstanden. 1903 flogen die Brüder Wright mit einem Flugzeug dreißig Meter weit, die längste Strecke, die ein Motorflugzeug je zurückgelegt hatte. Zwei Jahre später beherrschten sie die Technik und flogen etwa dreißig Kilometer. Diese Technik eroberte die ganze Welt, und 1917 flog der Rote Baron in Doppel- und Dreideckern Kampfeinsätze in halb Europa. 1927 überquerte Charles Lindbergh als Erster den Atlantik, er flog von New York nach Paris. Heute sind auf der ganzen Welt gleichzeitig 10 000 Flugzeuge mit circa einer Million Passagiere an Bord in der Luft. Als meine Großmutter auf die Welt kam, hatte noch keiner den Atlantik mit einem Flugzeug überquert, und gut vierzig Jahre später waren schon Menschen zum Mond geflogen.

Die Atomenergie entwickelte sich sogar noch schneller. Seit James Chadwick 1932 Mutmaßungen über die Existenz von Neutronen angestellt hatte, vergingen nur zwei Jahre, bis Enrico Fermi einen Atomkern mit Neutronen spaltete. Fünf Jahre später mutmaßten Wissenschaftler, dass Kernspaltung eine Kettenreaktion auslösen könnte, was 1942 unter der Tribüne einer Sportarena in Chicago bewiesen wurde. Damit waren Atombomben theoretisch möglich. Umgehend startete man das Manhattan-Projekt und schickte 10 000 Leute unter der Leitung von Robert Oppenheimer in die Wüste, um eine Bombe zu bauen. 1945 war sie fertig und wurde fatalerweise drei Wochen später abgeworfen. Das ist noch gar nicht so lange her. Ich kenne einen Mann, der Oppenheimer operiert hat, und habe einen betagten Japaner getroffen, der Opfer der Atombombe in Hiroshima war. Zwischen der wissenschaftlichen Theorie über die Existenz von Neutronen bis zu einer funktionstüchtigen Bombe vergingen weniger als dreizehn Jahre. Eine schreckliche Vorstellung, die nichtsdestotrotz zeigt, was Menschen erreichen können, wenn sie glauben, dass es um Leben und Tod geht.

Die letzten dreißig Jahre waren geprägt von Computern, Telefonen, Internet und Massenunterhaltung. Wenn ich 1990 alles hätte kaufen wollen, was heute in mein Smartphone integriert ist – Ortungsgerät, Computer, Modem, Taschenrechner, Videorecorder, CD-Player, Navigationssystem, Filmkamera, Bibliothek, Konferenzsystem, Adressbuch, Telefon, Fax, Spielekonsole –, dann hätten diese Geräte ein paar Tonnen gewogen und ein Vermögen gekostet. Die Rechengeschwindigkeit der Prozessoren hat sich alle zwei Jahre verdoppelt und uns zu Superhirnen gemacht. Diese rasante Entwicklung ist fantastisch, irritiert uns aber auch. Wir erwarten, dass irgendein Genie im Silicon Valley große Probleme löst, am besten mit einer simplen Handy-App. Die Magier haben uns mit glänzenden Geräten und immer flacher werdenden Bildschirmen in Trance versetzt. Die Welt ist connected, die Flut an Informationen und der Zugang zu Unterhaltung haben sich vervielfacht, aber unsere Geräte sind so konzipiert, dass sie eine Abhängigkeit schaffen, die uns in einen Teufelskreis aus Überwachung und Konsumzwang bringt. Wir sind der Natur ferner denn je, wenn man Natur als die Zeit definiert, die ein Kind draußen an der frischen Luft spielt.

Während die virtuelle Realität zugenommen hat, hat die Realität abgenommen. Die westlichen Länder haben ihre Emissionen verringert, aber in den meisten Fällen wurden Produktion und Umweltverschmutzung einfach ausgelagert. Der Konsum hat extrem zugenommen, ebenso wie die Massen von Müll, die Zerstörung der Regenwälder, die Lebensmittelverschwendung und die Wegwerfmode. Wir besitzen mehr Autos und Flugzeuge als je zuvor, wir kaufen mehr Geräte mit immer kürzerer Lebensdauer, schmeißen mehr Lebensmittel und Kleidung weg, verwenden mehr Plastik und fliegen immer häufiger immer kürzere Flugstrecken. In Bezug auf die Atmosphäre und die Erde sind die größten Entwicklungen der letzten dreißig Jahre Rückschritte.

Die Kinder dieser Welt sind in den Klimastreik getreten, und wie in einem alten Volksmärchen erscheint das Kind Greta, das dazu bestimmt ist, uns die Wahrheit zu sagen. Sie ist mit Svante Arrhenius verwandt, dem Mann, der Ende des 19. Jahrhunderts als Erster ausrechnete, dass mehr Kohlendioxid in der Atmosphäre eine globale Erwärmung verursachen könnte. Allerdings glaubte er, eine solche Erwärmung sei positiv und es würde ein paar hundert Jahre dauern, bis wir den $CO_2$-Ausstoß um fünfzig Prozent erhöht hätten. Er unterschätzte, wie eifrig wir Kohle und Öl verbrennen würden. Wir brauchten dafür weniger als hundert Jahre, aber seine zentrale Schlussfolgerung war richtig. Im Sommer 2019 gab es überall auf der Welt Hitzerekorde, in

Sibirien wüteten Waldbrände, und in Afrika, Indien und anderen Ländern waren die Leute von Dürren bedroht. Früher befürchtete man den Schwund der weltweiten Erdölvorräte, heute zeigen Studien: Wenn wir sie alle verbrennen, dann verbrennt auch die Erde. Je mehr $CO_2$ wir ausstoßen, desto höher ist die Wahrscheinlichkeit eines Point of no Return, an dem unkontrollierbare Prozesse in Gang gesetzt werden, mit denen die Menschheit nicht mehr zurande kommt.

Die Kinder fordern, dass der Schulunterricht sich mit diesen Herausforderungen beschäftigt und dass die Nationen der Welt auf die eindringlichen Appelle der Wissenschaftsgemeinschaft reagieren. Der amerikanische Schriftsteller Neil Postman behandelt in seinem Buch *Keine Götter mehr. Das Ende der Erziehung* die Krise des Bildungssystems und argumentiert, das Bildungssystem habe von jeher einem höheren Zweck gedient, den er »Gott« nennt. Erst diente es in den Klöstern Gott selbst, dann übernahmen Könige den Staffelstab und das Bildungssystem diente ihnen, und danach wurden Republiken und Nationen die neuen Götter. Im fortschreitenden Kapitalismus hat sich das Bildungssystem auf das Individuum fokussiert, auf die Schaffung von Human Resources für die Arbeitswelt im internationalen Wettbewerb der Konzerne auf einem freien Markt. Profit und Wachstum stehen im Mittelpunkt, ohne einem höheren Zweck zu dienen. Warum lernen? Um einen gut bezahlten Job zu bekommen. Um mehr Wachstum zu erzeugen, um noch schneller noch mehr Öl ins Feuer zu gießen und mit Vollgas über die Klippe zu rasen.

Jetzt ist ein neues Paradigma auf der Bildfläche erschienen: die Erdatmosphäre. Das Bildungssystem muss eine ganze Generation auf ein Arbeitsleben vorbereiten, bei dem es darum geht, dass es der Menschheit gelingt, im Gleichgewicht mit den Grundfesten des Daseins zu leben. Warum sollen wir Ethik lernen? Weil es in den nächsten Jahren eine Menge moralische Herausforderungen geben wird. Warum sollen wir Algebra lernen?

Weil wir Hunderte Gigatonnen $CO_2$ binden müssen und noch keiner weiß, wie wir das anstellen sollen. Warum sollen wir Lyrik und alte Gedichte lernen? Weil die Poesie der silberne Faden des menschlichen Geistes ist und die Existenz des Menschen ohne sie undenkbar wäre.

Das Erbe des 20. Jahrhunderts muss fast gänzlich umgestaltet werden. Wir müssen überdenken, was wir essen und welchen Trends wir folgen, wir müssen die Mode, die Technologie, die Mobilität, die Produktion und unseren gesamten Konsum überdenken. Gleichzeitig muss die Erde neun Milliarden Menschen ernähren, und die Menschheit muss bewahren, was an unberührter Natur noch übrig ist. Die Welt muss neu erdacht werden, und zwar genauso schnell oder noch schneller, als die Luftfahrt, die Atomenergie und die Computertechnologie entwickelt wurden.

Um einer Klimakatastrophe entgegenzuwirken, müssen wir alle $CO_2$-Emissionen bis zum Jahr 2050 einstellen. In den nächsten dreißig Jahren müssen wir unsere Konsumgewohnheiten ändern und einen kompletten Wandel der Energiewirtschaft und Mobilität durchführen. Wissenschaftler gehen davon aus, dass der $CO_2$-Anteil in der Atmosphäre nicht über 350 ppm betragen darf. Jetzt liegt er bei 415 ppm und steigt jährlich um zwei bis drei ppm. Das heißt, selbst wenn alle Emissionen gestoppt werden, müssen tausend bis zweitausend Gigatonnen $CO_2$, die sich bereits in der Atmosphäre befinden, reabsorbiert werden.[76] Das entspricht der Menge, die durch sämtliche menschlichen Aktivitäten in einem Zeitraum von dreißig Jahren produziert wird.

Die Erdbevölkerung sieht sich mit einer Herausforderung konfrontiert, die es bisher nur als Science-Fiction gab: den Anteil der Gase in der globalen Atmosphäre zu erfassen und zu kontrollieren. Dieses Ziel muss erreicht sein, wenn die Kinder, die heute in den ersten Klassen der fortführenden Schulen sind, mein Alter erreicht haben und wenn meine Generation in Rente geht. Unsere Aufgabe ist es, die Erde zu retten, daran geht kein Weg vorbei.

Das Klimachaos hat dazu geführt, dass eine ganze Generation nicht mehr gefragt wird, was sie einmal werden möchte, sondern was sie werden muss. Wobei das nicht ausschließlich negativ ist – diese Generation wird erleben, dass sie eine Aufgabe hat, einen höheren Zweck. Wer sich lieber selbstverwirklichen will, wird das wohl um dreißig Jahre aufschieben müssen, bis die Erde wieder in Sicherheit ist.

Ein großer Teil der Lösung liegt in der Vorstellungskraft. Es ist unwahrscheinlich, dass eine $CO_2$-neutrale Welt ein Spiegelbild unserer alten Welt sein wird. Wenn die Verkehrsstaus in den Großstädten durch Schlangen von Elektroautos ersetzt werden, haben wir kein Problem gelöst. E-Autos brauchen tonnenweise Stahl, Aluminium und Lithium für die Batterien. In Island stößt der Autoverkehr jährlich eine Million Tonnen $CO_2$ aus. Wie schnell könnte man das ändern? Wenn jeder sein Auto jeden zehnten Tag stehen ließe, wäre schon morgen eine Reduzierung von zehn Prozent möglich, wenn er sein Auto einmal in der Woche stehen ließe, sogar fünfzehn Prozent. Sind Städte in dreißig Jahren mit anderen Verkehrssystemen als heute vorstellbar? Öffentliche Verkehrsmittel und leicht handhabbare Fahrzeuge – Roller, E-Bikes, ultraleichte Autos – könnten einen großen Teil der heutigen Autos überflüssig machen. Wir müssen nicht jeden Morgen in unser Gehäuse krabbeln, als wären wir Einsiedlerkrebse. Durch Elektroenergie und öffentliche Verkehrsmittel ist es möglich, die unmittelbaren Verkehrsemissionen auf null zu reduzieren. Doch individuelles Handeln wird nicht reichen – Reykjavíks geothermales Heizsystem entstand auch nicht, weil jeder seine eigene Heißwasserleitung gelegt hat. Die umfassendsten und wichtigsten Lösungen sind nur durch die Initiativen von Regierungen und visionären Politikern und durch internationale Kooperation möglich.

Auf der ganzen Welt suchen Wissenschaftler nach Lösungen, und viele davon überraschen. Ein Expertenteam von Project Drawdown hat hundert Klimalösungen zusammengestellt und nach Gigatonnen aufgelistet.[77] Die UN-Nachhaltigkeitsziele geben ebenfalls Richtlinien, wo die Welt hinsteuern könnte. Die meisten Untersuchungen weisen in dieselbe Richtung, und die Lösungen lassen sich grob in vier Kategorien einordnen.

1. Keine Lebensmittelverschwendung und Ernährungswandel
2. Solar- und Windenergie, Elektromobilität
3. Schutz der Wälder und Aufforstung, Renaturierung von Feuchtgebieten und Regenwäldern
4. Stärkung von Frauen

Das Gute an allen diesen Lösungen ist, dass sie eine einheitliche Vision von einer besseren Welt aufzeigen.

Klimaveränderungen haben bereits weltweit Einfluss auf Ernten, die derzeitige Fruchtbarkeit der Erde ist kein Garant für die Zukunft. In vielen Ländern wird keine nachhaltige Landwirtschaft betrieben, und die Bodenqualität hat sich aufgrund von schädlichen Anbaumethoden immens verschlechtert. Dreißig Prozent der Nahrungsmittel, die wir produzieren, landen auf dem Müll. Ein Großteil der weltweiten Nahrungsmittelproduktion besteht aus tierischen Produkten, dabei könnten die Menschen das Getreide, mit dem diese Tiere gefüttert werden, nutzen. Untersuchungen zeigen, dass die USA Nahrung für achthundert Millionen Menschen produzieren könnten, wenn alles Getreide, das als Tierfutter dient, für den menschlichen Verzehr verwendet würde.[78] Wir könnten mit der bereits bestehenden Landwirtschaft vier Milliarden Menschen zusätzlich ernähren, ohne die verbliebenen Regenwälder oder die unberührten Landschaften der Erde zu zerstören.[79]

Bezogen auf den $CO_2$-Fußabdruck, entspricht eine Rindfleisch-Mahlzeit zwanzig Pasta-Mahlzeiten. Vielleicht hatten die Hindus recht, als sie Kühe für heilig erklärten – gälte dies in der ganzen Welt, hätten wir heute weitaus weniger Probleme.

In den meisten Fällen braucht es keine neuen Technologien,

um die Probleme zu lösen. Der Schlüssel zur Lösung ist der Schutz der Natur. Für die Industrie waren Regenwälder und Feuchtgebiete immer nur nutzloses Land oder einfach Rohstoff. Naturreservate wurden eingerichtet als Modelle einer Welt, wie sie früher einmal war. Regenwälder und unberührte Natur spielen Schlüsselrollen, wenn es darum geht, Kohlenstoff zu binden und die Atmosphäre zu schützen. Ihre Existenz ist für die gesamte Erdbevölkerung unerlässlich geworden.

Feuchtgebiete sind lebensnotwendig für uns, weil sie Kohlenstoff binden. In Island wurden Feuchtgebiete im großen Stil trockengelegt, und die ausgehobenen Gräben entsprechen fast der Gesamtlänge des Erdumfangs, 33 000 Kilometer. Die Emissionen von den drainierten isländischen Feuchtgebieten übertreffen sämtliche Emissionen unserer Industrie und unseres Auto- und Flugverkehrs. Um die acht Millionen Tonnen jährlich.[80] Zum Vergleich: Unsere Autos stoßen eine Million Tonnen aus. Wenn die Böden austrocknen, setzen Fäulnis und Oxidation von Kohlenwasserstoff ein, der sich seit Tausenden Jahren im Erdreich angesammelt hat. Was man früher für nutzlos hielt, stellte sich später als nützlich heraus, und indem man die Böden für die Landwirtschaft »verbesserte«, wurden sie in Wirklichkeit zu einer zerstörerischen Kraft. Halldór Laxness schrieb 1970 in seinem Artikel *Der Krieg gegen das Land* über die exzessive Drainage von Sumpfland. Seine Schlussfolgerung lautete: »Sollten wir nicht dafür plädieren, die Leute dafür zu entlohnen, die Gräben wieder zuzuschütten?«

Etwa siebzig Prozent der Entwässerungsgräben in Island stellen keinen Nutzen für den Ackerbau dar. Wissenschaftler haben festgestellt, dass Halldór Laxness' Vorschlag, die Gräben wieder zuzuschütten und die Feuchtgebiete wiederherzustellen, der wichtigste Beitrag Islands zum Klimaschutz wäre.

In den letzten Jahren wurden immense Fortschritte in den Bereichen Solar- und Windenergie erzielt. Neue Wind- und Solarparks treten in Konkurrenz mit den alten Kohlekraftwerken, und durch die rasante Entwicklung bei Batteriespeichersystemen können Energieschwankungen ausgeglichen werden. Um den Strombedarf der USA mit Solarenergie abzudecken, brauchte man ein 10 000 Quadratkilometer großes Gebiet, ungefähr so groß wie der Vatnajökull. Die Hausdächer in Amerika bilden eine Fläche von 5000 Quadratkilometern, während die Parkplätze etwa 60 000 Quadratkilometer einnehmen.

Bei diesem Wettlauf können nur alle gewinnen oder alle verlieren. Je früher Australien, Saudi-Arabien und Arizona auf Solarenergie setzen, desto wahrscheinlicher ist es, dass diese Technologie großflächig verfügbar und für Menschen in ärmeren Ländern zugänglich sein wird. In den entlegensten Winkeln Afrikas besitzen die Leute Smartphones, obwohl sie hundert Jahre Entwicklung in der Telefontechnik verpasst haben. Dasselbe muss mit innovativen Energien passieren: Kohle und Öl auslassen und direkt zu Solar-, Wind- und Wärmeenergie übergehen. Wenn reichere Länder diese Technologien vorantreiben und selbst nutzen, ist das ein realistisches Szenario.

Man könnte meinen, die Stärkung von Frauen sei kein Umweltthema, aber Untersuchungen zeigen, dass die schulische Bildung von Mädchen das Wohl der Familien sichert und dass die Bevölkerungsexplosion am besten in den Griff zu kriegen ist, wenn Frauen selbst darüber entscheiden, wie viele Kinder sie bekommen. Gleichberechtigung ist eine wichtige Voraussetzung für die Lösung der Umweltprobleme der Zukunft. Doch es reicht nicht, die Lösungen zu kennen; wir müssen schleunigst messbare Veränderungen vorweisen, wenn wir alle Emissionen bis 2050 stoppen wollen.

Im 20. Jahrhundert entstand eine Infrastruktur, die wir für selbstverständlich halten und gar nicht mehr wahrnehmen: Elektrizität, Wasserversorgung, Abwasserbeseitigung, Heizungsversorgung, Telefon- und Straßennetz. Als mein Großvater Björn 1921 auf die Welt kam, wurde am Fluss Elliðaá das erste Wasserkraftwerk für die Stromversorgung von Reykjavík gebaut. Erst seit so kurzer Zeit haben wir Elektrizität. Während der Lebenszeit meines Großvaters stieg die verfügbare Energie in Island von einem Megawatt auf 2700 Megawatt.

Anfang des 20. Jahrhunderts kamen Leute mit neuen, exotischen Berufsbezeichnungen ins Land: Ingenieur, Maschinist, Funker, Telefonistin. Sie waren Pioniere in der Technologie ihrer Zeit. Heute stehen drei Personen mit der Berufsbezeichnung »$CO_2$-Reduzierer« im Telefonverzeichnis – ein Berufszweig, der Zukunft hat. Die größten Fortschritte des 21. Jahrhunderts müssen wir bei der Reduktion und Beseitigung von $CO_2$ machen, wir müssen Methoden entwickeln, mit denen wir Kohlendioxid aus der Atmosphäre extrahieren und in etwas Nützliches umwandeln können.

Auf der Hochebene Hellisheiði haben die ersten $CO_2$-Reduzierer der Geschichte bereits die ersten Schritte gemacht, so wie damals die Brüder Wright in der Luftfahrt. Das Geothermalkraftwerk auf der Hellisheiði erzeugt 20 000 Tonnen $CO_2$ pro Jahr. 2012 hat man untersucht, ob $CO_2$ von Felsgestein aufgenommen werden kann. Bei diesem Prozess wird $CO_2$ mit Wasser vermischt, bis es zu einer Art Sprudelwasser wird, dann in die Erde gepumpt und in Kontakt mit Basalt gebracht. Bei dieser chemischen Reaktion entsteht Doppelspat (Kalkspat), $CaCO_3$, derselbe Stoff, den Korallen für den Bau ihrer Schalen benutzen. Anfangs wusste man nicht, ob die chemische Reaktion mehrere Jahre oder gar Jahrtausende dauern würde. Es stellte sich heraus, dass das Gestein sich in wenigen Monaten veranderte, und Bohrkerne zeigten, dass die Luft sich in glitzernde Steine verwandelt hatte. 2014 wurden 2400 Tonnen in den Boden gepumpt, und 2017 waren es schon 10 000 Tonnen. Diese Methode lässt sich fast überall dort anwenden, wo das Grundgestein aus Basalt besteht, auch auf dem Meeresboden. Möglicherweise lassen sich mit ähnlichen Methoden Baustoffe entwickeln, Beton, der $CO_2$ bindet und nicht ausstößt. Dann könnte der Mensch sein Haus

aus den gleichen Materialien bauen wie eine Koralle oder eine Flügelschnecke.

Auf dem Gelände des Geothermalkraftwerks steht auch ein kleiner Schuppen, wo an einer Methode gearbeitet wird, Kohlendioxid direkt aus der Luft vorher zu extrahieren. Diese Methode ist noch wesentlich teurer als die oben genannte, wird aber jedes Jahr verbessert, und 2017 gelang es, etwa fünfzig Tonnen direkt aus der Atmosphäre zu holen und zu binden. Das gleicht einen Flug oder die jährlichen Emissionen von drei Isländern aus. Das Ziel ist, 100 000 Tonnen zu binden, doch zur Bekämpfung der globalen Erwärmung müsste diese Industrie, kombiniert mit Aufforstung, ein Millionenfaches mehr binden. Heute lässt sich unmöglich sagen, welche Lösung dominieren und letztendlich am erfolgreichsten sein wird. In dreißig Jahren wird dieser Text hoffentlich obsolet sein und so klingen, als würde einem ein Schriftsteller des 19. Jahrhunderts die Phänomene »Wasserklosett« und »Abwasserkanal« erklären.

Als ich mich mit Sandra Snæbjörnsdóttir traf, die zu den ersten $CO_2$-Reduzierern weltweit gehört, kamen wir schnell auf die Zukunft zu sprechen. Sie glaubt, dass in hundert Jahren Experten bei internationalen Konferenzen darüber diskutieren werden, welche Feinjustierungen vorzunehmen sind, ob die $CO_2$-Konzentration in der Atmosphäre bei 350 oder 250 ppm liegen soll.

Es gibt viele Lösungen, und einige davon sind wunderschön. Ich habe mit einem Mann gesprochen, der das Feuchtbiotop auf seinem Land wiederhergestellt hat, und er schilderte, wie schnell die Natur wieder auflebt: »Ich habe Gräben zugeschüttet und einen Teich angelegt. Im nächsten Sommer kam ein Sterntaucher. Dort, wo vorher nur Gräben und ungenutzte Wiesen waren, habe ich schon fünfzig Vogelarten gesichtet.« Viele solcher Lösungen steigern das Wohlbefinden von Menschen und Tieren, sie führen zu besseren Beziehungen, besseren Lebensbedingungen und besserer Ökologie. Sie beinhalten aktives Handeln, Bewusstsein und

Verantwortung. Manche Lösungen sind ganz einfach, wir müssen nur auf unsere Großmütter hören, sie haben es uns schon immer gesagt: Iss deinen Teller leer, trag die Kleidung deiner Geschwister auf, stopf deine Socken und lebe genügsam. Aber in allem müssen wir bereit sein, etwas für andere zu tun, ohne etwas dafür haben zu wollen. Wir können Gruppen bilden und Organisationen gründen, ganz im Geiste der isländischen Rettungswacht und des Gletscherforschungsvereins, und uns zusammen mit anderen um unsere direkte Umgebung kümmern. Wir können zurückblicken, aus der Vergangenheit Lehren ziehen und den Punkt suchen, an dem aus Mangel Glück wurde, aber noch kein Überkonsum stattfand. Irgendwo dort finden wir Gleichgewicht und Zufriedenheit. Im Fall meines Großvaters Árni handelte es sich dabei zweifellos um das Himmelreich oberhalb des Traumtals.

Ich glaube, dass mir Auðhumla erschienen ist und mich dazu gebracht hat, dieses Buch zu schreiben, um das Leben und die Zukunft meiner Kinder zu sichern. Ich halte es für wahrscheinlich, dass $CO_2$ ein Prüfstein für die Menschheit ist, dass die globale Erwärmung eine Warnung an uns ist: Wer die Tierwelt und die Regenwälder zerstört, wer die Kosmosweite Gottes entweiht, wird sich selbst verlieren. Da die Menschheit vor einer kollektiven Herausforderung steht, sind die Nationen dieser Welt gezwungen, in einer noch nie dagewesenen Weise zusammenzuarbeiten. Es ist nicht sicher, ob uns das gelingt; alles geht eines Tages zu Ende, und das gilt auch für die Menschheit. Aber wenn wir es schaffen, könnte eine Welt entstehen, die vielleicht nicht perfekt sein wird, aber dennoch schöner, als sich mit Worten beschreiben lässt.

## EIN GESPRÄCH ÜBER DIE ZUKUNFT

4. Oktober 2102

Wir sind in der Küche in Hlaðbær. Der Fluss Elliðaá schlängelt sich durch den herbstlich gefärbten Wald, vom Schwimmbad unterhalb des Hauses Selás steigt Dampf auf. Ein Rabe sitzt auf einem Laternenpfahl neben dem Kindergarten. Meine Tochter Hulda Filippía hat das Haus gekauft und renoviert, sie ist jetzt um die neunzig. Ihre Enkeltöchter, zwölfjährige Zwillinge, sitzen bei ihr in der Küche und essen Pfannkuchen. Dabei schauen sie auf dem Tablet, das auf dem Tisch steht, einen Film: Festlich herausgeputzte Kinder sitzen in der Sonntagsstube in Selás 3, und eine junge Frau kommt herein, eine Torte mit brennenden Kerzen in den Händen.

»Ich kenne diese Frau«, sagt Hulda Filippía. »Ich bin nach ihr benannt. Sie wurde 1924 geboren, vor 178 Jahren. Lasst uns mal rechnen!«, schlägt sie vor, während sie den Pfannkuchenteig rührt.

»Was denn rechnen?«, fragen die Mädchen.

»Eine kleine Rechenaufgabe, die mein Vater mir beigebracht hat, als ich zehn Jahre alt war. Wann ist jemand, den du liebst, noch am Leben?«

»Wie meinst du das?«

»Ihr seid jetzt zwölf Jahre alt, wann werdet ihr neunzig sein?«

Sie kritzeln auf einen Zettel: 2090 plus 90 ist 2180.

»Und nun stellen wir uns vor, dass ihr 2170 ein Enkelkind bekommt, wann wird das neunzig sein?«

Die Mädchen rechnen eifrig.

»2260?«

»Ja, stellt euch das mal vor! Dieser Mensch, den ihr am meisten auf der Welt lieben werdet, erlebt noch das Jahr 2260! Stellt euch die Zeitspanne vor. Ich bin 2008 geboren, und ihr werdet jemanden kennen, der 2260 noch lebt. Das ist die Zeitspanne, die ihr überbrückt: mehr als 250 Jahre. Die Zeitspanne, die ihr mit bloßen Händen berühren könnt. Eure Zeit ist die Zeit eines Menschen, den ihr kennt und liebt, der euch prägt, und auch die Zeit eines Menschen, den ihr kennen und lieben werdet, die Zeit, die ihr prägen werdet. Alles, was ihr tut, ist wichtig. Ihr erschafft die Zukunft an jedem einzelnen Tag.«

## QUELLENANGABEN


1 »Corporate Default and Recovery Rates, 1920–2008«, *Moody's Global Credit Policy*, https://www.moodys.com/sites/products/defaultresearch/2007400000578875.pdf

2 »Splendor in the Mud: Unraveling the Lives of Anacondas«, *The New York Times*, https://www.nytimes.com/1996/04/02/science/splendor-in-the-mud-unraveling-the-lives-of-anacondas.html; Paul P. Calle, Jesús Rivas, María Muñoz, John Thorbjarnarson, Ellen S. Dierenfeld, William Holmstrom, W. Emmett Braselton und William B. Karesh: »Health Assessment of Free-Ranging Anacondas (Eunectes murinus) in Venezuela«. *Journal of Zoo and Wildlife Medicine*. Vol. 25, No. 1, Reptile and Amphibian Issue (März 1994), S. 53–62.

3 *Die Götterlieder der Älteren Edda*. Übersetzt, kommentiert und herausgegeben von Arnulf Krause. Philipp Reclam jun., Stuttgart 2006, S. 25.

4 Ebd., S. 41.

5 *Vísir*, 10. März 1933, S. 2. In der Zeitschrift *Heimdallur* vom 18. April 1933 (S. 1) gibt es eine Statistik über die Schiffsunglücke in den ersten drei Monaten jenes Jahres. Insgesamt starben 34 Männer, darüber hinaus sanken vermutlich zwei deutsche und ein englischer Fischtrawler mit insgesamt 36 bis 40 Mann Besatzung vor der isländischen Küste. In diesen drei Monaten verloren fünfzig bis hundert isländische Kinder ihre Väter. In jenen Jahren hatten die Isländer prozentual genauso viele Todesfälle auf See zu verzeichnen wie andere Nationen durch Kriege. 2014 war das erste Jahr in der isländischen Geschichte, in dem kein Seemann bei der Arbeit ums Leben kam.

6 Helgi Valtýsson: *Á hreindýraslóðum*. Akureyri 1945, S. 11.

7 Helgi Valtýsson: *Á hreindýraslóðum*. Akureyri 1945, S. 104/105.

8 »Our history«, *Alcoa*, https://www.alcoa.com/global/en/who-we-are/history/default.asp

9 Helgi Valtýsson: *Á hreindýraslóðum*. Akureyri 1945, S. 57.

10 *Sea Level Rise*, https://atlas-for-the-end-of-the-world.com/world_maps/world_maps_sea_level_rise.html

11 Siehe: https://www.ipcc.ch/sr15/

12 *Global Warming of 1,5 °C*. IPCC 2018, https://www.ipcc.ch/sr15/
13 Anna Agnarsdóttir: »Var gerð bylting á Íslandi sumarið 1809?«, *Saga* XXXVII, 1999.
14 *Íslenzk sagnablöð*, Kopenhagen 1826, S. 80.
15 »Áhrif loftlagsbreytinga á sjávarvistkerfi«, *Morgunblaðið*, 12. September 2006, S. 10.
16 Siehe: https://www.ipcc.ch
17 Heinrich Harrer: *Sieben Jahre in Tibet. Mein Leben am Hofe des Dalai Lama*. Ullstein Buchverlage, 28. Auflage, Berlin 2006, S. 177.
18 *Sprüche und Lieder*. Buddhistische Handbibliothek/4. Aus dem Pali übersetzt von Kurt Schmidt. Verlag Christiani, Konstanz 1954.
19 *Die Edda des Snorri Sturluson*, Ausgewählt, übersetzt und kommentiert von Arnulf Krause. Philipp Reclam jun., Stuttgart 1997, S. 20.
20 *Die Heldenlieder der Älteren Edda*, Übersetzt, kommentiert und herausgegeben von Arnulf Krause. Philipp Reclam jun., Stuttgart 2001, S. 26.
21 P. Wester, A. Mishra, A. Mukherji, A. B. Shrestha (Hrsg.): *The Hindu Kush Himalaya Assessment-Mountains, Climate Change, Sustainability and People*. Springer Open, 2019. https://link.springer.com/content/pdf/10 1007%2F978-3-319-92288-1.pdf
22 Ebd.
23 Kunda Dixit: »Terrifying assessment of a Himalayan melting«, *Nepali Times*, https://www.nepalitimes.com/banner/a-terrifying-assessment-of-himalayan-melting/
24 David Wallace-Wells: »UN Says Climate Genocide Is Coming. It's Actually Worse Than That«, *Intelligencer*, http://nymag.com/intelli gencer/2018/10/un-says-climate-genocide-coming-but-its-worse-than-that.html
25 »Only 11 Years Left to Prevent Irreversible Damage from Climate-Change, Speakers Warn during General Assembly High-Level Meeting«, https://www.un.org/press/en/2019/ga12 131.doc.htm
26 Steinn Steinarr: *Tíminn og vatnið/Die Zeit und das Wasser*. Aus dem Isländischen von Marita Bergsson. Kleinheinrich, Münster 1987.
27 *Sea Level Rise Viewer*, https://coast.noaa.gov/slr/
28 Björn Þorbjarnarson: »The Shah's Spleen«, https://www.journalacs.org/article/S1072–7515(11)00 292–4/fulltext
29 Blake Gopnik: »Andy Warhol's Death: Not So Simple, After All«, *The New York Times*, https://www.nytimes.com/2017/02/21/arts/design/andy-warhols-death-not-so-routine-after-all.html

30 Wayne F. King, Harry Messel, James Perran Ross und John Thorbjarnarson: »Crocodiles – An action plan for their conservation«, https://portals.iucn.org/library/node/6002

31 »Mamirauá, land flæðiskógarins«. *Morgunblaðið*, 24. August 1997, S. 18/19.

32 »Crocodiles – An action plan for their conversation«, https://portals.iucn.org/library/node/6002

33 *Laudse Daudedsching* (Lao-Tse Tao-te-king). Aus dem Chinesischen übertragen und mit einer Einführung, Anmerkungen sowie einem Literaturverzeichnis herausgegeben von Ernst Schwarz. Deutscher Taschenbuch Verlag, München 1980.

34 *Arctic Report Card: Update for 2018*, https://www.arctic.noaa.gov/Report-Card/Report-Card-2018

35 Caspar A. Hallmann, Martin Sorg, Eelke Jongejans, Henk Siepel, Nick Hofland, Heinz Schwan, Werner Stenmans, Andreas Müller, Hubert Sumser, Thomas Hörren, Dave Goulson, Hans de Kroon: »More than 75 percent decline over 27 years in total flying insect biomass in protected areas«, https://journals.plos.org/plosone/article?id=10 1371/journal.pone.0 185 80

36 Douglas Martin: »John Thorbjarnarson, a Crocodile and Alligator Expert, Is Dead at 52«, *The New York Times*, https://www.nytimes.com/2010/03/10/science/10thorbjarnarson.html

37 »John Thorbjarnarson«, *The Economist*, https://www.economist.com/obituary/2010/03/18/john-thorbjarnarson

38 P. Nielsen: »Síðustu geirfuglarnir«. *Vísir*, 12. September 1929, S. 5.

39 P. Nielsen: »Sæörn«. *Morgunblaðið*, 2. August 1919, S. 2/3.

40 »Media Release: Nature's Dangerous Decline 'Unprecedented'; Species Extinction Rates 'Accelerating'«, *IPBES – Science and Policy for People and Nature*, https://www.ipbes.net/news/Media-Release-Global-Assessment

41 »Nicholas Clinch, Who Took On Unclimbed Mountains, Dies at 85«, *The New York Times*, https://www.nytimes.com/2016/06/23/sports/nicholas-clinch-who-took-on-unclimbed-mountains-dies-at-85.html

42 Sigurður Þórarinsson: »Vatnajökulsleiðangur 1956«, *Jökull. Jahrbuch des Isländischen Gletscherforschungsvereins*, S. 11

43 María Jóna Helgadóttir: *Breytileg stærð jökulsins Oks í sambandi við sumarhitastig á Íslandi*. Bachelorarbeit an der Geowissenschaftlichen Fakultät der Universität Islands, Institut für Ingenieur- und Natur-

wissenschaften, Betreuer: Hreggviður Norðdahl, Háskóli Íslands 2017.

44 Siehe: https://www.facebook.com/jardvis/posts/270 588 060 9 426 386/

45 H. Frey, H. Machguth, M. Huss, C. Huggel, S. Bajracharya, T. Bolch, A. Kulkarni, A. Linsbauer, N. Salzmann und M. Stoffel: »Estimating the volume of glaciers in the Himalayan-Karakoram region using different methods«, *The Cryosphere*, https://www.the-cryosphere.net/8/2313/2014/tc-8-2313-2014.pdf

46 *Die Götterlieder der Älteren Edda*, Übersetzt, kommentiert und herausgegeben von Arnulf Krause. Philipp Reclam jun., Stuttgart 2006, S. 11.

47 »$CO_2$ Concentrations Hit Highest Levels in 3 Million Years«, *Yale Environment 360*, https://e360.yale.edu/digest/co2-concentrations-hit-highest-levels-in-3-million-years

48 »Are Volcanoes or Humans Harder on the Atmosphere?«, *Scientific American*, https://www.scientificamerican.com/article/earthtalks-volcanoes-or-humans/

49 »Planes or Volcano?«, https://informationisbeautiful.net/2010/planes-or-volcano/

50 Gemessen an einem $CO_2$-Ausstoß des Eyjafjallajökull von 150 000 Tonnen pro Tag und einem $CO_2$-Ausstoß von 5,4 Gigatonnen in den USA. Hinzu kommen $CO_2$-Äquivalente durch Methan und Landnutzung. Hier wird nur das Feuer berechnet.

51 *Global Warming of 1,5 °C*. IPCC 2018, https://www.ipcc.ch/sr15/

52 Siehe: https://www.globalcarbonproject.org

53 *Global Warming of 1,5 °C*. IPCC 2018, https://www.ipcc.ch/sr15/

54 Hans Rosling, Ola Rosling, Anna Rosling Rönnlund: »Deaths in Wars«. *Factfulness: Ten Reasons We're Wrong About The World – And Why Things Are Better than You Think.*

55 Siehe: https://hagstofa.is/utgafur/frettasafn/umhverfi/losun-koltvisyrings-a-einstakling/

56 »Extreme Carbon Inequality«, *Oxfam International*, https://www.oxfam.org/en/research/extreme-carbon-inequality

57 Siehe: http://www.loftslag.is/?p=10 716

58 Hier ist ein interessanter Beitrag über den wissenschaftlichen Hintergrund solcher Berechnungen: https://www.carbonbrief.org/analysis-how-much-carbon-budget-is-left-to-limit-global-warming-to-1-5c

59 »Global energy transformation: A roadmap to 2050«, *IRENA – International Renewable Energy Agency*, https://www.irena.org/publica

tions/2019/Apr/Global-energy-transformation-A-roadmap-to-2050–2019Edition

60 Siehe: https://www.herkulesprojekt.de/en/is-there-a-master-plan/the-moon-landing.html

61 »Mike Pompeo praises the effects of climate change on Arctic ice for creating new trade routes«, *Independent*, https://www.independent.co.uk/news/world/americas/us-politics/mike-pompeo-arctic-climate-change-ice-melt-trade-a8902206.html

62 Sandra Laville: »Top oil firms spending millions lobbying to block climate change policies, says report«, *The Guardian*, https://www.theguardian.com/business/2019/mar/22/top-oil-firms-spending-millions-lobbying-to-block-climate-change-policies-says-report

63 »Annual Energy Outlook 2019«, *EIA – U.S. Energy Information Administration*, https://www.eia.gov/outlooks/aeo/

64 James Rainey: »The Trump administration scrubs climate change info from websites. These two have survived«, *NBC News*, https://www.nbcnews.com/news/us-news/two-government-websites-climate-change-survive-trump-era-n891806

65 »A Fifth of China's Homes Are Empty. That's 50 Million Apartments«, *Bloomberg*, https://www.bloomberg.com/news/articles/2018-11-08/a-fifth-of-china-s-homes-are-empty-that-s-50-million-apartments

66 Siehe: http://www.anthropocene.info/great-acceleration.php

67 »Revisiting the Earth's sea-level and energy budgets from 1961 to 2008«, *Geophysical Research Letters*, https://agupubs.onlinelibrary.wiley.com/doi/10 1029/2011GL048794

68 »Global warming impairs stock-recruitment dynamics of corals«, *Nature*, https://www.nature.com/articles/s41586-019-1081-y

69 *Loftslagsbreytingar og áhrif þeirra á Íslandi. Skýrsla vísindanefndar 2018*, »Súrnun sjávar« (6. Kapitel), https://www.vedur.is/loftslag/loftslagsbreytingar/loftslagsskyrsla-2018

70 Jón Ólafsson: »Rate of Iceland Sea acidification from time series measurements«, https://www.biogeosciences.net/6/2661/2009/bg-6-2661-2009.pdf

71 Einar Jónsson: »Enn um átu«. *Sjómannablaðið Víkingur*, Nr. 11/12 1980, S. 45–49.

72 Lee R. Kump, Timothy J. Bralower und Andy Ridgwell: »Ocean Acidification in Deep Time«, *Oceanography*, 4/22, 2009

73 J.E.N. Vernon u.a.: »The coral reef crisis: The critical importance of

<350 ppm $CO_2$«, *Marine Pollution Bulletin*, https://www.sciencedirect.com/science/article/pii/S0025326X0900381

74 *Living Planet Report – 2018: Aiming higher.* WWF 2018, https://www.wwf.org.uk/sites/default/files/2018-10/LPR2018_Full%20Report.pdf

75 Christopher A. Brochu und Glenn W. Storrs: »A giant crocodile from the Plio-Pleistocene of Kenya, the phylogenetic relationships of Neogene African crocodylines, and the antiquity of Crocodylus in Africa«, *Journal of Vertebrate Paleontology*, 32:3 (2012), S. 587–602.

76 »Doha infographic gets the numbers wrong, underestimates human emissions«, *Carbon Brief*, https://www.carbonbrief.org/doha-infographic-gets-the-numbers-wrong-underestimates-human-emissions

77 Siehe: https://www.drawdown.org

78 »U. S. could feed 800 million people with grain that livestock eat, Cornell ecologist advises animal scientists«, *Cornell Chronicle*, https://news.cornell.edu/stories/1997/08/us-could-feed-800-million-people-grain-livestock-eat

79 Emily S Cassidy, Paul C West, James S Gerber und Jonathan A Foley: »Redefining agricultural yields: from tonnes to people nourished per hectare«, *Environmental Research Letters*, https://iopscience.iop.org/article/10.1088/1748-9326/8/3/034015/meta

80 »National Inventory Report. Emissions of Greenhouse Gases in Iceland from 1990 to 2017«, Umhverfisstofnun 2019, *Umhverfisstofnun*, https://ust.is/library/Skrar/Atvinnulif/Loftslagsbreytingar/NIR%202019%20Iceland%2015%20April%20final_submitted%20to%20UNFCCC.pdf

# BILDNACHWEIS

S. 34-35 Árni Kjartansson. Sprint auf dem Sportplatz Melavöllur. Datum unbekannt.

S. 36-37 Árni Kjartansson. Ein Rettungsflugzeug der US-Armee wird auf Bárðarbunga ausgegraben, 1951.

S. 38-39 Aus der Sammlung von Hulda Guðrún Filippusdóttir. Hulda und ihre Freundin Hrefna radeln im Alter von vierzehn Jahren nach Stykkishólmur, Sommer 1939.

S. 40-41 Aus der Sammlung von Hulda Guðrún Filippusdóttir. Hulda mit sechzehn oder siebzehn Jahren auf einem Schulgleiter auf dem Segelflugplatz Sandskeið, Sommer 1940 oder 1941. Fotografiert von Helgi oder Pétur Filippusson.

S. 42-43 Aus der Sammlung von Hulda Guðrún Filippusdóttir. Die Zwillingsschwestern Kristín (meine Mutter) und Guðrún Björnsdóttir vor einem Segelflugzeug auf dem Segelflugplatz Sandskeið, vermutlich Sommer 1950.

S. 82-83 Kamadhenu und Auðhumla. Auðhumla aus einer Edda-Handschrift, die Pastor Ólafur Brynjólfsson von Hróarstunga 1760 schrieb und illustrierte. Archiviert in der Königlichen Bibliothek in Kopenhagen, NKS 1867 4to. Heilige Kuh und Kalb (Ausschnitt), Indien. Foto: Godong/Universal Images Group via Getty Images.

S. 118-119 Jesus Christus und J. Robert Oppenheimer. Das Bild von Jesus ist ein Altarbild aus der Kirche in Bíldudalur, ursprünglich aus der Kirche in Otradalur. Es ist dänisch und trägt die Jahreszahl 1737. Fotografiert von Högni Egilsson. Oppenheimer: Alfred Eisenstaedt/Getty Images.

S. 140-141 Björn Þorbjarnarson (mein Großvater mütterlicherseits) und seine Schwester Arndís Þorbjarnardóttir. Fotografiert in Bíldudalur, circa 1937.

S. 142-143 Fotos aus der Privatsammlung von Arndís Þorbjarnardóttir, aufgenommen 1930 bei den Tolkiens in Oxford in England. Abgelichtet sind Arndís, J. R. R. und Edith Tolkien und ihre vier Kinder: Christopher, John Francis Reuel, Priscilla und Michael. Fotografiert von Arndís Þorbjarnardóttir und J. R. R. Tolkien.

S. 146-147 Meine Großeltern Árni Kjartansson und Hulda Guðrún Filippusdóttir im Mai 1956 am Hvannadalshnjúkur. Fotografiert von ihrer Freundin Ingibjörg Árnadóttir.

S. 148-149 Árni Kjartansson. Unterwegs in die Berge Kverkfjöll, Mai 1954. Auf dem Foto sind, von vorne nach hinten: Haukur Hafliðason, Steina Auðunsdóttir, Sigurður Waage, vermutlich Stefán Bjarnason, Hulda Guðrún Filippusdóttir und Árni Kjartansson.

S. 150-151 Árni Kjartansson. Zeltcamp bei der Hochzeitsreise, 1956.

S. 152-153 Árni Kjartansson. Die Gruppe wird auf Skiern über den Vatnajökull gezogen, 1956.

S. 182-183 Martin de Thurah. Die »Activ of London« und eine Öl- oder Gasplattform in der Nähe der Insel Chacachacare in Trinidad und Tobago, 2018.

S. 216-217 Martin de Thurah. »Activ of London«, 2018.

S. 218-219 Martin de Thurah. Eine Meeresschildkröte in den Tobago Cays, Tobago 2018.

S. 220-221 Martin de Thurah. Pelikane in der Englishman's Bay, Tobago 2018.

S. 246-247 Arnar Þórisson. Heilige Kuh in Dharamsala in Indien, Juni 2010.

S. 248-249 Tenzin Gyatso, der 14. Dalai Lama. Schnappschuss bei einem Gespräch in Dharamsala am 9. Juni 2010. Die Kameramänner waren Dagur Kári Pétursson und Arnar Þórisson.

S. 268-269 John Thorbjarnarson als etwa Zehnjähriger und 2007 mit einem China-Alligator, aus einem Familienalbum.

S. 270-271 *Crocodylus thorbjarnarsoni.* Wissenschaftliche Abbildung auf der Grundlage von Fossilien. Christopher Brochu und Glenn Storrs.

S. 290-291 Árni Kjartansson. Zehnter Geburtstag von Kristín und Guðrún Björnsdóttir in Selás 3. Bild aus einem 16-mm-Film.

# DANKSAGUNG

Ich danke meiner Übersetzerin Tina Flecken und Prof. Dr. Wolfgang Lucht (Potsdam-Institut für Klimafolgenforschung und Humboldt-Universität zu Berlin).

Während der Arbeit an diesem Buch habe ich mit vielen Fachleuten gesprochen und mich in zahlreiche Bücher vertieft, deren Aufzählung an dieser Stelle zu weit führen würde. Ich habe mich bei jedem Fachgebiet auf die neuesten Quellen berufen, die gesamte Präsentation und Wortwahl liegen aber selbstverständlich in meiner Verantwortung.

Ich danke meiner Frau Margrét Sjöfn Torp für ihre unermessliche Unterstützung und enge Zusammenarbeit bei der Entstehung dieses Buches und meinen Kindern für ihre Geduld – ich hoffe, euch eines Tages für den verlorenen Sommer 2019 entschädigen zu können. Danke an Halldóra Þorláksdóttir für das Telefonat, das den Anstoß gab, für die Beteiligung an der Suche nach Auðhumla, fürs Gegenlesen und die Begleitung. Ich danke meiner Lektorin Sigþrúður Gunnarsdóttir dafür, dass sie an das Buch geglaubt hat, und Guðrún Sigfúsdóttir und Silja Aðalsteinsdóttir für hilfreiche Hinweise. Meinen Eltern Magni Jónsson und Kristín Björnsdóttir habe ich alles zu verdanken, ein besonderer Dank an meine Großmütter und Großväter für aufschlussreiche Gespräche und Inspiration: Hulda Guðrún Filippusdóttir und Árni Kjartansson, Björn Þorbjarnarson und Margaret Thorbjarnarson, Jón S. Pétursson und Herdís Sigurjónsdóttir. Meine Schwiegereltern Holger Torp und Elín Lovísa Egilson, Guðríður Egilson und Þórunn Helga Felixdóttir ermöglichten viele Reisen, mit meinen Freunden führte ich anregende Gespräche.

Allen Wissenschaftlern danke ich für ihre Zeit, ihre guten Ratschläge und ihre Motivation; dem Glaziologen Helgi Björnsson, dem Astronomen Sævar Helgi Bragason, dem Umweltwissenschaftler Stefán Gíslason und dem Klimawissenschaftler Halldór Björnsson für die Gespräche, fürs Gegenlesen und hilfreiche Tipps ebenso wie dem Geophysiker Tumi Guðmundsson, dem Paläontologen Christopher Brochu, dem Meereskundler Jón Ólafsson, den Meeresbiologen Hrönn Egilsdóttir und Jörundur Svavarsson, dem Geologen Sigurður Reynir Gíslason, der $CO_2$-Reduziererin Sandra Snæbjörnsdóttir und Kristín Vala Ragnarsdóttir. Ich hatte eine gute Zusammenarbeit mit internationalen Universitäten, mit Cell-Gruppen unter der Leitung von Dave Oakes und mit Gruppen von Lee Groat von der University of British Columbia. Ich danke Lavinia Lorch von der Columbia University und Halla Hrund Logadóttir von der Harvard Kennedy School, nicht zu vergessen Cymene Howe und Dominic Boyer von der Rice University. Danke auch an Hilmar Örn Hilmarsson.

Herzlichen Dank an das Indien-Reiseteam Dagur Kári Pétursson, Arnar Þórisson, Tóta Lee und Anna Tara Edwards, Þórhalla Björnsdóttir, die geheimnisvollen Nonnen und Guðmundur Eiríksson. Ich bedanke mich bei der Besatzung und dem Eigentümer der »Activ of London« ebenso wie bei meinen Mitreisenden zum Skeiðarárjökull, nach China und Nepal, der Peace-Boat-Organisation in Japan und den Guides von der Naturschutzbewegung.

Ólafur Pétursson und Rannveig Þórhallsdóttir beherbergten mich in Skálanes im Seyðisfjörður und lasen den Text, ebenso wie Sigurður Kjartan Hilmarsson in New York und Kjartan Örn Ólafsson und Ásta Sóllilja Guðmundsdóttir im Klapparstígur in Reykjavík. Besonderer Dank an Guðmundur Páll Ólafsson und Ingunn K. Jakobsdóttir auf Flatey, sowie Björk Guðmundsdóttir, Guðmundur Gunnarsson und Grímur Atlason von der »Schützt das Hochland«-Gruppe und Sigurður Gísli Pálmason, Bjarke Ingels, Ólafur Elíasson und Martin de Thurah für Gespräche und Ansporn.

Ich danke meinen Verwandten, die mich auf unterschiedliche

Weise unterstützt haben: Lísa Thorbjarnarson, John Thorbjarnarson, Kathy Thorbjarnarson und Guðrún Marteinsdóttir. Viele lasen das Buch im Vorfeld und gaben mir hilfreiche Tipps: Hulda Brá Magnadóttir, Borghildur Anna Jónsdóttir, Bjarki Pétursson, Benedikt Pálmason, Sólmundur Ari Björnsson, Árman Jakobsson, Hulda Guðrún Valdimarsdóttir und Þórhildur Garðarsdóttir, um nur einige zu nennen, außerdem Jóhannes Helgason, Vala Sigþrúðar-Jónsdóttir und Þórlindur Kjartansson. Grundsätzlich danke ich allen, die in den letzten Jahren Berührungspunkte mit meinem Leben hatten.

Ein ganz besonderer Dank an Börkur Arnarson und Einar Geir Ingvarsson für das Coverdesign der isländischen Ausgabe und Ari Magg dafür, dass es ihm fast gelungen ist, Gottes Kosmosweite auf dem Coverfoto derselben einzufangen.